Photoshop UI

设计完全自学手册

任桂玲◎编著

U0378195

清华大学出版社

北京

内 容 简 介

本书是一本全面介绍 Photoshop UI 设计的专业教程,涵盖了 UI 设计各个领域的内容,读者通过一本书就可以掌握 Photoshop 的基本操作以及各个领域中 UI 设计的技巧和方法。

本书共 10 章,分别介绍 Photoshop 与 UI 设计(设计基础)、Photoshop 的基本操作、抠图的技巧、图像的调色技法、图形的绘制、图层和蒙版的使用技巧、文字在设计中的应用、滤镜的使用、Web 和切片输出,最后一章是综合案例。

本书配套资源包内含有所有案例的素材、源文件和教学视频,读者可以结合书、练习文件和教学视频提升学习 App UI 设计的效率。

本书适合 Photoshop 初学者、UI 设计爱好者、App UI 设计从业者阅读,也适合作为各院校相关设计专业的参考教材。

图书在版编目(CIP)数据

Photoshop UI设计完全自学手册 / 任桂玲编著. —北京:清华大学出版社,2021.4
ISBN 978-7-302-57714-0

Ⅰ.①P… Ⅱ.①任… Ⅲ.①图像处理软件—程序设计—手册 Ⅳ.①TP391.413-62

中国版本图书馆CIP数据核字(2021)第050105号

责任编辑:张　敏
封面设计:杨玉兰
责任校对:胡伟民
责任印制:杨　艳
出版发行:清华大学出版社
　　　　　网　　址:http://www.tup.com.cn, http://www.wqbook.com
　　　　　地　　址:北京清华大学学研大厦A座　　　邮　　编:100084
　　　　　社 总 机:010-62770175　　　　　　　　邮　　购:010-83470235
　　　　　投稿与读者服务:010-62776969, c-service@tup.tsinghua.edu.cn
　　　　　质量反馈:010-62772015, zhiliang@tup.tsinghua.edu.cn
印 装 者:小森印刷(北京)有限公司
经　　销:全国新华书店
开　　本:185mm×260mm　　　印　　张:16　　　字　　数:435千字
版　　次:2021年6月第1版　　　印　　次:2021年6月第1次印刷
定　　价:99.00元

产品编号:089195-01

前　言

现在网络已经成为人们生活中不可或缺的一部分，UI 设计也开始被众多企业和单位所重视，这为 UI 设计人员提供了很大的发展空间，而作为从事相关工作的人员，必须掌握必要的操作技能，以满足工作需要。

Photoshop 作为目前非常流行的一款设计软件，凭借其强大的功能和易学、易用的特性，深受广大设计师的喜爱。

●●●● 内容安排

本书共分为 10 章，以下是各章所包含的主要内容：

第 1 章介绍 Photoshop 与 UI 设计，包括 UI 设计基础、良好的 UI 用户体验、UI 设计风格、UI 设计的构成法则、图像的分类、UI 设计中的色彩搭配技巧、UI 设计的原则、UI 设计的一般流程以及 PC 端和移动端的 UI 设计规范等。

第 2 章介绍 Photoshop 的基本操作，包括 Photoshop 的安装，Photoshop 的工作界面，查看图像，图像编辑的辅助操作，新建、打开、导出、保存、关闭文件，修改图像和画布大小，裁剪图像，图像的复制和粘贴，图像的基本操作，还原与恢复操作等。

第 3 章介绍抠图的技巧，包括创建规则及不规则形状选区、其他创建选区的方法、选区的基本操作、修改选区、选区的运算、编辑选区、保存和载入选区等。

第 4 章介绍图像的调色技法，包括颜色的基本概念、图像色彩模式的转换、色域和溢色、选择颜色、填充颜色和色彩管理等。

第 5 章介绍图形的绘制，包括基本绘制工具、设置画笔的基本样式、"画笔"面板、路径和锚点、路径的操作和形状工具等。

第 6 章介绍图层和蒙版的使用技巧，包括图层的概述、图层的创建与选择、图层的编辑、合并图层和盖印图层、"图层复合"面板、设置图层的混合效果、编辑图层样式、"样式"面板的使用、填充和调整图层、认识蒙版、图层蒙版、矢量蒙版和剪贴蒙版等。

第 7 章介绍文字在设计中的应用，包括使用文字、选择文本、使用文字工具的选项栏、设置字符和段落属性、创建路径文字、变形文字、编辑文字和"文字"菜单等。

第 8 章介绍滤镜的使用，包括认识滤镜、滤镜库、自适应广角、镜头校正、液化、油画、消失点、"风格化"滤镜组、"模糊"滤镜组、"扭曲"滤镜组、"锐化"滤镜组、"视频"滤镜组、"像素化"滤镜组、"渲染"滤镜组、"杂色"滤镜组、"其他"滤镜组、Digimarc 滤镜和安装外挂滤镜等。

第 9 章介绍 Web 和切片输出，包括创建切片、编辑切片、优化和输出 Web 图像等。

第 10 章是综合案例，包括逼真话筒图标设计、简洁游戏按钮设计、Android 系统音乐 App UI 设计、iOS 系统闹钟 App UI 设计和 PC 端天气软件 UI 设计。

本书主要根据读者学习的难易程度以及实际工作中的应用需求安排章节，真正做到为学习者考虑，也让不同程度的读者更有针对性地学习内容，强化自己的弱项，并有效帮助 UI 设计爱好者提高操作效率。

本书的知识点结构清晰、内容有针对性、案例精美实用，适合大部分 UI 设计爱好者与设计专业的大中专学生阅读。随书附赠的资料包中包含了书中所有案例的素材、源文件和教学视频，用于补充书中遗漏的细节内容，方便读者学习和参考。

本书特点

本书采用理论知识与操作案例相结合的教学方式，全面地向读者介绍了 Photoshop 的基本使用以及不同领域 UI 设计的技巧和方法。

通俗易懂的语言

本书采用通俗易懂的语言全面地向读者介绍 Photoshop 的基本使用以及不同领域 UI 设计的技巧和方法，确保读者能够理解并掌握相应的功能与操作。

基础知识与操作案例相结合

本书抛开传统教科书式的纯理论教学，采用少量基础知识和大量操作案例相结合的讲解模式。

技巧和知识点的归纳总结

本书在基础知识和操作案例的讲解过程中列出了大量的提示，这些信息都是编者结合长期的 UI 设计经验与教学经验归纳出来的，可以帮助读者更准确地理解和掌握相关的知识点和操作技巧。

资源包辅助学习

为了增加读者的学习渠道及学习兴趣，本书配有资源包。读者可扫描下方二维码获取本书中所有案例的相关源文件素材和教学视频，使读者可以跟着本书做出相应的效果，并能够快速应用于实际工作中。

源文件素材

教学视频

读者对象

本书适合 UI 设计爱好者，想进入 UI 设计领域的读者朋友，以及设计专业的大中专学生阅读，同时也对专业设计人士有很高的参考价值。希望读者通过对本书的学习能够早日成为优秀的 UI 设计师。

本书在编写过程中力求严谨，但由于时间有限，疏漏之处在所难免，望广大读者批评指正。

编者

目 录

第1章
Photoshop 与 UI 设计——设计基础

1.1　UI 设计基础

要设计出优秀的 UI 作品，用户需要了解什么是 UI 设计，接下来讲解 UI 设计的基本概念、常见类别和常用的设计工具等知识，帮助用户对 UI 设计有一个初步的认识。

1.1.1　什么是 UI 设计

UI 的本意是用户界面，是英文 User 和 Interface 的缩写，从字面上看是由用户与界面两部分组成，但实际上还包括用户与界面之间的交互关系。也就是说，UI 设计是包含了人机交互、操作逻辑的界面美观的整体软件 UI 设计。

UI 设计是为了满足专业化、标准化需求而对软件界面进行美化、优化和规范化的设计分支，具体包括软件启动 UI 设计、软件框架设计、按钮设计、面板设计、菜单设计、标签设计、图标设计、滚动条设计、状态栏设计和安装过程设计等，图 1-1 所示为两款 App 的 UI 设计。

图 1-1　两款 App 的 UI 设计

1.1.2　UI 设计的常见类别

根据用户的需求和 UI 设计的功能对 UI 设计进行分类，包括软件 UI 设计、游戏 UI 设计、PC 端网页 UI 设计和移动端网页 UI 设计。图 1-2 所示为 PC 端网页 UI 设计效果。图 1-3 所示为移动端网页 UI 设计效果。

图 1-2　PC 端网页 UI 设计

图 1-3　移动端网页 UI 设计

1.1.3　UI 设计常用的工具

在设计制作 UI 的过程中，比较常用的软件有 Photoshop、Illustrator 和 3ds Max 等，利用这些软件各自的优势和特征可以分别完成界面中的不同部分，另外 Image Optimizer、Sketch 和 IconCool Studio 等小软件也可以用来快速创建和优化界面，接下来简单介绍几种 UI

设计软件。

1. Photoshop

Photoshop 是美国 Adobe 公司旗下最出名的图像处理软件之一。Photoshop 可以扫描、编辑和修改图像，也可以合成图像和制作软件界面等，还可以完成图像的输入与输出。本书中所有的案例都是使用 Photoshop 制作完成的，图 1-4 所示为 Photoshop 的操作界面。

2. Illustrator

Illustrator 是美国 Adobe 公司推出的应用于出版、多媒体和图像绘制的工业标准专业矢量绘图工具。

图 1-4　Photoshop 的操作界面

作为一款非常好用的矢量绘图工具，Illustrator 被广泛应用于印刷出版、专业插画、多媒体图像处理和 UI 设计等行业，同时它也可以为图稿提供较高的精度和较准确的控制，不管是小型设计项目还是大型的复杂项目，使用它都可以完成，图 1-5 所示为 Illustrator 的操作界面。

图 1-5　Illustrator 的操作界面

3. 3ds Max

3ds Max 的全称为 3D Studio Max，它是 Autodesk 公司开发的三维动画渲染和制作软件，3ds Max 被广泛应用于广告、影视、工业设计、建筑设计、多媒体制作、游戏、辅助教学及工程可视化等领域，图 1-6 所示为 3ds Max 的操作界面。

4. Image Optimizer

Image Optimizer 是一款图像压缩软件，可以对 JPG、GIF、PNG、BMP 和 TIF 等格式的图像文件进行压缩。

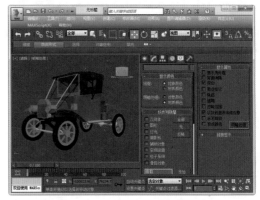

图 1-6　3ds Max 的操作界面

该软件采用一种名为 MagiCompress 的独特的压缩技术，能够在不过度降低图像品质的情况下对文件的体积进行减小，可减少一半甚至以上的文件大小，图 1-7 所示为 Image Optimizer 的操作界面。

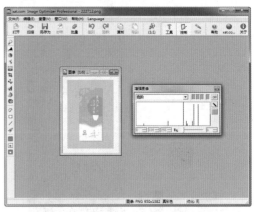

图 1-7　Image Optimizer 的操作界面

5. Sketch

Sketch 是一款矢量绘图应用软件，矢量绘图也是目前进行 UI 设计的最好方式。除了具有矢量编辑的功能之外，Sketch 也可以完成一些位图的编辑操作，例如模糊和色彩校正等操作，图 1-8 所示为 Sketch 的操作界面。

> **提示 ▶▶** 目前 Sketch 只推出了苹果操作系统 Mac OS 的安装版本，Windows 系统暂时不能安装和使用该软件。

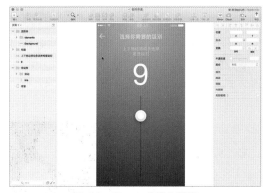

图 1-8　Sketch 的操作界面

6. IconCool Studio

IconCool Studio 是一款图标编辑制作软件，全面支持 32 位色，使用这款软件可以制作出细节丰富的图标效果。

用户可以将图像从 Photoshop 中导入 IconCool Studio 再次进行编辑处理，也可以将图像从 IconCool Studio 中导出到 Photoshop，图 1-9 所示为 IconCool Studio 的操作界面。

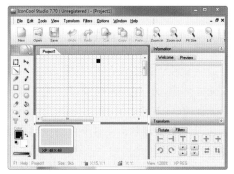

图 1-9　IconCool Studio 的操作界面

1.2　良好的 UI 用户体验

在 UI 设计中，视觉体验和用户体验是相辅相成的，好的 UI 设计可以吸引用户的注意，使用户对其产生兴趣，进而使用它，再配合好的用户体验，就可以将用户留住，提高用户转化率。

1.2.1　用户体验

用户体验（User Experience，UE/UX）是用户在使用一个产品（服务）的过程中建立起来的纯主观的心理感受。从用户的角度来说，用户体验是产品在现实世界的表现和使用方式，渗透到用户与产品交互的各个方面，包括用户对品牌特征、信息可用性、功能性和内容性等方面的体验。

用户体验又是多层次的，它贯穿人机交互的全过程，既有对产品操作的交互体验，又有在交互过程中触发的认知和情感体验，包括享受、美感和娱乐。从这个意义上来讲，用户体验即创新型的交互设计。

> **提示 ▶▶** 一个好的 UI 设计可以减少用户对客户服务的需要，从而减少公司在客户服务方面的投入，也降低由于客户服务质量引发用户流失的概率。UI 设计的页面布局是否合理、色彩是否符合用户审美要求，这些都直接关系到用户体验，从而影响 UI 设计的浏览量。

1.2.2　影响用户体验的因素

良好的用户体验可以帮助 UI 设计获得更高的使用率，也就是说，优秀的 UI 设计会使用户在操作界面的过程中感觉方便和舒适。如果要提高用户体验，就需要在设计 UI 作品时保证情感共鸣、功能体验和产品想象力等内容与设计主题相符或高度延伸。

1. 情感体验

在互联网经济时代，消费者在购买产品时表达的是对这件产品的认同感。由此可以得出，设计人员需要从情感上做出体察人心的产品，强调交互的友好性和人性化。一个新用户给予新产品的机会可能只有一次，抓住用户的情感共鸣才能让产品具有更好的价值。

2. 功能体验

产品为何而生？它能解决什么问题？这是这件产品的立身之本。这就要求设计师在设计 UI 作品的功能时必须最大限度地突出和美化产品的核心功能。定位清晰、功能简洁的 UI 设计作品更容易俘获人心，例如 QQ 软件的 UI 和百度网页的 UI，如图 1-10 所示。

图 1-10　QQ 软件的 UI 和百度网页的 UI

3. 文化体验

文化体验是涉及社会文化层次的体验，强调产品的时尚元素和文化性。新颖别致的外观设计、简单利落的操作技巧、超强的产品功能和完善的售后服务固然是用户所需要的，但依然可能缺少一种观赏或使用过后令人耳目一新、爱不释手的消费体验。如果将时尚元素、文化元素或某个文化典故进行发掘、加工和提炼，并与产品进行有机结合，将会给人一种包含文化底蕴的体验，如图 1-11 所示。

图 1-11　UI 包含的文化底蕴

1.3　UI 设计风格

随着设备和前端技术的发展，UI 设计风格早已突破了过去单一框架的限制，变得更加灵活多变。例如音乐类的 UI 设计就极富海报和杂志的版式感，时尚且富有冲击力，与传统 UI 设计截然不同。

1.3.1　拟物化设计风格

拟物化设计是指在设计过程中通过添加高光、纹理、材质和阴影等效果，力求再现实物对象。在拟物化设计过程中也可以适当地变形和夸张，模拟真实物体。

拟物化设计可以使用户第一眼就能够认出对象是什么，交互方式也模拟现实生活中的交互方式，从而知道需要怎么操作，图 1-12 所示为采用了拟物化设计的 UI 图标。

拟物化设计运用更多的高光、阴影和纹理等材质来设计制作图标

图 1-12　拟物化风格的 UI 设计

☆技术看板：拟物化设计风格的优点☆

拟物化设计的认知度非常高，无论是什么肤色、什么性别、什么年龄或文化程度的人都能够认知拟物化的设计。拟物化设计具有很好的立体空间感，特别是带有阴影的按钮能增强用户的交互感觉。

人性化：拟物化的设计风格本身与现实生活中的对象外观统一，给人一种亲切感。

1.3.2　扁平化设计风格

扁平化设计是指设计的整体效果趋向于扁平，无立体感，通过符号化或简化的图形设计元素表现信息。在移动端，扁平化设计尤为流行。

由于屏幕的限制，使这一风格在用户体验上更有优势，更少的按钮与选项使得界面干净、整齐，使用起来格外简单，图 1-13 所示为采用了扁平化风格的 UI 图标。

简单，无立体感

更少的按钮与选项

图 1-13　扁平化风格的 UI 设计

时尚简约：扁平化设计比较简单，给人一种清晰明了的感觉，更少的按钮与选项可以使 UI 看起来干净、整齐。

突出主题：较少的高光和阴影，大胆的配色，风格新颖、色彩鲜明、突出信息，使用户凭借经验也能够了解图标的功能。

更易设计：优秀的扁平化设计具有良好的架构、排版布局、色彩运用和高度一致性，从而保证其易用性和可识别性。

扁平化设计风格并不是为了扁平而扁平，它是一种设计理念，色块是它的外在表现形式。同样的，拟物化也不应该是为了拟物而拟物，立体是它的外在表现形式。

1.4　UI 设计的构成法则

将各种元素进行合理地布局和安排，使图形和文字在画面中达到最佳效果，产生最优视觉效果，是 UI 设计人员完成设计首先要考虑的。

1.4.1　什么是构成

构成是一种造型概念，是现代艺术兴起的流派之一。构成的含义是设计师将不同或相同形态的单元组合成新的单元形象。在构成设计中包含均衡、对比、律动和视点 4 个设计原则。

1. 均衡

各元素在布局上保持视觉重量的平衡和匀称，从而使视觉界面具有平衡感和稳定性，该原则适合局限性较大、缺乏变化的页面。

2. 对比

在视觉界面中通过大小对比、字体对比、粗细对比、疏密对比或曲直对比等形式突出和强化主题，引起用户的关注。

在图 1-14 所示的页面中包含了两种用途的图标，设计师为了让用户更加直观地感受到图标在此界面中的功能，对它们进行了大小和外观上的对比。

3. 律动

律动能给人视觉上富有规律的节奏体验，吸引用户了解网站界面内容，在图 1-15 所示的

界面中通过图标规律排列引起用户的注意。

图 1-14　UI 中的对比　　　图 1-15　UI 中的律动

提示 ▶▶ 律动可以理解为有节奏、规律、跳跃和动感等，起引导用户的视觉轨迹的作用。研究表明，画面右上角最能吸引人的关注，而左下角对人的吸引力最小。

4. 视点

视点即画面的视觉中心，视觉中心是 UI 设计中最重要的内容之一，也是必须让用户了解的内容。视觉中心通常在画面中 5/8 的位置，以此为基础进行视点构成，能更好地突出和表现视觉主题，并将用户的注意力集中到主要内容上，如图 1-16 所示。

图 1-16　UI 设计中的视点

1.4.2　形式美法则

形式美法则是人类在创造美的形式和美的过程中对美的形式规律的经验总结和抽象概括，主要包括对称均衡、单纯齐一、调和对比、比例、节奏韵律和多样统一等。

形式美的概念有广义和狭义之分。从广义的角度来说，形式美就是作品外在形式所独有的审美特征，因而形式美表现为具体的美的形式。从狭义的角度来说，形式美包含构成作品

外在形式的物质材料的自然属性和这些物质材料的组合规律两个方面。

> **提示** ▶ 形式美法则是研究、探索形式美的法则，能够培养人们对形式美的敏感度，指导人们更好地创造美的事物；掌握形式美的法则，能够使人们更自觉地运用形式美的法则表现美的内容，达到美的形式与美的内容高度统一。

1.4.3 构成的思维方式

在 UI 设计的过程中，界面的构成可以采用以下 7 种思维方式，有利于界面的美化及用户体验的提升。

1. 栅格理论

栅格设计风格的特点是运用数字的比例关系，通过严格的计算，把版心划分为统一尺寸的网格。

先将版面分为一栏、二栏、三栏或更多的栏，然后把文字与图像安排在其中，使版面具有一定的节奏变化，产生优美的韵律关系。

作为一种行之有效的版面设计形式法则，它将构成主义和秩序的概念引入设计之中，使所有的设计元素字体、图像以及点、线、面之间协调一致成为可能，如图 1-17 所示。

图 1-17　栅格设计风格

> **提示** ▶ 栅格设计在实际运用中特别强调比例感、秩序感、整体感、时代感和严密性，创造了一种简洁、朴实的版面艺术表现风格，具有科学性、严肃性，但同时也会给版面带来呆板的负面影响。设计师在运用栅格设计的同时应适当打破栅格的约束，努力使画面活泼生动。

2. 对称和平衡

视觉平衡就是将页面中的每一版块做得基本一致，从而达到视觉上的相互平衡。视觉平衡也称为均衡，主要分为对称平衡与不对称平衡。均衡是一种最常见的构成手法，也常用于网页 UI 设计中，图 1-18 所示为拥有对称和平衡的 UI 设计。

图 1-18　对称和平衡的 UI 设计

3. 对比和调和

在 UI 设计中视觉元素强调差异性就会产生对比。例如图形、文字和色彩三者在页面中互相比较，就会产生大小、明暗、强弱、粗细、疏密、动静和轻重的对比，图 1-19 所示为拥有对比和调和的 UI 设计。

图 1-19　对比和调和的 UI 设计

4. 重复和交错

在页面设计中会重复使用形状、大小和方向都相同的基本图形。重复使设计产生安定、整齐和规律的统一，但在视觉感受上很容易显得呆板、平淡，缺乏趣味性。在页面中适当地安排一些交错与重复，能够有效地打破页面呆板、平淡的格局，图 1-20 所示为拥有重复和交错的 UI 设计。

一张大图被分割成较小的斜切长方形，且重复、交错着出现，为 UI 设计增添了一份趣味

图 1-20　重复和交错的 UI 设计

5. 节奏与韵律

在 UI 设计中，图文的设计是按照一定的条理和秩序重复并连续地排列的。这种形式使界面的节奏既有等距离的连续，又有渐变、明暗和高低的对比。在界面构成节奏中注入美的因素和情感，就形成了韵律。节奏与韵律都来自于音乐概念，有节奏就会有情调，可以增强页面的感染力和吸引力，图 1-21 所示为拥有节奏和韵律的 UI 设计。

简单的 S 形排列，让界面拥有了节奏感，形成了韵律，增强了网页的吸引力

图 1-21　节奏和韵律的 UI 设计

6. 虚实与留白

中国传统美学曾有"计白守黑"这一说法，它的意思是版式中的内容是"黑"，虚实的装饰或留白是"白"。在 UI 设计的过程中，只要主题思想内容是完整和突出的，剩余的虚实装饰可以适当进行留白设计，为用户留有联想的余地。

设计人员在 UI 设计过程中可以对页面进行巧妙地留白设计。留白有渲染气氛和集中注意力的效果，同时留白可以更好地烘托主题，发散想象力，加强空间层次，图 1-22 所示为拥有留白的网页 UI 设计。

留白设计使版面疏密有序，布局清晰。

> **提示 ▶▶**　留白是版式中未放置任何图文的空间，留白可以引导用户的视线转移到页面的四周，使页面设计有"透气"的感觉。没有留白，页面会显得拥挤不堪。

图 1-22　留白的 UI 设计

7. 变化与统一

变化与统一是形式美的总法则，是对立与统一规律在页面构成上的应用。两者完美结合，是页面构成最根本的要求，也能调和界面中各种要素的差异性，形成视觉上的跳跃统一。

使页面达到统一的方法是版面构成要素少，而组合的形式却很丰富。统一的手法可借助均衡、调和、顺序等形式法则，如图 1-23 所示。

统一的版面配色设计和变化的版面内容

图 1-23　变化和统一的 UI 设计

1.5　图像的分类

图像格式即图像文件存放在磁盘中的类型，比较常见的图像格式有 JPG、TIF、PNG、GIF、EPS 和 PSD 等。图像可以分为位图和矢量图两类，这两种类型的图像各有优缺点，应用的领域也各有不同。

1.5.1　位图

位图也称为点阵图，它是由许许多多的点组成的，这些点被称为像素。位图图像可以表现丰富的色彩变化并产生逼真的效果，很容易在不同软件之间交换使用，但它在保存图像时需要记录每一个像素的色彩信息，所以占用的存储空间较大，在进行旋转或缩放时会产生锯齿，如图 1-24 所示。

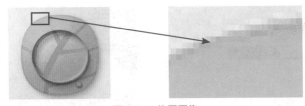

放大位图时可以看见构成位图的无数个方块

图 1-24　位图图像

位图图像格式包括 PNG、GIF、JPEG、 PSD、TIFF 和 BMP 等，位图图像格式的相关介绍如表 1-1 所示。

表 1-1　位图图像格式介绍

名　称	概　述	图　标
JPEG	JPEG 格式是目前网络上最流行的也是最常见的图像格式之一，可以把文件的体积压缩到最小	
PNG	PNG 的全称为便携式网络图形，PNG 能够提供比 GIF 小 30% 的无损压缩图像文件。用户也可以使用 PNG 格式来存储透明背景图像	
GIF	图形交换格式简称 GIF，它是 CompuServe 公司在 1987 年开发的图像文件格式。GIF 文件的数据是一种基于 LZW 算法的连续色调的无损压缩格式	
PSD	PSD 格式是 Photoshop 图像处理软件的专用文件格式，可以支持图层、通道、蒙版和不同色彩模式的各种图像特征，是一种非压缩的原始文件保存格式	
TIFF	标签图像文件格式简称 TIFF，是由 Aldus 和 Microsoft 公司为出版系统研制开发的一种较为通用的图像文件格式	
BMP	BMP 是一种与硬件设备无关的图像文件格式，使用非常广。它采用位映射存储格式，除了图像深度可选以外，不采用任何压缩，因此 BMP 文件占用的空间很大	

1.5.2　矢量图

矢量图通过数学的矢量方式进行计算，使用这种方式记录的文件所占用的存储空间很小。由于它与分辨率无关，所以在进行旋转、缩放等操作时可以保持对象光滑、无锯齿，如图 1-25 所示。

图 1-25　矢量图像

矢量图像格式包括 AI、EPS、FLA、CDR 和 DWG 等，矢量图像格式的相关介绍如表 1-2 所示。

表 1-2　矢量图像格式介绍

名　称	概　述	图　标
AI	AI 格式文件是一种矢量图形文件，AI 格式是 Adobe 公司的 Illustrator 软件的输出格式。AI 格式文件也是一种分层文件，每个对象都是独立的，它们具有各自的属性，例如大小、形状、轮廓、颜色和位置等	
CDR	CorelDRAW Graphics Suite 是加拿大 Corel 公司的平面设计软件，该软件是 Corel 公司出品的矢量图形制作工具软件，这个图形工具给设计师提供了矢量动画、页面设计、网站制作、位图编辑和网页动画等多种功能	
EPS	EPS 是跨平台的标准格式，是一种专用的打印机描述语言，可以描述信息和位图信息。作为跨平台的标准格式，它类似 CorelDRAW 的 CDR、Illustrator 的 AI 等	

1.6 UI 设计中的色彩搭配技巧

在 UI 设计中，色彩是很重要的一个设计元素，采用合适的配色方案可以大大增强 UI 的美观性。当用户查看一款 UI 设计时，首先看到的一定是 UI 的配色设计。为了设计出优秀的 UI 设计作品，需要学习色彩的搭配技巧。

1.6.1 色彩的三属性

色彩的属性由色彩可用的色相、饱和度和明度描述，人眼看到的彩色光都是这 3 个特性的综合效果，这 3 个特性就是色彩的属性。

> **提示 ▶** 色相与光波的波长有直接关系，亮度和饱和度与光波的幅度有关，明度高的颜色有向前的感觉，明度低的颜色有后退的感觉。

1. 色相

色相是指色彩的相貌，是区分色彩种类的名称，是色彩的最大特征。各种色相是由射入人眼的光线的光谱成分决定的。

可见光谱中的每一种色相都有自己的波长与频率，它们从短到长按顺序排列，就像音乐中的音阶顺序，有序而和谐，光谱中的色相发射出色彩的原始光，它们构成了色彩体系中的基本色相。一般色相环有 12 色相环、24 色相环、48 色相环和 96 色相环等，如图 1-26 所示。

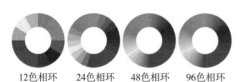

12色相环　24色相环　48色相环　96色相环

图 1-26　色相环

2. 饱和度

饱和度是指色彩的鲜艳程度，也称色彩的纯度。饱和度表示色彩中所含色彩成分的比例，色彩成分的比例越大，色彩的纯度越高；色彩成分的比例越小，则色彩的纯度越低。

在图 1-27 中，从上至下色彩的饱和度逐渐降低，上面是不含杂色的纯色，下面则接近灰色。

> **提示 ▶** 从科学的角度看，一种颜色的鲜艳度取决于这一色相发射光的单一程度。不同的色相不仅明度不同，纯度也不相同。

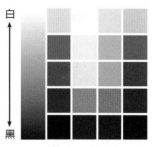

图 1-27　色彩的饱和度

3. 明度

色彩所具有的亮度和暗度被称为明度。明度是眼睛对光源和物体表面的明暗程度的感觉，明度决定于照明的光源的强度和物体表面的反射系数。

明亮的颜色明度高，暗淡的颜色明度低。明度最高的颜色是白色，明度最低的颜色是黑色。图 1-28 所示为色彩的明度变化，越往上的色彩明度越高，越往下的色彩明度越低。

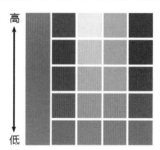

图 1-28　色彩的明度

1.6.2 基础配色技巧

在 UI 设计中，设计师都希望能够摆脱各种限制，设计出华丽的色彩搭配效果，但是想要把几种不同的色彩搭配得合理且华丽不是件简单的事情，想要在数万种色彩中挑选出合适的色彩，这就需要设计师具备出色的色彩感。

色彩搭配可以分为单色、类似色、补色、邻近补色和无彩色 5 种方式，下面逐一介绍。

1. 单色

单色配色是指选取单一的色彩，通过在单一色彩中加入白色或黑色，改变该色彩的明度进行配色的方法。图 1-29 所示为使用单色配色的 UI 设计效果。

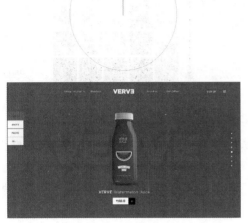

图 1-29　单色配色

2. 类似色

类似色又称为临近色，是指色相环中最邻近的色彩，它们的色相差别较小。在 12 色相环中，凡夹角在 60° 范围之内的颜色为类似色关系，类似色配色是比较容易的一种色彩搭配方法。图 1-30 所示为使用类似色配色的 UI 设计效果。

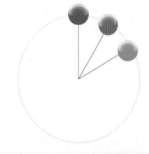

图 1-30　类似色配色

3. 补色

补色与类似色正好相反，色相环中的某一色彩，另一边所对立的色彩就是其补色。补色配色可以表现出强烈、醒目、鲜明的效果。例如，

黄色是蓝紫色的补色，它可以使蓝紫色更蓝，而蓝紫色也增加黄色的红色氛围。图 1-31 所示为使用补色配色的 UI 设计效果。

图 1-31　补色配色

4. 邻近补色

邻近补色可由两种或 3 种颜色构成，选择一种颜色，在色相环的另一边找到它的补色，然后使用与该补色相邻的一种或两种颜色，便构成了邻近补色。图 1-32 所示为使用邻近补色配色的 UI 设计效果。

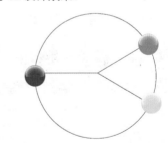

图 1-32　邻近补色配色

5. 无彩色

无彩色系是指黑色和白色，以及由黑、白

两色相混而成的各种深浅不同的灰色系列，其中的黑色和白色是单纯的色彩，而由黑色、白色混合形成的灰色有着各种深浅的不同。无彩色系的颜色只有一种基本属性，那就是明度。图 1-33 所示为使用无彩色进行配色的 UI 设计效果。

图 1-33　无彩色配色

1.6.3　色彩的搭配法则

每一种颜色都有着独特的含义，将它们组合起来就能传递出无限的可能，也能使用户在界面上停留的时间更持久，增加点击率。UI 设计要给人简洁整齐、条理清晰感，依靠的就是界面元素的排版和间距设计，以及色彩的合理、舒适度搭配。

总体而言，UI 的配色设计应遵循 4 个原则，分别是协调统一、重点色突出、色彩平衡和对立色调和，下面进行详细介绍。

1. 协调统一

针对 UI 设计的功能类型、适用人群以及工作环境选择恰当的色调，比如推广美食的软件，应采用体现环保、健康的绿色。同时为了保证 UI 设计的整体性、专业性和美观性，UI 设计的配色需要协调统一，如图 1-34 所示。

由多数设计师的经验得出：淡色系的 UI 设计可以带给浏览者舒适、放松的感觉，而深色系的 UI 设计会让浏览者获得更多的沉浸感。

主色使用绿色，体现环保和健康的理念，辅色用到了白色，无彩色的加入没有打破页面的整体氛围，整体色调统一

RGB（120，167，50）　　RGB（255，255，255）

图 1-34　协调统一的 UI 设计

2. 重点色突出

在进行 UI 配色时，设计师可以选取一种颜色作为整个界面的重点色。这个颜色可以被运用到焦点图、按钮、图标等界面元素或者其他相对重要的元素上，使之成为整个界面的焦点。

UI 的焦点是突出运用重点色的元素，让浏览者可以在查看 UI 的第一时间注意到它，如图 1-35 所示。

重点色：蓝色

重点色：紫色

图 1-35　UI 设计中的重点色

3. 色彩平衡

在设计 UI 时，设计师既要保证配色设计足够美观，同时也要避免 UI 的色彩失衡。色彩失衡会让浏览者在查看 UI 设计时眼花缭乱，

从而导致 UI 的点击率和浏览量下降。

如何使整个 UI 保持色彩平衡？方法其实有很多，这里讲解比较简单的一种方法，即在设计 UI 时尽量少使用不同色系的颜色。这样既可以保证 UI 的色调和谐统一，UI 也不会出现颜色混乱的情况，如图 1-36 所示。

这两款 App 界面的色彩整体色调统一，用尽量少的颜色呈现出不同的界面效果

RGB（228，100，134）　　RGB（255，255，255）

RGB（164，135，254）　　RGB（231，185，254）

图 1-36　色彩平衡的 UI

4. 对立色调和

对立色调和的原则很简单，就是浅色背景上使用深色文字，深色背景上使用浅色文字。例如白色文字在蓝色背景上容易识别，而红色文字则不易分辨，原因是红色和蓝色没有足够的反差，但蓝色和白色的反差很大。除非是特殊场合，否则不要使用对比强烈、让人产生憎恶感的颜色，如图 1-37 所示。

黄色和蓝色作为对立色，背景的反差使对立色的内容更容易吸引浏览者

RGB（255，171，0）　　　RGB（32，67，125）

图 1-37　对立色调和的 UI

1.7　UI 设计的原则

成功的 UI 设计应该是根据消费者的需求、市场的状况和企业自身的情况，以"消费者"为中心，而不是以"美术"为中心进行设计规划，下面针对 UI 设计的原则进行讲解。

1.7.1　视觉美观

视觉美观是 UI 设计的最基本的原则。作为 UI 设计，首先需要引起浏览者的注意，如何在浏览者查看 UI 时吸引其目光，影响浏览者去留的决定性因素在于此 UI 是否美观。

由于界面内容多样化，繁复的设计已经被淘汰，取而代之的是融合了动画、交互设计和三维效果等多媒体形式的 UI 设计，这些设计效果可以使用更少的设计元素向浏览者展现 UI 的表现形式，图 1-38 所示为融合了多媒体形式的美观 UI 设计。

图 1-38　融合了多媒体形式的美观 UI 设计

在设计 UI 时应该灵活运用对比与调和、对称与平衡、节奏与韵律及留白等技巧，通过空间、文字、图形之间的相互联系为 UI 建立均衡状态，确保整个 UI 的外观效果协调统一。

> **提示** ▶▶ 巧妙运用点、线、面等基本元素，通过互相穿插、互相衬托和互相补充构成完美的页面效果，充分表达完美的设计意境。

1.7.2　突出主题

　　UI 设计表达的是一定的意图和要求，有些 UI 设计只需要简洁的文本信息，有些则需要采用多媒体的表现手法。根据客户的设计要求，在保证 UI 简练、清晰和精确的情况下，还需要 UI 凸显艺术性，同时通过视觉冲击力体现主题。

　　为了达到主题鲜明、突出的效果，设计师应该充分了解项目目标和适用人群的使用喜好，最终以简单、明确的语言和图像体现 UI 设计的主题，如图 1-39 所示。

斜线视角引导浏览者视角，视角中心是最被浏览者关注的位置，主题内容放置在中心位置，突出主题

图 1-39　突出主题的 UI 设计

1.7.3　整体性

　　UI 的整体性包括内容和形式两个方面，内容主要是指 Logo、文字、图像和动画等要素，形式则是指整体版式和不同内容的布局方式。一个合格的 UI 设计应该是内容和形式高度统一，如图 1-40 所示。

图 1-40　UI 设计的整体性

图 1-40　UI 设计的整体性（续）

　　为了实现 UI 设计的整体性，需要做好以下两个方面的工作。

1. 表现形式要符合主题的需要

　　一款页面如果只是追求过于花哨的表现形式，过于强调创意而忽略主要内容，或者只追求功能和内容却采用平淡无奇的表现形式，都会使页面表达变得苍白无力。只有将二者有机地融合在一起，才能真正设计出独具一格的页面。

2. 确保每个元素存在的必要性

　　在设计页面时，要确保每个元素都有存在的意义，不要单纯地为了展示所谓的高水准设计和新技术添加一些毫无意义的元素，这样会使用户产生强烈的无所适从感。

1.7.4　为用户考虑

　　为用户考虑的原则实际上就是要求设计者时刻站在用户的角度考虑问题，主要体现在以下两个方面。

1. 使用者优先观念

　　UI 设计的目的就是吸引用户使用，所以无论什么时候都应该谨记以用户为中心。用户需要什么，设计者就应该去做什么。一个 UI 设计作品无论多么具有艺术感，如果不能满足用户的需求，那也是一个失败的作品。

2. 简化操作流程

　　依靠界面美观可以快速吸引浏览者的注意，是否能够留住用户靠的是界面中的各种功能以及操作流程。此处需要遵循 3 次单击原则，任何操作都不应该超过 3 次单击，如果违背则会导致用户失去耐心。

> **提示** ▶▶ 在 UI 设计中，如果想要让所有浏览者都可以畅通无阻地浏览页面内容，最好不要使用只有部分浏览器才支持的技术和文件，而是采用支持性较好的技术和文件。

1.7.5 快速加载

快速加载也是设计师在设计 UI 时需要考虑的一条原则。就现在的发展趋势而言，页面占比较大的当属图像和视频元素，为了使 UI 的加载速度达到最快，需要从页面切图和优化存储图像等方面解决问题。

通常，能够通过代码实现的界面元素尽量不使用图像、视频或动态图等多媒体形式，能用 1px 显示的就不要使用 2px，能用 32 色存储的就不要使用 64 色。在图 1-41 所示的界面中采用了色块和小图像，能够快速地加载，便于浏览。

UI 在保证简洁、美观的同时也要保证其加载速度。在当今快节奏生活的影响下，大众对于新鲜事物的耐心也在逐渐下降，如果不能保证 UI 快速加载完成，那么此界面将会流失大部分的用户

图 1-41　快速加载 UI

1.8　UI 设计的一般流程

UI 设计流程包括产品调研、设计产品原型、用户体验小组讨论修改、交互视觉设计、产品经理提出修改、用户体验小组确认、前端开发、程序开发、测试调试和评估等步骤。总的来说，UI 设计流程可以分为需求阶段、分析设计阶段、调研验证阶段、方案改进阶段和用户验证阶段。

1. 需求阶段

UI 设计依然属于工业产品的范畴，它的需求依然离不开使用者、使用环境和使用方式的需求分析。在开始 UI 设计之前应该明确什么人用（用户的年龄、性别、爱好、收入和教育程度等），在什么地方用（在办公室、家庭、厂房车间或公共场所），如何用（鼠标、键盘、遥控器或触摸屏）。

> **提示** ▶▶ 除此之外，在需求阶段对同类竞争产品的了解是必须的。单纯从界面美学考虑，说哪个好哪个不好是没有一个很客观的评价标准的，只能说哪个更合适，适合最终用户的就是最好的。

2. 分析设计阶段

通过需求分析，UI 设计将进入分析设计阶段，也就是方案形成阶段。在一般情况下，设计师需要设计几套不同风格的界面用于选择。在分析设计阶段，设计师首先应该确定一个体现用户定位的词汇。

例如为 25 岁左右的白领男性制作家居娱乐软件。对于这类用户，分析得到的词汇有品质、精美、高档、高雅、男性、时尚、cool、个性、亲和、放松等，如表 1-3 所示。这样根据不同词汇，可以设计出数套不同风格的界面。

表 1-3　分析用户得到的词汇

绝对必须体现	必须放弃一些	体现外在形象	贴近用户心理
品质	亲和	cool	亲和
精美	放松	个性	放松
高档	个性	工业化	人性化
时尚	cool		

3. 调研验证阶段

调研验证阶段也是确定 UI 设计作品风格的阶段，一套 UI 设计作品的设计风格必须一致，不能具有明显的差异，要具有整体性。将 UI 设计作品投放到测验人群中，可以得到具有市场价值的用户反馈。

4. 方案改进阶段

经过用户调研，得到目标用户最喜欢的方案，将其指定为最终方案。而且在调研验证阶段可以了解到用户为什么喜欢，以及有什么改进目标等，完成这些信息的搜集后，可以进一

步改进方案，将方案做得细致、精美。

5. 用户验证阶段

在方案改进阶段之后，可以将产品推向市场，但是 UI 设计并没有结束。零距离接触最终用户，实时查看用户的反馈信息，可以为之后的版本升级积累经验。

> 提示 ▶ UI 设计人员要与技术人员等充分合作，才能设计制作出符合产品市场定位的优秀作品。

1.9　PC 端和移动端的 UI 设计规范

UI 设计从操作方式、设备使用方式和屏幕大小等角度来分，可以分为 PC 端 UI 设计和移动端 UI 设计两个方面。同时 PC 端和移动端的 UI 设计也会受操作习惯或网络技术的限制，设计师在设计界面时也需要遵守一定的设计规则。

1.9.1　界面不同

PC 端的 UI 设计指的是计算机端的 UI 设计，移动端的 UI 设计指的是手机的 App UI 设计，不同设备的屏幕类型和尺寸不同，设计稿也会有很大的不同。

1. 操作方式

PC 端的操作方式和移动端具有明显的差别，PC 端使用鼠标操作，包含滑动、左击、右击和双击等操作，操作相对单一，交互效果相对较少。

移动端使用手指操作，手指操作包含点击、滑动、旋转、双击、双指放大、双指缩小、五指收缩，以及苹果手机的 3D Touch 按压触控操作，如图 1-42 所示。除了手指操作以外，还可以配合传感器完成摇一摇或陀螺仪感应灯等操作，操作方式丰富。

图 1-42　手指的点击、滑动和旋转操作

2. 屏幕尺寸

随着时间的推移，移动端设备的屏幕逐渐增大，如图 1-43 所示。由于移动端屏幕受使用地点和便携式两大特性限制，屏幕必须控制在人手可拿的范围内，所以屏幕即使再大也不会超出 PC 端设备的屏幕。

图 1-43　手机屏幕大小

PC 端设备的使用地点一般固定在某处，它的屏幕尺寸相对移动端来说可以做很大，所以它的视觉范围更广，在 UI 中可设计的元素也更多。

移动端设备的屏幕较小，操作局限性大，设计空间显得尤为珍贵。在设计移动端界面时要限定元素的最小尺寸，避免元件过小造成访问困难的情况。

3. 网络环境

不管是移动端还是 PC 端都离不开网络，PC 端设备连接网络更加稳定，移动端可能会遇到由于信号问题而导致网络环境不佳，出现网速差甚至断网的情况，这就需要产品经理在设计中充分考虑网络问题，设计更好的解决方案。

4. 传感器

移动端设备比较轻便，完善的传感器是 PC 端设备望尘莫及的，压力、方向、重力、GPS、NFC、指纹识别、3D Touch 和陀螺仪等的存在使移动端设备变得更加出色，也使人们的生活变得更加便捷、舒适。

5. 文字的输入

对于文字的输入，PC 端一般使用文本框解决，如图 1-44 所示；而在移动端，由于手机屏幕尺寸以及 UI 风格的原因，很少出现文本框，采用另起一页输入或者在文字后直接输入的方式，如图 1-45 所示。

图 1-44　在文本框中输入文字

图 1-45　直接输入

6. 内容选择

在 PC 端软件界面中，可以通过使用下拉菜单或单选按钮等形式完成内容的选择；而在移动端界面中，考虑操作的便捷性，一般通过列表或其他交互形式完成内容的选择。图 1-46 所示为 PC 端 UI 和移动端 UI 在内容选择上使用不同的方式。

图 1-46　内容选择方式不同

PC 端界面与移动端界面设计的不同点有很多，此处就不再一一列举，用户可以在日常生活和工作中多多留意，分别归纳出它们的设计特点，切记不可把 PC 端的设计模型直接照搬到移动端界面中继续使用。

> **提示** ▶▶ 由于精确度不同（鼠标的精确度比手指高）和操作习惯不同，所以 PC 端和移动端在内容上的选择存在着较明显的差异。

1.9.2　PC 端的设计规范

相对移动端界面来说，PC 端界面的设计规范比较简单。接下来利用 UI 模板详细介绍 PC 端界面的设计规范，图 1-47 所示为 PC 端网页 UI 界面。

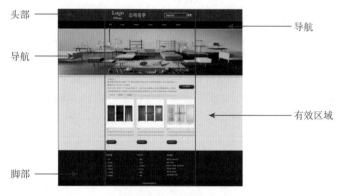

图 1-47　UI 模板

如果 PC 端界面的画布宽度设置为 1920px，则其有效区域应控制在 1000 ～ 1200px，界面高度随着内容的多少而变化，文字设计规范如表 1-4 所示。

表 1-4　UI 文字规范

字体	大小	导航和标题	字体之间的间距	正文的文字颜色	建议选用
宋体	12px	18px	1	深灰色	#333333
微软雅黑	14px	或者更大	1.5 倍	黑色	#666666

如果图像上有文字内容或按钮元素，在确保文字清晰、易识别和整体搭配协调统一的前提下，要将这些文字或元素放置在有效区域内，以确保设备分辨率比较低的用户也能够看到这些内容。

> **提示** 上述规范只是实践中比较常用的一些规范，并不是一成不变的，用户可根据实际情况进行调整，保证网页的美观性、协调性和实用性。

1.9.3　移动端的设计规范

PC 端界面的设计思路与移动端不一样，移动端更多地从用户体验来思考，而且因为屏幕的限制尽量要去繁就简；PC 端只有点击操作，而且可视空间大，所以界面布局流程和移动端不是一个思路。

1. 内容精简

为了提高用户操作的便利性，提升用户体验，移动端界面交互过程设计不宜过于繁杂，交互步骤不宜过多。

2. 色彩鲜明

移动端设备的显示屏比较小，设计人员需要在有限的屏幕中吸引用户的注意，所以需要色彩鲜明的设计。同时，由于移动端设备支持的色彩范围有限，所以界面要设计得尽量简洁。

> **提示** PC 端界面和移动端界面最大的区别就是设备屏幕尺寸不同，PC 端设备可以通过更换显示设备解决这个问题，而当前手机种类繁多，手机屏幕的大小、比例各异，因此设计时既要考虑应用在不同大小屏幕上的适配，又要保持其设计风格的一致。

3. iOS 系统的尺寸规范

市场上 iPhone 手机的机型很多，为了方便向上或向下适配所有机型，设计师在设计 App 界面时通常以 iPhone 6 的屏幕尺寸为标准，图 1-48 所示为 iPhone 6 的屏幕尺寸。

iOS 系统的 App 界面布局元素包括状态栏、导航栏和标签栏 3 个部分，图 1-49 所示为 iOS 系统的 App 界面布局元素。

图 1-48　iPhone 6 的屏幕尺寸

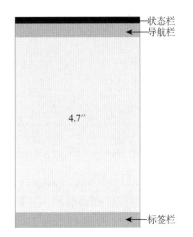

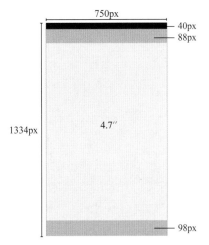

图 1-49　iOS 系统的 App 界面布局元素

☆技术看板：界面布局中各个组件的含义☆

　　状态栏：显示应用程序的运行状态。

　　导航栏：显示当前 App 应用的标题名称，左侧为后退按钮，右侧为当前 App 内容操作按钮。

　　标签栏：标签栏在界面的最下方，用来放置 App 的操作工具。

4. Android 的规范尺寸

　　在设计制作 Android 系统的 App 界面时，通常采用 1080×1920px 作为主流设备尺寸，然后通过调整输出倍率适配其他机型，图 1-50 所示为 Android 系统的主流设备尺寸。

图 1-50　Android 系统的主流设备尺寸

　　基于 Android 系统的 App 布局元素也分为状态栏、导航栏和标签栏 3 个部分，图 1-51 所示为 Android 系统的 App 软件界面布局元素。

图 1-51　Android 系统的 App 软件界面布局元素

第2章
Photoshop 的基本操作——制作技巧

2.1 Photoshop 的安装

在使用 Photoshop 之前，首先需要安装软件，安装并不复杂，用户只需要根据提示信息进行操作即可完成 Photoshop 软件的安装。

2.1.1 实战——安装 Photoshop

01 将 下 载 的 安 装 包 解 压， 然 后 双 击 set up.exe 应用程序，会弹出"遇到了以下问题"对话框，单击"忽略"按钮，如图 2-1 所示。

图 2-1　安装遇到问题

02 继续进行安装，弹出"正在初始化安装程序"对话框，如图 2-2 所示。

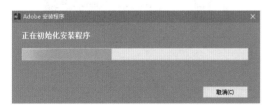

图 2-2　初始化安装程序

03 弹出"欢迎"对话框，单击"作为试用版安装"按钮，安装试用版本。如果用户有序列号，直接单击"使用序列号安装"按钮，输入序列号进行安装，如图 2-3 所示。

04 弹出"Adobe 软件许可协议"对话框，单击"接受"按钮，如图 2-4 所示。

素材

图 2-3　选择安装方式

图 2-4　接受许可协议

疑问解答：Photoshop 的试用期是多少？

通常，Photoshop CS6 试用版本有 30 天的试用期，30 天后软件将不能使用，必须购买此软件，才能在试用期过后继续使用 Photoshop。

05 弹出"需要登录"对话框，如果用户有 Adobe ID 账号，直接登录即可；如果没有注册 Adobe ID 账号，注册一个即可，完成注册后单击"登录"按钮，如图 2-5 所示。

图 2-5　登录 Adobe ID

06 弹出"选项"对话框，根据计算机的系统配置勾选 32 位或 64 位的系统安装复选框，设置完成后单击"安装"按钮，如图 2-6 所示。

图 2-6　选择系统配置

07 弹出"安装"对话框，界面显示安装 Adobe Photoshop 的进度条，如图 2-7 所示。等待一段时间，进度条加载完成。

图 2-7　安装进程

08 弹出"安装完成"对话框，显示 Adobe Photoshop 安装完成，单击"关闭"按钮，如图 2-8 所示，Photoshop 安装完成。

图 2-8　安装完成

☆技术看板：32 位与 64 位系统的区别☆

　　64 位软件只能安装在使用了 64 位系统的计算机上，不能安装在 32 位系统的计算机上，但是 32 位的软件却可以安装在 64 位系统的计算机上。

2.1.2　Photoshop 的启动

　　Photoshop 安装完成之后，用户在"开始"菜单中单击软件图标或在桌面上双击软件的快捷方式图标，如图 2-9 所示。弹出 Photoshop 的启动界面，如图 2-10 所示，稍等片刻，即可进入 Photoshop 的工作界面，如图 2-11 所示。

图 2-9　桌面快捷方式　　图 2-10　启动界面

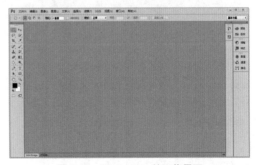

图 2-11　Photoshop 的工作界面

2.2　Photoshop 的工作界面

Photoshop 软件的工作界面由菜单栏、选项栏、标题栏、文件窗口、状态栏和面板等组成，如图 2-12 所示。

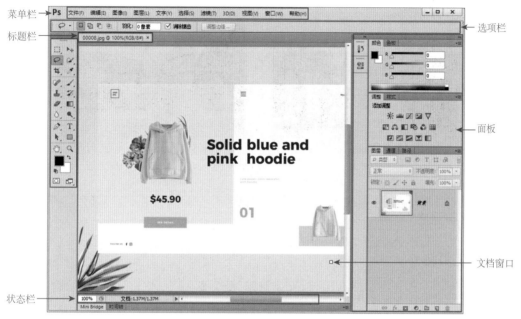

图 2-12　Photoshop 工作界面的组成

提示 状态栏可以显示文件大小、文件尺寸、当前工具和窗口缩放比例等信息，以便用户快速了解文件信息。

2.2.1　菜单栏

Photoshop 中包含了 11 个主菜单，几乎所有的命令都按照类别排列在这些菜单中，并使用分割线对各类命令进行了分类。菜单栏是 Photoshop 的重要组成部分。

1. 执行菜单中的命令

单击菜单栏中的任意主菜单，出现下拉菜单，单击任意命令即可执行该命令。

单击菜单名称即可打开该菜单，若菜单选项的后面带有黑色的三角标记，表示该命令下还包括子菜单，可以选择子菜单中的各项命令实现各种操作。

2. 通过组合键执行命令

如果命令菜单选项后面带有组合键，则表示在键盘上按下对应的组合键即可快速执行该命

令，如图 2-13 所示。有些命令的后面只提供了字母，如图 2-14 所示，如果用户想要使用此方式执行该命令，先按住 Alt 键，再按主菜单的字母键，即可打开该主菜单，然后再按命令后面的字母，即可执行命令。

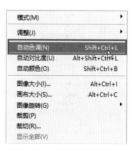

图 2-13　组合键执行命令

图 2-14　命令的后面只提供了字母

3. 使用右键快捷菜单

在文件窗口的空白处或任意对象上右击，可以弹出快捷菜单，如图 2-15 所示。在任意面板上右击，也可以显示该面板的快捷菜单。

图 2-15　右击快捷菜单

> **提示 ▶▶**　如果菜单选项下的命令显示为灰色，表示当前不可用；如果菜单列表中的命令后带有省略号，执行该命令后将会弹出相应的对话框。

2.2.2　工具箱

打开 Photoshop 软件，工具箱默认显示在工作区的左侧位置，用户可以将光标移动到工具箱的顶部，按鼠标左键拖曳移动工具箱的位置。如果 Photoshop 界面中没有显示工具箱，执行"窗口 > 工具"命令，工具箱将会出现在它上次关闭前的位置。

单击工具箱顶部的双箭头，可以切换工具箱的显示方式，其显示方式分为单排显示和双排显示。对于工具箱中的所有工具，可以根据其用途和功能进行分类，如图 2-16 所示。

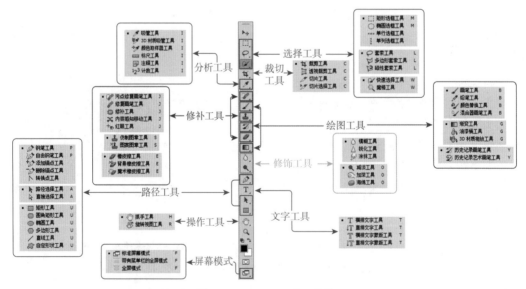

图 2-16　Photoshop 的工具箱

> **提示 ▶▶**　如果工具按钮的右下角带有三角标记，将光标移动到该工具按钮上按住鼠标左键不放或右击，可显示该工具组。在按住 Shift 键的同时按工具的快捷键，可将该工具切换为当前工具。在按住 Alt 键的同时单击工具按钮，可以在该工具组中切换选择组中的工具。

2.2.3　选项栏

在默认情况下，选项栏显示在软件界面的顶部，执行"窗口>选项"命令即可隐藏或显示选项栏。在使用任意工具时，选项栏上会显示当前所选工具的属性和控制参数，通过对这些属性和参数进行设置可以实现更加精准的效果。

例如，单击工具箱中的"横排文字工具"按钮，选项栏中将出现如图 2-17 所示的属性和参数，用户可以在文本框中输入精确的数值或选择任意选项。

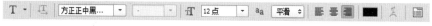

图 2-17　"横排文字工具"的选项栏

2.2.4　面板

在 Photoshop 中有很多面板，单击"窗口"主菜单，在弹出的下拉菜单中选择相应的面板后，该面板将显示在软件界面的右侧。

1. 折叠/展开面板

单击面板右上角的双三角形按钮，如图 2-18 所示，可折叠或显示该面板。拖动面板的边界可调整面板组的宽度。

图 2-18　关闭面板

2. 移动面板

将光标放置在面板的名称上，按住鼠标左键将其拖曳至空白处，即可将其从面板组中分离出来，成为浮动面板，如图 2-19 所示。

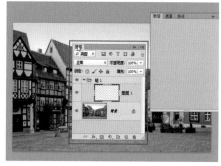

图 2-19　移动面板

提示 ▶▶ 按 Tab 键可关闭所有面板，再次按 Tab 键可恢复到关闭前的状态。使用组合键 Shift+Tab 可关闭除选项栏之外的所有面板。

2.2.5　文件窗口

在使用 Photoshop 时，如果同时建立多个文件，文件窗口会以选项卡的形式显示，如图 2-20 所示。

图 2-20　文件窗口以选项卡形式显示

单击选项卡上的名称，该文件将成为当前操作窗口，按组合键 Ctrl+Tab 可按顺序切换窗口，按组合键 Ctrl+Shift+Tab 会按相反的顺序切换窗口。当文件过多时，单击标题栏右侧的"双箭头" ▶▶ 按钮，在弹出的菜单中可以选择需要的文件，如图 2-21 所示。

图 2-21　选择文件

1. 浮动窗口

选择文件，按住鼠标左键将文件从选项卡

中拖曳出，该文件将会成为浮动窗口。将光标放在浮动窗口的标题栏上，按鼠标左键，将其拖曳到选项栏上，当出现蓝框时松开鼠标左键，该文件将会重新被放置到选项卡中。

2. 调整窗口大小

将光标放置到窗口的一角，当光标变为 ⤡ 状态时，按鼠标左键并拖曳即可缩放窗口。

> **提示** ▶▶ 对 Photoshop 提供的文件背景色不满意时，可以在文件窗口的空白处右击，在弹出的快捷菜单中选择或指定背景颜色。

2.2.6 状态栏

状态栏位于软件界面的底部，它可以显示文件的缩放比例、文件大小和存储进度等信息，单击状态栏上的 ▶ 按钮，将弹出如图 2-22 所示的菜单。单击所弹出菜单中的任意选项，在文件信息处会显示该选项的相关信息。

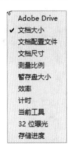

图 2-22　状态栏弹出菜单

在文件信息处按住鼠标左键，可以显示图像的宽度、高度、通道和分辨率等信息，如图 2-23 所示。在按住 Ctrl 键的同时按住鼠标左键，可以显示图像的拼贴宽度、拼贴高度、图像宽度和图像高度等信息，如图 2-24 所示。

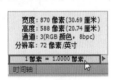

图 2-23　文件信息　　　图 2-24　拼贴信息

2.3　查看图像

为了方便用户查看图像，Photoshop 为用户提供了不同的视图方式，同时还为用户提供了缩

放图像和旋转图像的方法。

2.3.1 屏幕模式

Photoshop 提供了 3 种屏幕显示模式供用户选择使用，单击工具箱底部的 ▫ 按钮，将弹出如图 2-25 所示的面板。

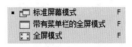

图 2-25　屏幕显示模式

- 标准屏幕模式：默认状态下的屏幕模式，可显示菜单栏、标题栏和滚动条等。
- 带有菜单栏的全屏模式：显示菜单栏和 50% 灰色背景，无标题栏、状态栏和滚动条的全屏窗口。
- 全屏模式：只显示黑色背景的全屏窗口，不显示标题栏、菜单栏和滚动条等。

> **提示** ▶▶ 按下 F 键可在 3 种模式中快速切换，按 Esc 键可以退出全屏模式。在全屏模式下，将光标放置在屏幕的两侧可以访问面板，按 Tab 键可以显示面板。

2.3.2 在多窗口中查看图像

执行"窗口 > 排列"命令，打开如图 2-26 所示的菜单，菜单中包含用来显示多个文件窗口的排列方式。

图 2-26　排列命令的扩展菜单

- 全部垂直拼贴：执行该命令，在 Photoshop 中打开的多个文件窗口将以垂直排列的

方式平均排列在 Photoshop 的工作区中，
如图 2-27 所示。

图 2-27　垂直排列

- 全部水平拼贴：执行该命令，在
  Photoshop 中打开的多个文件窗口将以
  水平排列的方式平均排列在 Photoshop
  的工作区中，如图 2-28 所示。

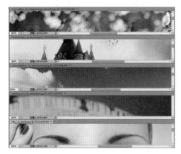

图 2-28　水平排列

- 双联水平：如果当前在 Photoshop 中打
  开了两个文件窗口，执行该命令，可以
  将两个文件窗口以水平排列方式平均分
  布在工作区中，如图 2-29 所示。

图 2-29　双联水平

- 双联垂直：如果当前在 Photoshop 中打
  开了两个文件窗口，执行该命令，可以
  将两个文件窗口以垂直排列方式平均分
  布在工作区中，如图 2-30 所示。

图 2-30　双联垂直

- 三联水平：如果当前在 Photoshop 中打
  开了三个文件窗口，执行该命令，可以
  将三个文件窗口以水平排列方式平均分
  布在工作区中，如图 2-31 所示。

图 2-31　三联水平

- 三联垂直：如果当前在 Photoshop 中打
  开了三个文件窗口，执行该命令，可以
  将三个文件窗口以垂直排列方式平均分
  布在工作区中，如图 2-32 所示。

图 2-32　三联垂直

- 三联堆积：如果当前在 Photoshop 中打
  开了三个文件窗口，执行该命令，可以
  将三个文件窗口以堆积的方式显示在工
  作区中，如图 2-33 所示。
- 四联：如果当前在 Photoshop 中打开了
  4 个文件窗口，执行该命令，可以将 4
  个文件窗口以堆积的方式显示在工作区
  中，如图 2-34 所示。

图 2-33　三联堆积

图 2-34　四联

- 六联：如果当前在 Photoshop 中打开了
  6 个文件窗口，执行该命令，可以将 6
  个文件窗口以堆积的方式显示在工作区
  中，如图 2-35 所示。

图 2-35　六联

- 将所有内容合并到选项卡中：如果当前
  在 Photoshop 中打开了多个文件窗口，
  执行该命令，可以将多个文件窗口合并
  到一个选项卡中，并显示当前选中的文
  件窗口，如图 2-36 所示。
- 层叠：从屏幕的左上角到右下角以堆叠
  和层叠的方式排列和停放多个文件窗
  口，如图 2-37 所示。如果想使用此功能，
  当前的文件都必须是浮动状态。

图 2-36　将所有内容合并到一个选项卡中

图 2-37　层叠

- 平铺：以靠边的方式显示窗口，如图
  2-38 所示。

图 2-38　平铺

- 在窗口中浮动：允许图像自由浮动，也
  可拖动标题栏移动窗口，如图 2-39 所示。
- 使所有内容在窗口中浮动：将所有文件
  窗口以浮动窗口的方式显示，如图 2-40
  所示。

图 2-39　在窗口中浮动

图 2-40　使所有内容在窗口中浮动

提示 ▶▶▶ 在关闭一个图像时，其他窗口会自动调整大小，以填满剩余空间。

- 匹配缩放：将所有窗口与当前窗口的缩放比例相匹配。图 2-41 所示为图像匹配前后的对比效果。

图 2-41　匹配缩放

提示 ▶▶▶ 当前窗口的显示比例为 50%，而其他窗口的显示比例为 100%，执行"匹配缩放"命令后，其他窗口的显示比例将调整为 50%。

- 匹配位置：将所有窗口中图像的显示位置与当前窗口相匹配，如图 2-42 所示。

图 2-42　匹配位置

- 匹配旋转：将所有窗口中画布的旋转角度与当前窗口相匹配，如图 2-43 所示。

图 2-43　匹配旋转

提示 ▶▶▶ "全部匹配"命令可以将所有窗口中图像显示的比例、位置以及画布旋转的角度与当前窗口相匹配。

2.3.3　使用"缩放工具"

Photoshop 为用户提供了可以在当前窗口中放大或缩小图像的操作方法。单击工具箱中的"缩放工具"按钮，其选项栏如图 2-44 所示。

放大/缩小

图 2-44　"缩放工具"的选项栏

单击选项栏中的"放大"按钮，使用"缩放工具"在文件窗口中单击可以放大图像的显示比例；单击"缩小"按钮，使用"缩放工具"在文件窗口中单击可以缩小图像的显示比例。

单击"填充屏幕"按钮，可以在整个屏幕范围内最大化显示完整的图像，即用户可以最大化地看到图像。

单击"打印尺寸"按钮，可以在文件窗口中按照实际的打印尺寸显示图像，方便用户预览查看图像的打印效果。单击"适合屏幕"按钮，可以在文件窗口中最大化地显示完整的图像。

☆技术看板：对于放大或缩小整个图像，Photoshop 提供的多种快捷方式☆

以图像中心缩放：按组合键 Ctrl+"+"，以图像中心执行放大操作；按组合键 Ctrl+"-"，以图像中心执行缩小操作。

局部放大：按组合键 Ctrl+空格键，鼠标指针显示为放大镜图标，单击并拖曳可以选择要放大的区域，当达到想要的显示效果后松开鼠标左键。

鼠标滚轮放大 / 缩小图像：按住 Alt 键，向前滚动滚轮，图像以光标当前位置为中心进行放大操作；按住 Alt 键，向后滚动滚轮，图像以光标当前位置为中心进行缩小操作。

图像放大屏幕大小：按组合键 Ctrl +0，图像按自身宽高比自动缩放在屏幕范围内。

图像实际大小：按组合键 Ctrl+Alt+0 或组合键 Ctrl +1，图像比例自动缩放到 100%。

2.3.4 实战——使用"缩放工具"调整窗口比例

素材

01 执行"文件 > 打开"命令，弹出"打开"对话框，选中"23401.jpg"文件，单击"打开"按钮，如图 2-45 所示。然后单击工具箱中的"缩放工具"按钮，将光标移动到画布中，如图 2-46 所示。

图 2-45　打开图像文件

图 2-46　使用"缩放工具"

02 使用"缩放工具"单击文件窗口，将放大窗口的显示比例，如图 2-47 所示。按住 Alt 键，当光标变为 状态时，单击文件窗口可缩小窗口的显示比例，如图 2-48 所示。

图 2-48　缩小窗口的显示比例

图 2-47　放大窗口的显示比例

03 在选项栏中勾选"细微缩放"复选框，使用"缩放工具"在文件窗口中向右拖曳，能够以平滑的方式快速放大窗口，如图 2-49 所示。

反之，在文件窗口中向左拖曳，则会快速缩小窗口的比例，如图 2-50 所示。

图 2-49 快速放大窗口

图 2-50 快速缩小窗口

2.3.5 使用"抓手工具"

在编辑图像的过程中，如果图像较大，文件窗口不能完全显示图像，可以使用"抓手工具"移动画布，以查看图像的不同区域。选择该工具后，在画布中单击并拖曳即可移动画布。"抓手工具"的选项栏如图 2-51 所示。

图 2-51 "抓手工具"的选项栏

在按住 Alt 键的同时使用"抓手工具"在窗口中单击，可以缩小窗口；在按下 Ctrl 键的同时使用"抓手工具"在窗口中单击，可以放大窗口。

如果同时打开多个图像文件，可以勾选"抓手工具"选项栏上的"滚动所有窗口"复选框，此时移动画布的操作将作用于所有不能完整显示的图像。

2.3.6 使用"旋转视图工具"

"旋转视图工具"是一个视图查看工具，为用户提供查看和旋转视图的功能。在 Photoshop 中使用"旋转视图工具"可以很方便地控制视图的旋转，并且不会改变图像本身的内容。

单击工具箱中的"旋转视图工具"按钮，其选项栏如图 2-52 所示。在文件窗口中按下鼠标左键并拖曳，将出现罗盘指针并且图像跟随着拖曳方向进行旋转，如图 2-53 所示。

图 2-52 "旋转视图工具"的选项栏

图 2-53 旋转画布操作

提示 使用"旋转视图工具"需要计算机中的显卡支持 OpenGL 加速功能。

2.3.7 使用"导航器"面板

执行"窗口 > 导航器"命令，打开"导航器"面板，如图 2-54 所示。它的作用是为用户提供更加直观的查看图像的方式，用户也可以先选中需要缩放的区域，再对图像进行缩放。

图 2-54 "导航器"面板

按住 Ctrl 键，单击"导航器"面板上的图像，当光标变成放大镜形状时，拖曳出任意大小的选框，实现局部放大图像的操作，如图 2-55 所示。

图 2-55　放大图像

单击"导航器"面板右上角的▼图按钮，在弹出的快捷菜单中选择"面板选项"，弹出"面板选项"对话框，如图 2-56 所示，用户可以在"颜色"选项下拉列表中选择或自定义显示框的颜色。

图 2-56　"面板选项"对话框

提示 ▶▶ 单击 ▲ 按钮，可以缩小图像的显示比例；单击 ◢◣ 按钮，可以放大图像的显示比例。通过左右拖动缩放滑块可以自由调整图像的显示比例。

2.4　图像编辑的辅助操作

为了方便用户操作，Photoshop 为用户提供了一些辅助工具，包括标尺、参考线和网格等，用户通过使用这些辅助工具能够有效地提高工作效率。

2.4.1　标尺

Photoshop 中的标尺可以帮助用户确定图像或元素的位置，起到辅助定位的作用。执行"视图 > 标尺"命令或按组合键 Ctrl+R，即可在窗口的顶部和左侧显示标尺，如图 2-57 所示。

图 2-57　显示标尺

在文件窗口左上角的▉位置，按下鼠标左键向外拖曳即可改变原点的位置，如图 2-58 所示。双击文件窗口左上角的▉位置，可以使原点恢复到初始位置。

图 2-58　改变原点位置

在标尺上右击，将会弹出如图 2-59 所示的快捷菜单，用户可以在该菜单中选择合适的单位。执行"编辑 > 首选项 > 单位与标尺"命令，弹出"首选项"对话框，用户可以在该对话框中设置单位与标尺的各项参数，如图 2-60 所示。

图 2-59　选择单位

图 2-60　设置参数

2.4.2　参考线

显示标尺后，可以将光标移动到标尺上，向下或向右拖曳创建参考线，实现更为精确的定位，如图 2-61 所示。在按住 Shift 键的同时拖曳鼠标创建参考线，拖曳出的参考线将以整数为单位定位。

执行"视图 > 新建参考线"命令，弹出"新建参考线"对话框，在该对话框中输入数值，如图 2-62 所示。单击"确定"按钮后即可创建参考线。

图 2-61　拖曳创建参考线

图 2-62　"新建参考线"对话框

使用"移动工具"将光标放置在参考线上，当光标变成 ╬ 形状时，按下鼠标左键并拖曳，即可移动该参考线。使用"移动工具"直接将参考线拖出文件窗口，即可删除该参考线。执行"视图 > 清除参考线"命令，可以删除该文件中的所有参考线。

在按住 Alt 键的同时单击参考线，可以改变参考线的方向。执行"编辑 > 首选项 > 参考线、网格和切片"命令，在弹出的"首选项"对话框中可以设置参考线的颜色和样式，如图 2-63 所示。

图 2-63　"首选项"对话框

提示 ▶▶　为了防止参考线被移动，用户可以执行"视图 > 锁定参考线"命令锁定参考线，再次执行"视图 > 锁定参考线"命令即可解锁参考线。

执行"视图 > 显示 > 智能参考线"命令，可以显示或隐藏智能参考线。在使用"移动工具"

进行移动操作时，通过智能参考线可以对齐形状、切片和选区，如图 2-64 所示。

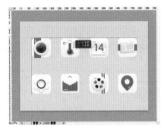

图 2-64　智能参考线

2.4.3　网格

Photoshop 中的网格可以把画布平均分成若干个同样大小的区块，有利于设计时的对齐操作。执行"视图 > 显示 > 网格"命令，可以显示或隐藏网格，如图 2-65 所示。

图 2-65　显示网格

执行"编辑 > 首选项 > 参考线、网格和切片"命令，可以在弹出的对话框中设置网格的"颜色""样式""网格线间隔"和"子网格"等参数。在"样式"下拉菜单中包含"直线""虚线"和"网点"3 种样式，如图 2-66 所示。

图 2-66　3 种样式

2.5　新建文件

在开始绘画之前首先要准备好画纸。同样的道理，在使用 Photoshop 设计作品之前也应先新建画布。

启动 Photoshop 软件，执行"文件 > 新建"

命令，弹出"新建"对话框，用户可以在该对话框中设置新建画布所需的各项参数，如图 2-67 所示。

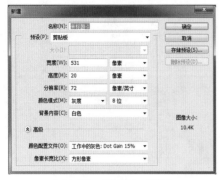

图 2-67　"新建"对话框

- 名称：用于输入新文件的名称。如果不输入，则以默认的"未标题 -1"为名。如果连续新建多个文件，则文件的名称按顺序为"未标题 -2""未标题 -3"等。

- 预设：为了方便各行业使用一些规范尺寸进行设计制作，在该列表中存放了很多预先设置好的文件尺寸，如图 2-68 所示。

图 2-68　预设尺寸

- 宽度 / 高度：用于设定新建文件的宽度和高度，可以在文本框中输入数值。其单位默认为像素，这与 UI 设计人员使用的单位相同，除非特殊情况，否则不进行更改。

- 分辨率：用于设定图像的分辨率。在设定分辨率时也需要设定分辨率的单位，单位有像素 / 英寸和像素 / 厘米两种。两种单位在不打印的前提下没有明显区别。默认单位为像素 / 英寸。

- 颜色模式：用于设定图像的颜色模式，共有 5 种颜色模式供用户选择。不同的颜色模式决定了文件的不同用途。在右侧的列表框中可以选择颜色模式的位数，有 8 位、16 位和 32 位 3 个选项供用户选择。

- 背景内容：在该下拉列表中可以选择新图像的背景层的颜色，包括白色、背景色和透明 3 种方式，应用不同背景内容的显示效果如图 2-69 所示。

提示 ▶▶ 透明背景的文件可保存为 PNG 格式，在设计制作 UI 界面时会经常使用到 PNG 格式的文件。

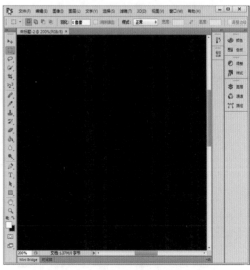

图 2-69　不同背景内容显示效果

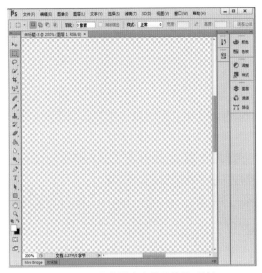

图 2-69　不同背景内容显示效果（续）

在"新建"对话框中单击"高级"按钮，可以继续设置颜色配置文件和像素长宽比。

- 颜色配置文件：用于设定当前图像文件要使用的色彩配置文件。
- 像素长宽比：用于设定图像的长宽比。此选项在将图像输出到电视屏幕时有用。

在各项参数设置完成后，单击"存储预设"按钮，将弹出"新建文件预设"对话框，如图 2-70 所示。在"预设名称"文本框中输入预设的名称，然后单击"确定"按钮，完成存储预设的操作。

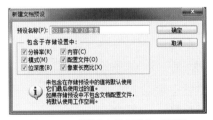

图 2-70　"新建文件预设"对话框

提示 ▶▶ 在存储预设完成后，如果想要使用该预设，只需要在"预设"下拉列表中选择该预设的名称即可，也可以使用"删除预设"按钮删除存储的预设。

2.6　打开文件

如果要对某个文件进行编辑处理，必须先打开该文件，Photoshop 提供了几种打开文件的方式。

2.6.1　使用"打开"命令

执行"文件 > 打开"命令或按组合键 Ctrl+O，弹出"打开"对话框，如图 2-71 所示。在"打开"对话框中选择要打开的文件，单击"打开"按钮或直接双击该文件，即可将文件打开。

图 2-71　"打开"对话框

提示 ▶▶ 按住 Ctrl 键多次单击图像，可选择不连续的多张图像；按住 Shift 键选择图像，可选择连续的多张图像。然后单击"打开"按钮，可一次性打开多张图像。

2.6.2　使用"打开为"命令

在不同的操作系统间传递文件时偶尔会出现无法打开文件的情况，经常是由于文件的格式与实际格式不匹配，或者文件缺少扩展名造成的，如图 2-72 所示。

当出现无法打开文件的情况时，执行"文件 > 打开为"命令或按组合键 Alt+Shift+Ctrl+O，弹出"打开为"对话框，在该对话框中选择错误文件并为它指定正确的格式，即可打开图像。

图 2-72　提示框

2.6.3 使用"在 Bridge 中浏览"命令

执行"文件 > 在 Bridge 中浏览"命令,即可运行 Adobe Bridge,如图 2-73 所示。在 Bridge 中选中想要打开的文件,双击即可在 Photoshop 中打开。

图 2-73　Adobe Bridge

2.6.4 使用"最近打开文件"命令

执行"文件 > 最近打开文件"命令,弹出如图 2-74 所示的子菜单。用户可以在该子菜单中选择最近编辑过的图像文件,即可打开该文件。

图 2-74　"最近打开文件"子菜单列表

2.6.5 使用"打开为智能对象"命令

执行"文件>打开为智能对象"命令,弹出"打开为智能对象"对话框,选择图像文件,如图 2-75 所示。单击"打开"按钮,可将图像文件打开为智能对象。

图 2-75　"打开为智能对象"对话框

因为智能对象是一个嵌入当前文件中的文件,所以智能对象的图层和普通图层在"图层"面板上的显示效果不同,智能对象的图层缩览图的右下角有一个智能标记,如图 2-76 所示。

图 2-76　智能标记

提示 ▶▶ 双击智能对象图层,该图层将作为一个单独文件被打开,编辑完成后将其保存,智能对象图层将显示编辑后的图像效果。

2.6.6 置入文件

置入操作就是在当前文件中插入一个图层。执行"文件 > 置入"命令,弹出"置入"对话框,用户可以选择图像或 EPS、PDF 和 AI 格式的文件,这里选择一个 PDF 格式的文件,单击"置入"按钮,弹出"置入 PDF"对话框,如图 2-77 所示。

图 2-77　"置入 PDF"对话框

单击"确定"按钮,图像被置入当前文件中,并保持可以自由变换的状态,单击选项栏上的"提交变换"按钮,图像效果如图 2-78 所示。

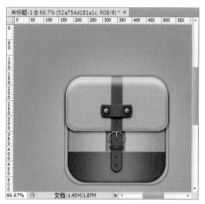

图 2-78　图像效果

置入的文件将被转换为智能对象,双击智能对象的图层缩览图,会打开可以编辑该文件的软件。在智能对象图层上右击,在弹出的快捷菜单中选择"栅格化图层"选项,即可把智能对象图层变成普通图层。

2.6.7 导入文件

Photoshop 中的"导入"命令主要用于外部设备上图像的导入,例如扫描仪、数码相机等上的图像,也可以将一段视频作为动画素材导入 Photoshop 中。将需要导入文件的设备和计算机连接,执行"文件 > 导入"命令,如图 2-79 所示。根据步骤提示就可以将设备上的图像导入 Photoshop 中。

图 2-79 "导入"命令

- 变量数据组：利用变量创建数据驱动图形。
- 视频帧到图层：可以将视频文件拖曳到图层中进行编辑。Photoshop 支持大多数的视频文件格式，例如 AVI、MOV 和 MP4 等。
- 注释：可将 PDF 文件中的注释文件导入。
- WIA 支持：可以使用某些支持 WIA 接口的数码相机和扫描仪来导入图像。

2.7 导出、保存、关闭文件

在用户完成图像文件的编辑后，可以通过"导出"或"存储"命令保存文件。在保存文件后，用户可以根据自身的操作习惯和任务目标选择关闭文件或关闭软件。

2.7.1 导出文件

在 Photoshop 中创建与编辑的图像可以导出到 Illustrator 以及一些视频设备中，从而满足不同的使用目的。执行"文件 > 导出"命令，弹出如图 2-80 所示的子菜单，子菜单中包含了用于导出文件的 4 个命令。

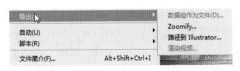

图 2-80 "导出"命令

- 数据组作为文件：可以将在 Photoshop 中创建的数据组文件导出为 PSD 文件。
- Zoomify：可以将高分辨率的图像发布到 Web 上。
- 路径到 Illustrator：如果在 Photoshop 中创建了路径，执行"文件 > 导出 > 路径到 Illustrator"命令，可以将路径导出为 AI 格式文件。
- 渲染视频：可以将当前视频导出为供 QuickTime 播放的影片。

2.7.2 保存文件

在用户完成图像的编辑后，需要对文件进行保存，Photoshop 针对不同的用户需求提供了两种不同的保存方式。

1. 使用"存储"命令

执行"文件 > 存储"命令或按组合键 Ctrl+S，可将图像的修改保存。如果是新建的文件，则会自动弹出"存储为"对话框，如图 2-81 所示。如果不是新建的文件，Photoshop 会替换以前的文件。

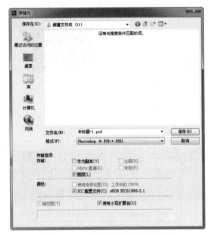

图 2-81 "存储为"对话框

2. 使用"存储为"命令

如果要将文件保存为一个新文件，可以执行"文件 > 存储为"命令或按组合键 Shift+Ctrl+S，在弹出的"存储为"对话框中为新文件指定名称、格式和存储位置，如图 2-82 所示。

图 2-82 为新文件指定名称等

2.7.3　实战——打开和保存文件

01 执行"文件 > 新建"命令，弹出"新建"对话框，设置参数如图 2-83 所示，并单击"确定"按钮。执行"文件 > 打开"命令，打开图像"素材 \ 第 2 章 \27301.jpg"，将其拖曳到当前文件中，如图 2-84 所示。

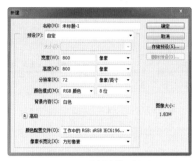

图 2-83　"新建"对话框

图 2-84　打开素材图像

02 执行"文件 > 存储"命令或按组合键 Ctrl+S，弹出"存储为"对话框，设置存储路径和文件格式，如图 2-85 所示。设置完成后单击"保存"按钮。

图 2-85　设置存储路径和文件格式

2.7.4　关闭文件

素材

在完成图像的编辑并保存图像后，需要对当前文件或软件进行关闭。用户可以使用以下方式对文件进行关闭处理。

执行"文件 > 关闭"命令或按组合键 Ctrl+W，可以关闭当前文件。单击文件标题后面的 × 按钮，也可以关闭当前文件。

执行"文件 > 关闭全部"命令或按组合键 Alt+Ctrl+W，可以关闭所有已经打开的文件。

执行"文件 > 关闭并转到 Bridge"命令，可以关闭当前文件并运行 Bridge 软件。

执行"文件 > 退出"命令或单击软件界面右上方的 × 按钮，可直接关闭所有文件并退出 Photoshop。如果图像文件被编辑过，软件在退出前会弹出如图 2-86 所示的提示框，询问用户是否在退出软件前保存文件。

图 2-86　提示框

2.8　修改图像大小

执行"图像 > 图像大小"命令或按组合键 Alt+Ctrl+I，弹出"图像大小"对话框，如图 2-87 所示。用户可以根据实际需要在对话框中设置图像的宽度和高度，单击"确定"按钮，即可放大或缩小图像。执行该命令改变的是全部图层中所有图像的大小。

图 2-87　"图像大小"对话框

● 像素大小：用来设置图像的像素大小，

可以设置"宽度"和"高度"的像素值，也可以设置为百分比表示。

- 文件大小：用来设置图像的打印尺寸和图像分辨率。
- 自动：单击该按钮，会弹出"自动分辨率"对话框，如图 2-88 所示。在该对话框中不仅可以设置输出打印的挂网精度，还可以将打印图像的品质设置为草图、好或最好等选项。

图 2-88　"自动分辨率"对话框

提示 ▶▶▶ 如果图像中包含应用了样式的图层，勾选"缩放样式"复选框，可以在调整图像大小的同时按照比例缩放样式。"缩放样式"复选框主要控制图层样式是否随着图像的改变而改变，默认状态为勾选。

- 约束比例：勾选"约束比例"复选框后，在进行修改时可以保持当前像素宽度和高度的比例。默认情况下勾选，该对话框中右边显示的链接符号表示锁定长宽比例。
- 重定图像像素：勾选该复选框后，图像的像素不会改变，缩小图像的尺寸会自动增加分辨率。如果不勾选该复选框，其下方的下拉列表将处于不可选状态。该复选框是为了防止图像的像素出现问题。

2.9　修改画布大小

画布大小是指整个文件的工作区域，即图像的显示区域。在处理图像时，修改画布大小不影响原图像的尺寸，用户可以根据需要增加或者减小画布大小。

2.9.1　修改画布

执行"图像 > 画布大小"命令或按组合键 Alt+Ctrl+C，弹出"画布大小"对话框，如图 2-89 所示。用户可以在该对话框中设置画布大小的各

项参数，设置完成后单击"确定"按钮，即可改变画布的大小。

图 2-89　"画布大小"对话框

- 当前大小：显示当前图像宽度、高度和文件实际大小。
- 新建大小：通过在"宽度"和"高度"文本框中输入数值来修改画布大小。如果输入的数值大于原图像尺寸，则增加画布大小，反之减小画布大小。当调整尺寸比图像尺寸小时则裁切图像。
  - ➤ 相对：勾选该复选框后，"宽度"和"高度"文本框中的数值将代表实际增加或减小的区域大小，而不再显示整个画布的尺寸。
  - ➤ 定位：使用"定位"选项，可以选择扩展画布的方向，根据需求结合"相对"和"新建大小"选项确定画布变化的具体方式，图 2-90 所示为向图像四周增加画布大小的效果。

图 2-90　增加画布大小

- 画布扩展颜色：在该下拉列表中可以选择填充新画布的颜色。如果将图像的背景设置为透明，则该选项为不可用状态。

2.9.2　显示全部

当图像尺寸超出画布大小时，图像将无法全部显示，如图 2-91 所示。执行"图像 > 显示全部"命令，Photoshop 会自动扩大画布，显示全部的图像信息，如图 2-92 所示。

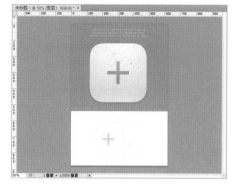

图 2-91　图像显示不全

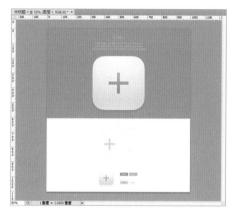

图 2-92　显示全部图像

2.9.3　旋转画布

执行"图像 > 图像旋转"命令，弹出如图 2-93 所示的子菜单，用户可以根据需求选择不同的选项，实现旋转图像的操作。"图像旋转"命令服务于图像中的全部图层，图 2-94 所示的图像为旋转 90 度（顺时针）后的显示效果。

图 2-93　"图像旋转"命令

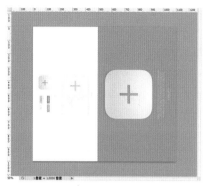

图 2-94　旋转 90 度后的显示效果

2.9.4　实战——旋转图像

素材

01 执行"文件 > 打开"命令，打开图像"素材 \ 第 2 章 \29401.jpg"，图像效果如图 2-95 所示。

图 2-95　打开素材图像

02 执行"图像 > 图像旋转 >180 度"命令，图像旋转 180 度，图像中两个按钮的上下顺序被调换，如图 2-96 所示。

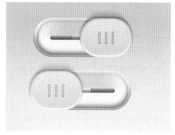

图 2-96　图像旋转 180 度

2.10　裁剪图像

裁剪图像的主要目的是调整图像的大小，获得更好的构图，删除不需要的内容。使用"裁剪工具""裁剪"命令或"裁切"命令都可以完成裁剪图像的操作。

2.10.1 了解"裁剪工具"

如果图像存在构图不合理的情况，用户可以通过裁剪操作调整图像的构图。单击工具箱中的"裁剪工具"按钮，图像会被裁剪框包围，如图 2-97 所示。

图 2-97　显示裁剪框

裁剪框包括 8 个角把手和一个中心点，将

光标放置到裁剪框的角把手上，当光标变为 ⤢ 状态时，拖曳鼠标可改变裁剪框的大小；将光标放置到角把手之外，当光标变为 ↩ 状态时，拖曳鼠标可旋转裁剪框，如图 2-98 所示。

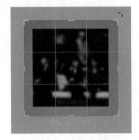

图 2-98　旋转裁剪框

单击工具箱中的"裁剪工具"按钮，其选项栏如图 2-99 所示。用户可以根据自己的需求在选项栏中设置相应的参数，设置完成后单击"提交当前裁剪操作"按钮，完成图像的裁剪操作。

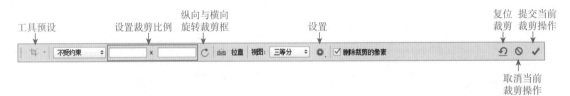

图 2-99　"裁剪工具"的选项栏

- 工具预设：单击此按钮，即可打开"裁剪工具"的预设面板，如图 2-100 所示。

图 2-100　"裁剪工具"的预设面板

- 裁剪比例：单击此按钮，将弹出"裁剪比例"选项的下拉列表，如图 2-101 所示。

图 2-101　裁剪比例

- 设置裁剪比例：当"裁剪比例"为"不受约束"选项时，在文本框中分别输入裁剪区域的宽度和高度比，即可创建一个相对比例的裁剪区域，如图 2-102 所示。

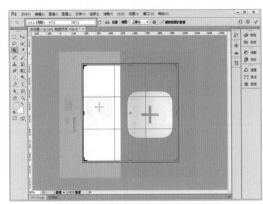

图 2-102　裁剪区域

- 存储和删除预设：当用户在图像上创建一个裁剪区域后，通过选择"存

储预设"选项可以将其自定义为一
个裁剪预设尺寸。选择"删除预设"
选项，可以删除用户自定义的裁剪
预设尺寸。

➢ 大小和分辨率：选择该选项，弹出
"裁剪图像大小和分辨率"对话框，
如图 2-103 所示。用户可以在该
对话框中设置裁剪图像的大小和分
辨率。

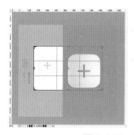

图 2-103 "裁剪图像大小和分辨率"对话框

● 纵向与横向旋转裁剪框：单击该按钮，
可以将裁剪框进行纵向与横向的转换，
如图 2-104 所示。

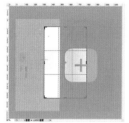

图 2-104 旋转裁剪框

● 拉直：单击该按钮，可以在图像上拖曳
绘制一条直线，Photoshop 将自动根据
所绘制的直线对图像进行旋转并创建裁
剪框。

● 视图：单击该按钮，弹出"视图"下拉
列表，在该列表中包含了 6 种预设裁剪
参考线以及裁剪参考线的显示方式，如
图 2-105 所示。

图 2-105 "视图"下拉列表

● 设置：单击该按钮，弹出"设置其他裁
剪选项"面板，如图 2-106 所示，用户
可以在该面板中设置其他裁剪选项。如
果勾选"使用经典模式"复选框，则部
分选项将不可用，如图 2-107 所示。

图 2-106 "设置其他裁剪选项"面板

图 2-107 勾选"使用经典模式"复选框

提示 ▶▶ 要想在执行裁剪操作时裁剪框不随操作
自动移动，用户需要打开"裁剪工具"选项栏上的"设
置其他裁剪选项"面板，并在该面板中取消对"自动
居中预览"复选框的勾选。

2.10.2 了解"透视裁剪工具"

使用"透视裁剪工具"裁剪图像，可以旋转或者扭曲裁剪定界框。在裁剪后可对图像应用透视变换，
"透视裁剪工具"的选项栏如图 2-108 所示。

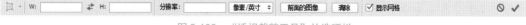

图 2-108 "透视裁剪工具"的选项栏

- 前面的图像：使用顶层图像的裁剪数值作为当前图像裁剪后的尺寸。
- 清除：单击该按钮，则可以清除 W、H 和分辨率文本框中的数值。

素材

2.10.3 实战——使用"透视裁剪工具"修正图像

01 执行"文件 > 打开"命令，打开素材图像"素材 \ 第 2 章 \210301.jpg"，如图 2-109 所示。

02 单击工具箱中的"透视裁剪工具"按钮，在图像中单击并拖曳绘制裁剪框，如图 2-110 所示。拖曳调整裁剪框的 4 个锚点到如图 2-111 所示的位置。

图 2-109　打开图像效果
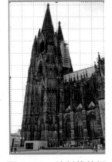
图 2-110　绘制裁剪框

03 按 Enter 键或单击选项栏上的"提交当前裁剪操作"按钮，即可完成对图像的修正，图像效果如图 2-112 所示。

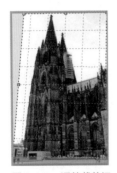
图 2-111　调整裁剪框

图 2-112　完成图像的修正

2.10.4 使用"图像 > 裁剪"命令

使用任意选择工具将图像中需要保留的内容选中，执行"图像 > 裁剪"命令，即可完成图像的裁剪，如图 2-113 所示。

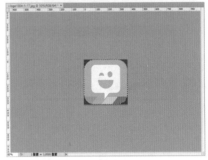
图 2-113　完成图像的裁剪

2.10.5 使用"图像 > 裁切"命令

Photoshop 还提供了一种基于图像边缘的颜色裁剪图像的方法。当图像四周出现空白内容时，可以直接将其裁去，而不必使用"裁剪工具"经过选取裁剪范围完成裁剪操作。

执行"图像 > 裁切"命令，弹出"裁切"对话框，如图 2-114 所示。用户可以在该对话框中设置裁切内容，在设置完成后单击"确定"按钮，完成图像的裁切操作。

图 2-114　"裁切"对话框

2.11　图像的复制和粘贴

复制和粘贴是计算机用户较为熟悉的操作。在 Photoshop 中除了可以执行最基本的复制和粘贴操作以外，还可以实现一些软件特有的操作。

2.11.1　复制文件

如果想要保护原文件，可以执行"图像 >
复制"命令，弹出"复制图像"对话框，如图 2-115
所示。用户可以在该对话框中设置复制文件的名
称，单击"确定"按钮，即可完成文件的复制，
如图 2-116 所示。勾选"仅复制合并的图层"复
选框，复制的文件将合并可视图层，删除不可视
的图层。

图 2-115　"复制图像"对话框

图 2-116　复制文件效果

提示　当图像以浮动的方式显示在 Photoshop
窗口中时，在标题栏位置右击，在弹出的快捷菜单中
选择"复制"选项也可以完成复制图像的操作。

2.11.2　复制与粘贴

在图像上创建选区，执行"编辑 > 拷贝"
命令或按组合键 Ctrl+C，可以将需要复制的图像
内容复制到剪贴板中，如图 2-117 所示，此时选
区依然存在。

图 2-117　复制图像

在目标图层或文件上执行"图像 > 粘贴"
命令或按组合键 Ctrl+V，可将图像内容就地粘贴。
如果在同一文件中进行复制与粘贴操作，粘贴完

成后选区将自动取消，如图 2-118 所示。

图 2-118　选区自动取消

2.11.3　使用"合并拷贝"命令

如果需要复制的图像中包含多个图层，如
图 2-119 所示，用户可以在创建选区后执行"编
辑 > 合并拷贝"命令，此时所有可见图层中的内
容将被复制到剪贴板中。

图 2-119　包含多个图层

继续执行"编辑 > 粘贴"命令，可以将所
有可见图层中的复制内容粘贴到目标文件或图层
上，如图 2-120 所示。Photoshop 中的"合并拷贝"
命令是基于选区上的操作。

图 2-120　粘贴"合并拷贝"内容

2.11.4　选择性粘贴

执行"编辑 > 选择性粘贴"命令，弹出如
图 2-121 所示的子菜单，子菜单中包含 3 个粘贴
命令。

图 2-121　"选择性粘贴"命令

- 原位粘贴：执行该命令，可以将图像粘贴到复制对象的原始位置。按组合键 Ctrl+J 也能达到同样的效果。
- 贴入：在图像中创建选区，如图 2-122 所示，执行"编辑 > 选择性粘贴 > 贴入"命令，可以将图像粘贴到选区内。系统会自动为复制图层添加蒙版，将选区之外的图像隐藏，如图 2-123 所示。

图 2-122　创建选区

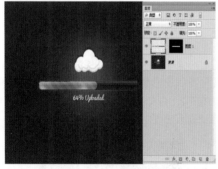

图 2-123　执行"贴入"命令

- 外部粘贴：在图像上创建选区，如图 2-124 所示，执行"编辑 > 选择性粘贴 > 外部粘贴"命令，粘贴图像将出现在选区外部，如图 2-125 所示。

疑问解答：为什么"贴入"和"外部粘贴"命令都是灰色的，不能使用？

要使用"贴入"和"外部粘贴"命令，需要首先在被贴入的图像上创建选区，然后这两个命令才能使用。在执行了这两个命令后，打开"图层"面板，可以清楚地看到这两个命令的效果是通过蒙版的方式实现的。关于蒙版的内容，将在本书后面的章节中详细介绍。

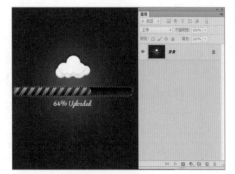

图 2-124　创建选区

图 2-125　执行"外部粘贴"命令

2.11.5　剪切图像

执行"拷贝"命令只是将原图中选中的区域复制到剪贴板中，不会对原图有影响。实际上在设计 UI 作品的过程中，设计师可能需要在复制选中的对象时将其从原图中删除。此时可以执行"编辑 > 剪切"命令或按组合键 Ctrl+X，将需要剪切的图像剪切到剪贴板中，剪切内容将被从原图像中移除，如图 2-126 所示。

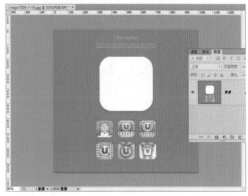

图 2-126　剪切图像

2.11.6　清除图像

在图像上创建选区，执行"编辑 > 清除"命令，可以清除选区中的图像。

在普通图层上选中清除内容，按 Delete 键或按退格键，选区中的图像将被删除，并且文件窗口中将显示下一层的图像效果。

在"背景"图层上创建选区选中想要清除的内容，按 Delete 键或按退格键，弹出"填充"对话框，如图 2-127 所示。选择合适的内容填充选区，然后单击"确定"按钮，效果如图 2-128 所示。

图 2-127　"填充"对话框

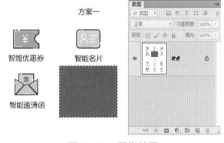

图 2-128　图像效果

2.12　图像的基本操作

将图像复制到新的位置后，通过执行"变换"命令可以对图像进行旋转、缩放、变形和扭曲等操作。

2.12.1　移动图像

使用工具箱中的"移动工具"可以轻松地移动图像图层或选区中的对象。

1. 在同一文件中移动图像

选中需要移动的图层，使用"移动工具"在图像上单击并拖曳，该图层中的图像将随光标的移动而移动，如图 2-129 所示。

图 2-129　移动图层

保持"移动工具"处于选中状态，按键盘上的→、←、↑或↓方向键，可以使对象向此方向移动一个像素的距离。如果在按住 Shift 键的同时按方向键，则图像每次可以移动 10 个像素的距离。

2. 在不同文件中移动图像

同时打开两个或多个文件，使用"移动工具"将光标放置在需要移动的图像上，单击并拖曳图像到另一个文件的标题栏，如图 2-130 所示，停留片刻即可切换到目标文件，将光标移入目标文件，松开鼠标后即可将该图像移入目标文件，如图 2-131 所示。

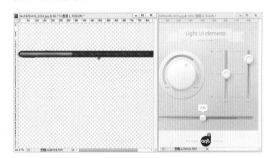

图 2-130　拖曳图像到另一个文件中

图 2-131　完成移动

单击工具箱中的"移动工具"按钮，其选

项栏如图 2-132 所示。

对齐图层　　　分布图层　自动对齐图层

图 2-132　"移动工具"的选项栏

- 自动选择：在勾选"自动选择"复选框时，可以选择将要自动选择的是图层还是组。
- 显示变换控件：勾选该复选框，在选择任意一个图层时，将会在图层内容的边缘显示定界框，用户可以通过拖动控制锚点对图像进行移动或缩放等操作。
- 对齐图层：同时选中两个或两个以上的图层，单击"对齐图层"选项下的任意按钮，被选中的图层将按照该按钮的对齐方式显示对齐效果。
- 分布图层：同时选中 3 个或 3 个以上的图层，单击"分布图层"选项下的任意按钮，被选中的图层将按照该按钮的分布方式排列显示。
- 自动对齐图层：单击该按钮，将弹出"自动对齐图层"对话框，用户可以在该对话框中设置对齐参数，单击"确定"按钮，完成对多个图层的自动对齐操作。
- 3D 模式：该模式只有在进行 3D 操作时才能使用。

2.12.2　变换图像

在图像的编辑过程中经常要对图像进行变换操作。执行"编辑 > 自由变换"命令或按组合键 Ctrl+T，当前对象会显示定界框、中心点和控制点，如图 2-133 所示。

控制点→
定界框→

图 2-133　显示定界框、中心点和控制点

在定界框内右击，将弹出如图 2-134 所示的快捷菜单。在对图像进行变换操作后，单击选项栏上的"提交变换"按钮或按 Enter 键即可完成变换操作，也可以按 Esc 键取消变换操作。

图 2-134　右击定界框弹出的快捷菜单

- 中心点：中心点位于图像的中心，用于定义对象的变化中心。
- 控制点：拖曳控制点的把手可以对当前对象进行变换操作。在按住 Shift 键的同时拖曳控制点，图像将以等比例进行变换操作；在按住 Alt 键的同时拖曳控制点，图像将以中心点向外进行变换操作。
- 定界框：定界框显示需要进行变换的图像范围。

如果用户对完成后的变换效果不满意，只需执行"编辑 > 变换 > 再次"命令，就可以在前一步变换操作的基础上再次进行变换操作。

2.12.3　缩放和旋转图像

执行"编辑 > 变换"命令，弹出如图 2-135 所示的子菜单。在弹出的子菜单中选择"旋转"选项，图像周围将出现定界框，当光标变为状态时，拖曳鼠标可以完成单个图层或选区内容的旋转操作，如图 2-136 所示。

图 2-135　"变换"命令下的子菜单

图 2-136　旋转内容

执行"编辑 > 变换 > 缩放"命令，其选项栏如图 2-137 所示。拖曳调整图像四周的定界框，可以实现图像的缩放操作。

图 2-137　"缩放"命令的选项栏

- 参考点：勾选该复选框，将显示变化参考点。参考点相当于变换的中心点。在一个定界框中只有一个参考点，可以通过单击更改参考点的位置。
- 参考点的位置：通过在文本框中输入数值，可以更加精确地控制参考点的位置。X 代表 X 轴，Y 代表 Y 轴。
- 缩放比例：通过在文本框中输入数值控制图像在水平和垂直方向上的缩放比例。W 代表宽度，H 代表高度，默认缩放比例为 100%。
- 旋转角度：通过在文本框中输入数值控制图像的旋转角度。
- 水平斜切和垂直斜切：通过在文本框中分别输入数值，设置图像的水平和垂直斜切效果。
- 插值：在该选项的下拉列表中包含了 6 个选项，用于设置变换操作的插值方法。

2.12.4　斜切和扭曲图像

斜切是指对选中图像的某个边界进行拉伸或压缩，其只能沿着该边界所在的直线进行操作。例如，使用斜切工具可以将正方形变成平行四边形。

扭曲是指对选中图像的某个控制点进行拉伸或压缩，以获得更丰富的图像效果。

绘制一个正方形图形，执行"编辑 > 变换 > 斜切"命令，图形效果如图 2-138 所示。向右拖曳正方形右上角的控制点，再向左拖曳正方形左下角的控制点，完成的效果如图 2-139 所示。

图 2-138　调出定界框

图 2-139　完成效果

绘制正方形图形，按组合键 Ctrl+T 调出定界框，将光标放置在定界框中，然后右击，在弹出的快捷菜单中选择"扭曲"选项，分别拖曳正方形右上角和右下角的控制点，扭曲效果如图 2-140 所示。

图 2-140　扭曲效果

素材

提示 ▶▶ 在对同一张图像执行多次变换操作时，最好等所有的变换操作都完成后再单击"提交变换"按钮，这样可以避免变换框的轮廓发生改变。

2.12.5 透视和变形图像

透视能够使选定内容具有一种由近到远或由远到近的感觉，使选定内容看起来更具真实感。

在"变换"命令的子菜单中选择"透视"选项，此时的定界框将以一个边界为作用点，以对立边为基准，向任意方向拖曳控制点，即可完成透视操作，如图 2-141 所示。

图 2-141　透视操作

执行"编辑 > 变换 > 变形"命令，选定内容将被"九宫格"定界框包围，如图 2-142 所示。移动"九宫格"中的任意控制点，完成自定义变形。

图 2-142　变形定界框

在"变形"命令的选项栏中还提供了多种变形方式，单击选项栏中的"变形"按钮，在弹出的下拉列表中选择"旗帜"选项，效果如图 2-143 所示，按 Esc 键即可取消当前变形。

图 2-143　图像效果

2.12.6 实战——为杯子变换样式

01 执行"文件 > 打开"命令，打开素材图像"素材 \ 第 2 章 \212601.jpg"，如图 2-144 所示。使用"污点修复画笔工具"修复图像的瑕疵，图像效果如图 2-145 所示。

图 2-144　打开素材图像

图 2-145　修复图像瑕疵后的效果

02 执行"文件 > 打开"命令，打开素材图像"素材 \ 第 2 章 \212602.jpg"，使用"移动工具"将其拖曳到设计文件中。按组合键 Ctrl+T 调整图像的大小和位置，右击，在弹出的快捷菜单中选择"变形"选项，如图 2-146 所示。

图 2-146　"变形"选项

03 按下鼠标左键并拖曳调整锚点到杯体的边缘，注意让图像覆盖住杯子，不要留下空隙，如图 2-147 所示。拖曳左侧的两个方向点，使图像向内收缩，让图像的形状跟杯子更相似，如图 2-148 所示，再按 Enter 键确定变形。

图 2-147　调整锚点

04 执行"窗口>图层"命令，将"图层 2"的混合模式设置为"正片叠底"，如图 2-149 所示。

图 2-148　变形操作

图 2-149　设置混合模式

05 设置完成后，图像效果如图 2-150 所示。单击"图层"面板底部的"添加图层蒙版"按钮，为图层添加蒙版，并设置"前景色"为黑色，然后使用"画笔工具"在超出杯子范围的位置涂抹，"图层"面板如图 2-151 所示，图像效果如图 2-152 所示。

图 2-150　图像效果

※ **知识链接：**关于图层蒙版的具体使用方法，将在本书第 6 章中进行详细讲解。

图 2-151　添加"图层"蒙版

图 2-152　杯子变形效果

2.12.7　操控变形

执行"编辑>操控变形"命令，可以对图像进行更丰富的变形操作。使用该命令可以精确地将任意图像元素重新定位或变形，如图 2-153 所示。

图 2-153　操控变形效果

执行"编辑>操控变形"命令，将出现操控变形网格，将光标移动到需要变形的地方，当光标变为✦+状态时，单击添加"图钉"。在按住 Alt 键的同时单击图钉，即可删除该图钉；选中图钉并按 Delete 键也可以删除该图钉。

"操控变形"命令不能应用到"背景"图层上。如果想要在"背景"图层上使用"操控变形"命令，可以双击"背景"图层将其转换为"图层 0"。"操控变形"命令的选项栏如图 2-154 所示。

- 模式：有 3 种模式可以选择，分别是正常、刚性和扭曲。
  - ➤ 正常：变形效果准确，过渡柔和。
  - ➤ 刚性：变形效果精确，缺少柔和的过渡。

图 2-154　"操控变形"命令的选项栏

> ➢ 扭曲：可以在变形时创建透视效果。
- 浓度：有 3 种类型可以选择，分别是正常、较少点和较多点。
  - ➢ 正常：网格数量适度。
  - ➢ 较少点：网格点较少，变形效果生硬。
  - ➢ 较多点：网格点较多，变形效果柔和。
- 扩展：输入数值可以控制变形效果的衰减范围。如果设置较大的数值则变形效果边缘平滑，如果设置较小的数值则变形边缘生硬。
- 显示网格：勾选该复选框则显示网格，取消勾选则不显示网格。
- 图钉深度：当图钉重叠时，可以通过单击此按钮调整图钉的顺序。
- 旋转：选择"自动"选项，在拖曳图钉时可以自动对图像内容进行旋转处理；选择"固定"选项，则可以在文本框中输入准确的旋转角度。

2.13　还原与恢复操作

在编辑图像的过程中经常会出现操作失误或对操作效果不满意的情况，这时可以使用"还原"命令将图像还原到操作前的状态。如果已经执行了多个操作步骤，可以使用"恢复"命令直接将图像恢复到最近保存的初始状态。

2.13.1　还原和重做

执行"编辑 > 还原"命令或按组合键 Ctrl+Z，可以还原上一次操作。如果该选项为灰色，则不可用。执行"编辑 > 重做"命令，可以重新执行上一步操作。

"还原"命令会随着用户的操作而实时改变，例如用户上一步的操作是绘制椭圆选框，那么还原命令就是"还原椭圆选框"；如果用户上一步对图像进行了裁剪操作，则还原命令随之变为"还原裁剪"，如图 2-155 所示。

图 2-155　"还原"命令

2.13.2　前进一步和后退一步

执行"编辑 > 前进一步"命令或执行"编辑 > 后退一步"命令，可以前进或后退一步操作。这两个命令可以连续操作多步，而"还原"和"重做"命令只能操作一步。按组合键 Shift+Ctrl+Z 可以前进一步操作，同样按组合键 Alt+Ctrl+Z 可以后退一步操作。

> 提示 ▶▶ 在默认状态下，Photoshop 的还原次数为 20 次，用户可以执行"编辑 > 首选项 > 性能"命令，在弹出的"首选项"对话框中设置"历史记录状态"文本框中的数值，从而获得更多的还原次数。还原次数越多，则需要越大的磁盘空间。

2.13.3　恢复文件

在编辑修改图像的过程中，只要没有保存图像，都可以将图像恢复到打开时的初始状态。执行"文件 > 恢复"命令或按 F12 键，即可完成文件的恢复。

> 提示 ▶▶ 如果在编辑过程中进行了图像的保存，在执行"恢复"命令后，图像将恢复到上一次保存的状态，未经保存的编辑数据被删除。在 Photoshop 中，执行"恢复"命令的操作会被记录到"历史记录"面板中，因此用户能够取消恢复操作。

2.13.4　"历史记录"面板

Photoshop 提供了一个"历史记录"面板，用来记录用户的各项操作。执行"窗口 > 历史记

录"命令，即可打开"历史记录"面板，如图 2-156
所示。

　　通过使用"历史记录"面板，用户可以将
操作恢复到操作过程中的某一步，也可以再次返
回当前操作状态，还可以通过该面板创建快照或
新文件。

图 2-156　　"历史记录"面板

- 设置历史记录画笔的源：在使用"历史
  记录画笔工具"时，该图标所在的位置
  将作为历史画笔的源图像。
- 快照缩览图：被记录为快照的当前图像
  的状态。
- 从当前状态创建新文件：按照当前操作
  步骤中图像的状态创建一个新文件。
- 创建新快照：在当前图像的状态下创建
  一个快照。
- 删除当前状态：在选择一个操作步骤
  后，单击该按钮，可将该步骤及后面的
  操作删除。

　　单击"历史记录"面板右上角的 按钮，
弹出如图 2-157 所示的面板菜单。在面板菜单
中选择"历史记录选项"选项，弹出"历史记
录选项"对话框，如图 2-158 所示。用户可以
在该对话框中对历史记录的参数进行更加详细
的设置。

图 2-157　　"历史记录"面板菜单

图 2-158　　"历史记录选项"对话框

2.13.5 实战——使用"历史记录"面板还原图像

素材

　01 执行"文件＞打开"命令，打开素材图
像"素材 ＼ 第 2 章 ＼213501.jpg"，如图 2-159 所示。
当前"历史记录"面板的显示状态如图 2-160 所示。

图 2-159　　打开素材图像

图 2-160　　"历史记录"面板

　02 执行"滤镜＞模糊＞径向模糊"命令，
弹出"径向模糊"对话框，单击"中心模糊"
缩览图的中心位置，设置参数如图 2-161 所示。

图 2-161　　"径向模糊"对话框

03 设置完成后，单击"确定"按钮，图像效果如图 2-162 所示，"历史记录"面板如图 2-163 所示。执行"图像＞自动对比度"命令，效果如图 2-164 所示。

图 2-162　图像效果

图 2-163　"历史记录"面板

图 2-164　调整对比度后的图像效果

　※ **知识链接**：关于"径向模糊"的具体使用方法，将在本书第 8 章中详细讲解。

04 单击"历史记录"面板中的"径向模糊"命令，图像效果将还原到未调色前，如图 2-165 所示。继续单击"213501.jpg"图层，图像效果将恢复到初始状态，如图 2-166 所示。

图 2-165　还原到径向模糊

图 2-166　初始状态

05 单击"打开"命令，图像效果将恢复到图像打开时的状态，如图 2-167 所示。如果要还原所有被撤销的操作，单击最后一步操作即可，如图 2-168 所示。

图 2-167　初始状态

图 2-168　还原操作

第 3 章
掌握抠图的技巧——处理界面中的图像

3.1 创建规则形状选区

在对图像进行局部处理时可以使用多种工具创建选区，创建的选区主要分为规则形状选区和不规则形状选区两类。规则形状选区指的是矩形选区和椭圆选区以及这两种选区派生出来的正方形选区和圆形选区。

创建规则形状选区的工具包括"矩形选框工具""椭圆选框工具""单行选框工具"和"单列选框工具"，如图 3-1 所示。

图 3-1　创建规则形状选区的工具

3.1.1 矩形选框工具

单击工具箱中的"矩形选框工具"按钮，在画布上单击并拖曳，将出现如图 3-2 所示的矩形选区范围，松开鼠标左键即可完成矩形选区的创建，如图 3-3 所示。

图 3-2　选区范围

图 3-3　完成矩形选区的创建

> **提示** ▶▶　使用"矩形选框工具"在画布上拖曳创建选区时，同时按住 Shift 键，将创建正方形选区；同时按住 Alt 键，将以光标为中心向外扩散创建选区。在画布中随着创建选区而出现的黑色文字方块将实时显示选区的大小。

单击工具箱中的"矩形选框工具"按钮，其选项栏如图 3-4 所示，在选项栏中可以对该工具的相关属性进行设置。

- 选区运算按钮：选区的运算方式包括"新选区"□、"添加到选区"□、"从选区减去"□和"与选区相交"□ 4 种。
- 羽化：用来设置羽化值，羽化值的范围为 0 ～ 250px。羽化值越高，羽化范围也就越大；羽化值越小，创建的选区越精准。
- 样式：设置创建选区的方式。单击"样式"后面的按钮，将弹出一个下拉列表，该列表中包括正常、固定比例和固定大小 3 种创建选区的方式。
  - ➤ 正常：可以通过拖曳鼠标创建任意大小的选区，该选项为默认设置。

选区运算按钮

图 3-4　"矩形选框工具"的选项栏

> 固定比例：可以在右侧的"宽度"和"高度"文本框中输入数值，创建固定比例的选区。
> 固定大小：可以在"宽度"和"高度"文本框中输入选区的宽度和高度。

● 调整边缘：单击该按钮将弹出"调整边缘"对话框，用户在该对话框中可以对选区进行更加细致的操作。

3.1.2 椭圆选框工具

"椭圆选框工具"与"矩形选框工具"的使用方法基本相同，唯一的区别在于该工具的选项栏中的"消除锯齿"复选框为可选状态，如图 3-5 所示。

图 3-5 "椭圆选框工具"的选项栏

像素是位图图像最小的元素，并且为正方形。用户在创建圆形和多边形等形状的选区时容易产生锯齿，勾选"消除锯齿"复选框后，Photoshop 会在选区边缘 1px 范围内添加与图像相近的颜色，使选区看上去光滑。由于只有边缘的像素发生变化，所以不会丢失细节，消除锯齿前后的效果如图 3-6 所示。

勾选了"消除锯齿"复选框

素材

未勾选"消除锯齿"复选框

图 3-6 消除锯齿前后的效果对比

3.1.3 单行和单列选框工具

"单行选框工具"和"单列选框工具"只能创建高 1px 或宽 1px 的选区，使用"单行选框工具"或"单列选框工具"在画布上单击即可创建选区，如图 3-7 所示。

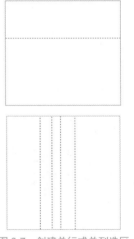

图 3-7 创建单行或单列选区

3.1.4 实战——添加底纹效果

01 执行"文件 > 新建"命令，弹出"新建"对话框，设置参数如图 3-8 所示。执行"文件 > 打开"命令，打开素材图像"素材 \ 第 3 章 \ 31401.png"，单击工具箱中的"移动工具"按钮，将素材图像"31401.png"拖曳到设计文件中，如图 3-9 所示。

图 3-8 新建文件

图 3-9　移动图像

02 执行"视图 > 显示 > 网格"命令，显示网格，如图 3-10 所示。单击工具箱中的"单列选框工具"按钮，在选项栏中单击"添加到选区"按钮，沿网格线连续单击，创建多个宽度为 1px 的选区，效果如图 3-11 所示。再次执行"视图 > 显示 > 网格"命令，隐藏网格。

图 3-10　显示网格

图 3-11　创建选区

提示 ▶▶ 网格线默认间隔为 20px，如果用户想要更改网格的间隔宽度，可以执行"编辑 > 首选项 > 参考线、网格和切片"命令，在弹出的"首选项"对话框中进行设置。

03 单击"图层"面板底部的"创建新图层"按钮，新建"图层 2"图层，"图层"面板如图 3-12 所示。设置前景色为白色，右击，在弹出的快捷菜单中选择"描边"选项，弹出"描边"对话框，设置参数如图 3-13 所示。

图 3-12　新建"图层 2"

图 3-13　"描边"对话框

04 单击"确定"按钮，按组合键 Ctrl+D 取消选区。按组合键 Ctrl+T 调出定界框，对图像进行旋转操作，效果如图 3-14 所示。设置"图层 2"图层的"不透明度"为 20%，使用"橡皮擦工具"擦除文字和 Logo 部分的填充内容，效果如图 3-15 所示。

图 3-14　旋转操作

图 3-15　擦除多余内容

05 隐藏"背景"图层，执行"图像 > 裁切"命令，弹出"裁切"对话框，设置参数如图 3-16 所示。执行"文件 > 存储为 Web 所用格式"命令，弹出"存储为 Web 所用格式"对话框，设置参数如图 3-17 所示，然后单击"确定"按钮，完成对图像的优化。

图 3-16　裁切图像

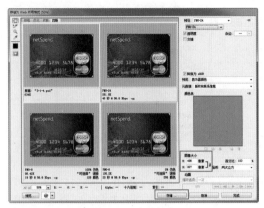

图 3-17 存储图像

3.2 创建不规则形状选区

创建不规则形状选区的工具有 5 种，分别是"套索工具""多边形套索工具""磁性套索工具""快速选择工具"和"魔棒工具"。

这 5 种工具按类型放置在两个工具组中，3 种套索工具在一个工具组内，如图 3-18 所示；另外两种工具在一个工具组内，如图 3-19 所示。

图 3-18 工具组 1

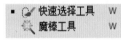

图 3-19 工具组 2

3.2.1 套索工具

"套索工具"比创建规则形状选区的工具的自由度更高，它可以创建任何形状的选区。

执行"文件 > 打开"命令，打开一张素材图像。单击工具箱中的"套索工具"按钮，在画布中单击并拖曳，如图 3-20 所示。松开鼠标即可完成选区的创建，如图 3-21 所示。

图 3-20 拖曳鼠标创建选区　图 3-21 完成选区的创建

提示 ▶▶ 使用"套索工具"在画布中绘制选区时，如果在拖曳鼠标的过程中松开鼠标左键，将会自动在该点与起点之间创建一条直线闭合选区。

3.2.2 多边形套索工具

"多边形套索工具"适合创建一些由直线构成的多边形选区。

单击工具箱中的"多边形套索工具"按钮，在画布中连续单击绘制折线，如图 3-22 所示。在绘制过程中双击鼠标，可立即结束选区的创建，系统会自动在鼠标双击点与起点之间生成一条直线闭合选区，如图 3-23 所示。

图 3-22 绘制折线

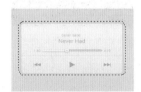

图 3-23 闭合选区

在使用"多边形套索工具"创建选区的过程中，当起点与终点重合时，光标将变为如图 3-24 所示的状态，此时单击即可闭合选区，如图 3-25 所示。

图 3-24 与起点重合

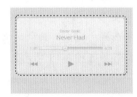

图 3-25 单击闭合选区

☆技术看板：套索工具的使用技巧☆

使用"多边形套索工具"创建选区的同时按住 Shift 键可以绘制以水平、垂直或 45°角为增量的选区边线；在按住 Alt 键的同时单击并拖曳鼠标可切换为"套索工具"。

3.2.3　磁性套索工具

"磁性套索工具"拥有自动识别绘制对象边缘的功能。如果图像的边缘较为清晰，并且与背景色对比明显，使用"磁性套索工具"可以轻松创建贴近图形边缘的选区。单击工具箱中的"磁性套索工具"按钮，其选项栏如图 3-26 所示。

- 宽度：该值决定了以光标中心为基准，其周围有多少个像素能够被"磁性套索工具"检测到。
- 对比度：设置工具感应图像边缘的灵敏度。较高的数值检测对比鲜明的边缘；较低的数值检测对比模糊的边缘。
- 频率：在使用"磁性套索工具"创建选区时会生成许多锚点，"频率"决定了固定选区范围内锚点的数量。

使用绘图板压力更改钢笔宽度

图 3-26　"磁性套索工具"的选项栏

"频率"的值越高，固定选区范围内生成的锚点越多，捕捉到的边缘越准确。但是过多的锚点会造成选区的边缘不够平滑，在设置频率数值时要注意查看选择区域的大小及样式，图 3-27 所示为分别设置频率为 10 与 100 时固定选区范围内锚点的生成数量。

图 3-27　频率为 10 与 100 时的锚点生成数量

- 使用绘图板压力更改钢笔宽度：如果计算机配有数位板和压感笔，单击该按钮，Photoshop 会根据压感笔的压力自动调整检测范围。

3.2.4　实战——制作图标倒影

01 执行"文件>打开"命令，打开素材图像"素材\第 3 章\32401.jpg"，效果如图 3-28 所示。单击工具箱中的"磁性套索工具"按钮，沿图标的边缘连续单击创建选区，效果如图 3-29 所示。按组合键 Ctrl+J 复制选区，得到"图层 1"图层，效果如图 3-30 所示。

02 按组合键 Ctrl+T 调出定界框，右击，在弹出的快捷菜单中选择"水平翻转"选项，向下移动图像，并按 Enter 键确认变换和移动

操作，如图 3-31 所示。

图 3-28　打开图像　　　图 3-29　创建选区

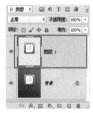

图 3-30　复制选区

03 打开"图层"面板，单击"添加图层蒙版"按钮，如图 3-32 所示。单击工具箱中的"渐变工具"按钮，在画布中单击并拖曳，为图层蒙版添加从黑色到白色的渐变，如图 3-33 所示。

素材

图 3-31　旋转并移动图像　　图 3-32　添加图层蒙版

图 3-33　填充渐变

图 3-37　创建选区

3.2.5　魔棒工具

使用"魔棒工具"能够选取图像中色彩相近的区域创建选区。单击工具箱中的"魔棒工具"按钮，其选项栏如图 3-34 所示。

图 3-34　"魔棒工具"的选项栏

- 取样大小：设置取样的最大像素数目。单击"取样点"按钮，在弹出的下拉菜单中有 7 个选项供用户选择。
- 容差：设置"魔棒工具"可选取颜色的范围。图 3-35 所示为容差值为 20 的选区范围，图 3-36 所示为容差值为 50 的选区范围。

图 3-35　容差值为 20

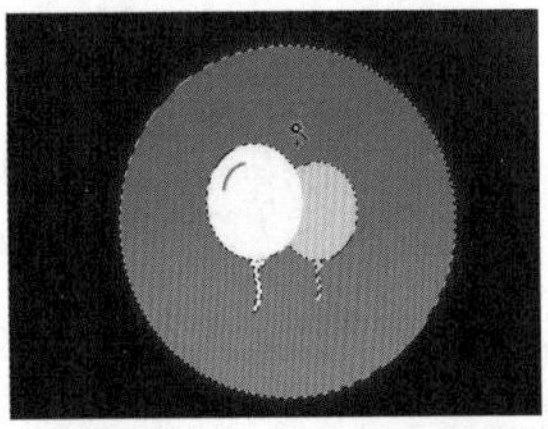

图 3-36　容差值为 50

提示 ▶▶　当容差值较低时，只选择与单击点像素相似的少数颜色。容差值越高，包含的颜色范围就越广，选择的范围就越大。即使在图像的同一位置单击，设置不同的容差值所选择的区域也不一样。

- 连续：勾选该复选框后，只选择颜色连接的区域；取消勾选该复选框，可选择与鼠标单击点颜色相近的所有区域，包括没有连接的区域。

打开一张图像，单击工具箱中的"魔棒工具"按钮，并设置容差值为 100，单击画布中的白色文字区域，即可创建如图 3-37 所示的选区。

3.2.6　快速选择工具

"快速选择工具"能够利用可调整的圆形画笔快速创建选区，在拖曳鼠标时，选区会向外扩展并自动查找和跟随图像中定义的边缘。单击工具箱中的"快速选择工具"按钮，其选项栏如图 3-38 所示。

选区运算按钮

图 3-38　"快速选择工具"的选项栏

- 选区运算按钮：单击"新选区" 🖋 按钮，可创建一个新的选区；单击"添加到选区" 🖋 按钮，可在原有选区的基础上添加当前创建的选区；单击"从选区减去" 🖋 按钮，可在原有选区的基础上减去当前创建的选区。
- 画笔：可更改画笔大小。单击 ⬛ 按钮，将弹出"画笔"选取器面板，用户可在该面板中设置画笔的各项参数。
- 对所有图层取样：勾选该复选框，可基于所有图层创建一个选区。
- 自动增强：勾选该复选框，可减少选区边界的粗糙度和块效应。

3.2.7 实战——快速抠图

01 执行"文件>打开"命令，打开素材图像"素材\第 3 章\32701.jpg"，如图 3-39 所示。单击工具箱中的"快速选择工具"按钮，在选项栏中设置相应参数，如图 3-40 所示。

图 3-39 打开图像

图 3-40 设置"快速选择工具"参数

02 使用"快速选择工具"在画布中沿着老鹰身体的边缘单击并拖曳鼠标创建选区，如图 3-41 所示。继续在图像中单击并拖曳鼠标，精确和完善选区内容，如图 3-42 所示。

图 3-41 创建选区　　　图 3-42 精确选区

03 打开图像"素材\第 3 章\32702.jpg"，单击工具箱中的"移动工具"按钮，将老鹰移动到打开的背景素材中，如图 3-43 所示。按组合键 Ctrl+T，拖曳调整定界框的大小，调整老鹰图像的效果如图 3-44 所示。

图 3-43 移动选区　　　图 3-44 调整图像效果

提示 ▶▶ 　如果在创建选区的过程中有漏选的地方，可以按住 Shift 键同时单击漏选处，将其添加到选区中；如果有多选的地方，可以按住 Alt 键同时单击多选的位置，将其从选区中减去。

3.3　其他创建选区的方法

素材

除了前面讲解过的方法外，用户还可以通过"色彩范围"和"快速蒙版"等方法创建选区，这些多样的选区创建方法构成了 Photoshop 强大的选区创建功能。

3.3.1　色彩范围

"色彩范围"命令用来选择整个图像内指定的颜色或颜色子集，如果在图像中创建了选区，则该命令只作用于选区内的图像。该命令与"魔棒工具"的选择原理相似，但其提供了更多的选项设置。

打开素材图像，如图 3-45 所示。执行"选择>色彩范围"命令，弹出"色彩范围"对话框，如图 3-46 所示。在该对话框中可以通过选取颜色来创建选区。

图 3-45 打开图像

图 3-46 "色彩范围"对话框

- 吸管工具：用于定义图像中选择的颜色。使用"吸管工具"在图像中单击，可以将图像中单击点处的颜色定义为选择的颜色。

提示 ▶▶ 如果要添加颜色，可按下"添加到取样"按钮，然后在预览区或图像上单击；如果要减去颜色，可按下"从取样中减去"按钮，然后在预览区或图像上单击。

- 选择：用来设置选区的创建方式，默认为"取样颜色"选项。
- 检测人脸：只有在"本地化颜色簇"复选框被勾选后才可以勾选该复选框，勾选该复选框后，可以启用人脸检测功能，以便更加准确地选择人物的肤色。图 3-47 所示为未勾选该复选框的图像效果，图 3-48 所示为勾选该复选框的图像效果。

图 3-47　未勾选"检测人脸"复选框

图 3-48　勾选"检测人脸"复选框

- 本地化颜色簇：勾选"本地化颜色簇"复选框后，可以连续选择颜色。使用"范围"滑块可以控制要包含在蒙版中的颜色与取样点的最大和最小距离。
  - ➤ 颜色容差：用来控制颜色的选择范围，该值越大，包含的颜色范围越广。当"颜色容差"为 50 时，图

像效果如图 3-49 所示；当"颜色容差"为 100 时，图像效果如图 3-50 所示。

图 3-49　"颜色容差"为 50

图 3-50　"颜色容差"为 100

- ➤ 选择范围/图像：用于设置在对话框的预览区域中显示的内容。当选择"选择范围"单选按钮时，预览区域中的白色代表被选择的区域，黑色代表未选择的区域，灰色代表部分选择的区域；当选择"图像"单选按钮时，预览区域显示原图像的效果。
- 选区预览：用来设置在文件窗口中预览选区的方式，该下拉列表中包含"无""灰度""白色杂边""黑色杂边"和"快速蒙版"5 个选项。图 3-51 所示为不同预览方式的显示效果。
- 反相：勾选该复选框后可反转选区。

提示 ▶▶ 在预览区域单击选取颜色的操作无法按组合键 Ctrl+Alt+Z 返回，而直接在图像中选取颜色的操作可以逐步返回。

黑色杂边

白色杂边

快速蒙版

图 3-51　显示效果

3.3.2　实战——提升人物脸部的肤色

01 执行"文件 > 打开"命令，打开素材图像"素 材 \ 第 3 章 \33201.jpg"，按组合键 Ctrl+J 复制"背景"图层，得到"图层 1"图层，如图 3-52 所示。执行"选择 > 色彩范围"命令，弹出"色彩范围"对话框，设置参数如图 3-53 所示。

图 3-52　复制图层

图 3-53　设置参数

02 单击"确定"按钮，得到如图 3-54 所示的选区。按组合键 Ctrl+U，在弹出的"色相 / 饱和度"对话框中设置参数，如图 3-55 所示，单击"确定"按钮。

图 3-54　得到选区

图 3-55　设置参数

03 按组合键 Ctrl+D 取消选区，执行"滤镜 > 锐化 >USM 锐化"命令，在弹出的"USM 锐化"对话框中设置参数，如图 3-56 所示。设置完成后单击"确定"按钮，图像的最终效果如图 3-57 所示。

素材

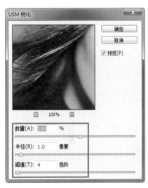

图 3-56　"USM 锐化"对话框

图 3-57　人物脸部肤色最终效果

3.3.3 快速蒙版

快速蒙版是一种临时蒙版，使用快速蒙版不会修改图像，只建立图像的选区。它可以在不使用通道的情况下快速地将选区范围转换为蒙版，然后在快速蒙版编辑模式下进行编辑。

双击工具箱底部的"以快速蒙版模式编辑"按钮或"以标准模式编辑"按钮，弹出"快速蒙版选项"对话框，如图 3-58 所示，用户可以在该对话框中设置快速蒙版的颜色指示和颜色等参数。

图 3-58 "快速蒙版选项"对话框

如果对象与蒙版的颜色非常接近，用户可以通过单击"快速蒙版选项"对话框中的颜色块打开"拾色器"对话框，如图 3-59 所示，在"拾色器"对话框中调整蒙版的颜色。

图 3-59 "拾色器"对话框

1. 被蒙版区域

被蒙版区域是指该区域是非选择部分。单击工具箱中的"以快速蒙版模式编辑"按钮或按 Q 键，进入快速蒙版编辑状态，使用"画笔工具"在图像中涂抹，涂抹区域即被蒙版区域，如图 3-60 所示。退出快速蒙版编辑状态后，创建的选区如图 3-61 所示。

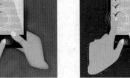

图 3-60 涂抹图像　　图 3-61 创建选区

2. 所选区域

所选区域是指该区域是选择部分。在快速蒙版编辑状态下使用"画笔工具"在图像上涂抹，涂抹的区域即为所选区域，如图 3-62 所示。退出快速蒙版编辑状态后，创建的选区如图 3-63 所示。

图 3-62 涂抹图像　　图 3-63 创建选区

3.3.4 调整边缘

在创建选区时，如果创建选区的对象是毛发等细微的图像，可以使用"快速选择工具""魔棒工具"或执行"色彩范围"命令在图像中创建一个大致的选区范围，再使用"调整边缘"命令对选区进行细致化处理，选中所需的细微对象。

在图像中创建选区，如图 3-64 所示。执行"选择 > 调整边缘"命令，弹出"调整边缘"对话框。在"视图"下拉列表中用户可以根据需求选择适合观察效果的视图模式，如图 3-65 所示。

图 3-64 创建选区

图 3-65　选择一种视图模式

提示 ▶▶ 按 F 键可以循环显示各个视图；按 X 键可暂时停用所用视图。

- 调整半径工具：使用该工具在图像中涂抹可以精确调整选区边缘的细化效果。

- 抹除调整工具：使用该工具涂抹图像，可以将"调整半径工具"涂抹的区域擦除，恢复原选区效果。

- 半径：以当前选区边缘对设置的半径范围内的图像进行细化操作。

- 智能半径：该复选框可以配合"半径"使用，会自动检测选区边缘的像素，对选区边缘进行智能细化。

- 平滑：用于减少选区边界中的不规则区域，创建更加平滑的轮廓。

- 羽化：对选区边缘进行羽化处理，取值范围为 0 ~ 1000px。图 3-66 所示为羽化 30px 后的选区效果。

- 对比度：锐化选区边缘，并去除模糊的不自然感。图 3-67 所示为添加 30px 的羽化后增加 20% 对比度的效果。

图 3-66　羽化 30px　　图 3-67　增加 20% 对比度效果

- 移动边缘：可以将当前选区范围向内

侧或向外侧以百分比的方式进行扩大或缩进。输入负值将收缩选区边界，如图 3-68 所示；输入正值将扩展选区边界，如图 3-69 所示。

图 3-68　收缩选区边界　　图 3-69　扩展选区边界

- 净化颜色：勾选该复选框后，拖动"数量"滑块可以去除图像的彩色杂边，如图 3-70 所示。"数量"值越大，消除范围越广。

图 3-70　净化颜色

- 输出到：可以选择选区边缘细化处理后的输出方式，如图 3-71 所示。

图 3-71　输出方式

提示 ▶▶ 记住当前的设置，在下次进行调整边缘操作时可以按照当前已设置的属性进行设置。

3.3.5　实战——利用调整边缘抠图

01 执行"文件 > 打开"命令，打开素材图像"素材 \ 第 3 章 \33501.jpg"，如图 3-72 所示。单击工具箱中的"快速选择工具"按钮，在画布中单击并拖曳创建选区，如图 3-73 所示。

图 3-72　打开图像

02 执行"选择>调整边缘"命令，弹出"调整边缘"对话框，在"视图"下拉列表中选择"黑底"选项，如图 3-74 所示。

图 3-73 创建选区

图 3-74 "调整边缘"对话框

03 勾选"智能半径"复选框，设置"半径"值为 1px，如图 3-75 所示。使用"调整半径工具"在人物的发梢处进行涂抹，如图 3-76 所示。使用"抹除调整工具"在缺失的发丝上涂抹修补，如图 3-77 所示。

图 3-75 设置"智能半径"图像效果

图 3-76 涂抹发梢

图 3-77 修补发丝

04 设置完成后，单击"确定"按钮，图像效果如图 3-78 所示。执行"文件>打开"命令，打开素材图像"素材 \ 第 3 章 \33502.jpg"。

05 将抠出的人物图像移动到"33502.jpg"文件中，按组合键 Ctrl+T 将人物图像调整到合适的大小和位置，如图 3-79 所示。

图 3-78 完成抠图　　　图 3-79 合成图像

3.4 选区的基本操作

执行"选择＞全部"命令或按组合键 Ctrl+A，即可将当前图层边界内的全部图像选中，如图 3-80 所示。

图 3-80 选择全部

在创建选区后，执行"选择＞取消选择"命令或按组合键 Ctrl+D，可以取消当前文件中的所有选区，如图 3-81 所示。

执行"选择＞重新选择"命令或按组合键 Shift+Ctrl+D，可以恢复最近一次被取消的选区。

图 3-81　取消选择

3.5　修改选区

选区的修改方式包括移动选区、扩展选区、平滑选区、收缩选区、羽化选区、反向选区以及扩大选取和选取相似等操作。

3.5.1　移动选区

在使用"矩形选框工具"和"椭圆选框工具"创建选区的过程中，按下空格键的同时拖曳鼠标即可移动选区，如图 3-82 所示。

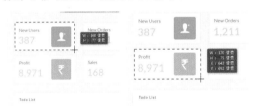

图 3-82　按下空格键移动选区

在使用选区创建工具创建选区后，选项栏中的选区运算方式为"新选区"。将光标放置在选区中，单击并拖曳即可移动选区，如图 3-83 所示。

图 3-83　拖曳移动选区

打开素材图像，单击工具箱中的"矩形选框工具"按钮，创建如图 3-84 所示的选区。使用"移动工具"拖曳移动选区，这时选区内的图像也会被一起移动，如图 3-85 所示。

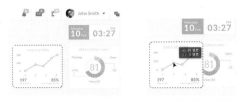

图 3-84　创建矩形选区　图 3-85　图像跟随选区移动

3.5.2　边界

使用"边界"命令可将当前选区的边界向内侧和外侧扩展，扩展后的区域自动形成新的选区。

打开一张素材图像，使用"快速选择工具"在画布中创建选区，如图 3-86 所示。执行"选择 > 修改 > 边界"命令，弹出"边界选区"对话框，设置参数如图 3-87 所示。单击"确定"按钮，即可将选区的边界设置为 6px，如图 3-88 所示。

图 3-86　快速创建选区

图 3-87　"边界选区"对话框

图 3-88　选区边界效果

3.5.3　平滑选区

使用"平滑"命令可以使不规则选区变得平滑、柔和。使用"多边形套索工具"在文件中创建选区，如图 3-89 所示。执行"选择 > 修改 > 平滑"命令，弹出"平滑选区"对话框，设置参数后单击"确定"按钮，选区效果如图3-90 所示。

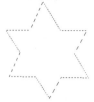

图 3-89　创建多边形选区　　图 3-90　平滑选区效果

3.5.4　扩展与收缩选区

打开图像并创建如图 3-91 所示的选区。执行"选择 > 修改 > 扩展"命令，弹出"扩展选区"对话框，设置参数如图 3-92 所示。单击"确定"按钮，选区将向外侧扩展 20px，如图 3-93 所示。执行"选择 > 修改 > 收缩"命令，弹出"收缩选区"对话框，设置参数后单击"确定"按钮，选区将向内侧收缩，如图 3-94 所示。

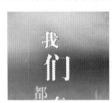

图 3-91　创建字体选区　　图 3-92　"扩展选区"对话框

图 3-93　扩展选区效果　　图 3-94　收缩选区效果

3.5.5　羽化选区

打开图像，在图像中创建选区，如图 3-95 所示。执行"选择 > 修改 > 羽化"命令，在弹出的"羽化选区"对话框中设置参数。单击"确定"按钮，选区边缘处的像素将被羽化，将其复制粘贴到新文件中，图像效果如图 3-96 所示。

图 3-95　创建椭圆选框

图 3-96　羽化选区

提示 ▶▶　羽化是通过建立选区和选区周围像素之间的转换边界来模糊边缘的，这种模糊方式将丢失选区边缘的一些图像细节。在很多选区工具的选项栏中都有"羽化"选项，用户可以在创建选区前就设置羽化值。

疑问解答：羽化时所弹出警告框的作用是什么？

如果选区较小而羽化半径设置得较大，就会弹出羽化警告框。在该对话框中单击"确定"按钮，表示确认当前设置的羽化半径，这时选区可能变得非常模糊，以至于在画面中看不到，但选区仍然存在。如果不想出现该警告框，应减少羽化半径或增大选区的范围。

3.5.6　反向选区

打开图像并创建选区，如图 3-97 所示。执行"选择 > 反向"命令或按组合键 Ctrl+Shift+I，即可反向选区，如图 3-98 所示。

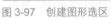

图 3-97　创建图形选区　　图 3-98　反向选区

3.5.7 选取相似和扩大选取

"扩大选取"与"选取相似"命令都是用来扩展当前选区的,在执行这两个命令时,Photoshop 会基于"魔棒工具"选项栏中的容差值来决定选区的扩展范围,容差值越高,选区扩展的范围就越大。

打开素材图像并在图像上创建选区,如图3-99 所示。执行"选择 > 扩大选取"命令,扩展后的选区效果如图 3-100 所示。

图 3-99　创建图像选区

图 3-100　扩大选取

打开素材图像并创建选区,如图 3-101 所示。执行"选择 > 选取相似"命令,扩展后的选区效果如图 3-102 所示。

图 3-101　创建一个图标选区

图 3-102　选取相似

3.6　选区的运算

如果图像中已包含选区,则使用选框工具、套索工具和"魔棒工具"再次创建选区时,可以根据需要单击合适的选区运算按钮完成选区的创建。图 3-103 所示为利用选区运算按钮创建的选区。

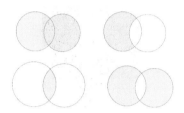

图 3-103　利用选区运算创建选区

3.6.1 新选区

创建任意形状的选区,如图 3-104 所示。单击选项栏中的"新选区"　按钮,再次创建任意形状的选区,则原有选区将被替换为新选区,如图 3-105 所示。

图 3-104　创建矩形选区　　图 3-105　新选区

> **提示** ▶▶　在创建选区后,再次创建选区的同时按住 Shift 键,则可以进行"添加到选区"的运算;同时按住 Alt 键创建选区,则可以进行"从选区减去"的运算。

3.6.2 添加到选区

打开素材图像并使用"魔棒工具"创建选区,如图 3-106 所示。在选项栏中单击"添加到选区"　按钮,继续在画布上创建选区,选区范围如图 3-107 所示。

图 3-106　使用"魔术棒工具"　　图 3-107　选区范围
　　　　　创建选区

3.6.3 从选区减去

打开素材图像，单击工具箱中的"矩形选框工具"按钮，创建如图 3-108 所示的选区。在选项栏中单击"从选区减去"█按钮，使用"魔棒工具"在画布中如图 3-109 所示的位置单击，完成选区的运算，选区范围如图 3-110 所示。

图 3-108　创建矩形选区

图 3-109　删除选区　　图 3-110　减去选区效果

3.6.4 与选区交叉

打开素材图像，使用"快速选择工具"创建选区，如图 3-111 所示。单击选项栏中的"与选区交叉"█按钮，使用"多边形套索工具"继续创建选区，如图 3-112 所示。在选区创建完成后，两个选区将保留重合的部分，如图 3-113 所示。

图 3-111　使用"快速选择工具"创建选区

图 3-112　交叉创建选区　　图 3-113　交叉选区效果

3.7　编辑选区

在图像中创建选区，有时需要对选区进行编辑和调整，例如进行缩小、放大和旋转等操作。另外，为选区描边和隐藏/显示选区也属于编辑选区的范畴，这些操作能够辅助用户更加灵活地使用选区。

3.7.1 变换选区

变换选区的方法与自由变换图像的方法类似，但两个方法又有本质的区别。变换选区只对选区起作用，"自由变换"命令的操作对象则是像素。

在画布上创建选区，如图 3-114 所示。执行"选择 > 变换选区"命令，在选区外侧将出现选区定界框，如图 3-115 所示。

图 3-114　创建矩形选区

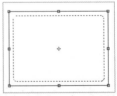

图 3-115　选区定界框

提示 ▶▶ 在执行选区的变换操作时，按住 Shift 键的同时拖曳控制点，可以等比例缩放选区；按住 Alt 键的同时拖曳控制点，则可按当前的操作中心缩放选区。

将光标移至选区定界框的控制点上，当光标变为↔状态时，拖曳鼠标可以对选区进行缩放操作，如图 3-116 所示。松开鼠标左键后，选区的缩放效果如图 3-117 所示。

提示 ▶▶ 在按住 Ctrl 键的同时拖曳控制点，可对选区进行扭曲操作。

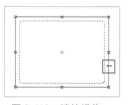

图 3-116　缩放操作

图 3-117　选区效果

将光标移至选区定界框的外侧，当光标变为状态时，如图 3-118 所示，拖曳鼠标即可旋转选区定界框，如图 3-119 所示。松开鼠标左键后，完成对选区的旋转操作。

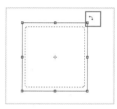

图 3-118　旋转选区

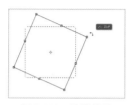

图 3-119　选区效果

按 Enter 键或在选区内双击，即可确认当前变换操作。如果当前操作有误，可以按 Esc 键取消变换操作。

3.7.2　填充选区

使用"矩形选框工具"创建选区，执行"编辑 > 填充"命令，弹出"填充"对话框，设置各项参数如图 3-120 所示。单击"确定"按钮，按组合键 Ctrl+D 取消选区，填充效果如图 3-121 所示。

图 3-120　设置参数

图 3-121　填充效果

3.7.3　描边选区

使用"椭圆选框工具"创建选区，如图 3-122 所示。执行"编辑 > 描边"命令，弹出"描边"对话框，设置各项参数如图 3-123 所示。单击"确

定"按钮，选区描边效果如图 3-124 所示。

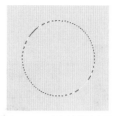

图 3-122　创建椭圆选区

图 3-123　"描边"对话框

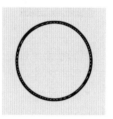

图 3-124　描边效果

☆技术看板：透明区域的描边设置☆

如果图像中含有透明区域，可以勾选"描边"对话框中的"保留透明区域"复选框，这样描边效果不会应用到透明区域。

3.7.4　隐藏和显示选区

打开素材图像并创建选区，如图 3-125 所示。执行"视图 > 显示额外内容"命令或按组合键 Ctrl+H，即可隐藏选区，如图 3-126 所示。如果想要显示隐藏的选区，再次执行该命令即可。

图 3-125　创建文字选区

图 3-126　隐藏选区

提示 ▶▶ 隐藏选区是为了避免选区的蚂蚁线妨碍视线，影响用户操作。隐藏选区一般都是临时的，在操作完成后就会马上重新显示选区。

3.7.5　实战——为人物打造简易妆容

素材

01 执行"文件 > 打开"命令，打开素材图像"素材\第 3 章\37501.jpg"，如图 3-127 所示。

02 单击工具箱中的"套索工具"按钮，在选项栏中设置羽化值为 15px，在画布中创建选区，如图 3-128 所示。

图 3-127　打开图像　　　　图 3-128　创建选区

03 单击工具箱中的"渐变工具"按钮，然后单击选项栏上的"渐变预览条"按钮，弹出"渐变编辑器"对话框，设置渐变颜色为从 RGB（158，19，0）到 RGB（254，109，202）再到 RGB（252，131，24）的线性渐变，如图 3-129 所示。

图 3-129　设置渐变颜色

04 打开"图层"面板，单击面板底部的"创建新图层"按钮，新建一个图层，如图 3-130 所示。使用"渐变工具"在画布中单击并拖曳，为选区填充线性渐变。按组合键 Ctrl+D 取消选区，如图 3-131 所示。在"图层"面板中设置图层混合模式为"柔光"，如图 3-132 所示。

图 3-130　新建图层　　　　图 3-131　填充渐变色

图 3-132　设置混合模式

※ **知识链接：**关于"渐变工具"的具体使用方法，将在本书第 4 章进行详细讲解。

05 单击工具箱中的"橡皮擦工具"按钮，将画布中多余部分擦除，如图 3-133 所示。使用相同方法完成其他内容的绘制，最终效果如图 3-134 所示。

图 3-133　擦除多余部分　　　　图 3-134　最终效果

3.8　存储和载入选区

在 Photoshop 中，选区与图层、通道、路径和蒙版之间的关系非常密切，除了前面所讲解的创建和编辑选区的方法外，Photoshop 还为用户提供了存储和载入选区的命令。

存储选区就是将现有选区永久保存下来以便随时调用，载入选区就是将存储的选区调出来重新使用。

3.8.1　存储选区

将现有选区保存可以方便以后随时调用，能够有效地提高工作效率。存储选区的方法有很多种，使用"存储选区"命令是最常见的一种。

打开素材图像，使用任意选区创建工具创建选区。执行"选择 > 存储选区"命令，弹出"存储选区"对话框，如图 3-135 所示。单击"确定"按钮，选区将被保存在"通道"面板中，如图 3-136 所示。

图 3-135　"存储选区"对话框

图 3-136　"通道"面板

- 文件：在该下拉列表中可以选择保存选区的目标文件，默认情况下选区保存在当前文件中，也可选择将其保存在一个新建文件中。
- 通道：用于指定选区保存的通道，可以选择将选区保存到一个新建的通道中或保存到其他已经存在的通道中。
- 名称：用来指定选区的名字。如果不指定名称，系统会以 Alpha 1、Alpha 2、Alpha 3…的方式按顺序依次命名选区。
- 新建通道：可以将当前选区存储在新通道中。
- 添加到通道：将选区添加到目标通道的已有选区中。
- 从通道中减去：从目标通道的已有选区中减去当前选区。
- 与通道交叉：将保存当前选区和目标通道中已有选区的交叉区域。

3.8.2　载入选区

在存储选区后，如果需要将选区载入到图

像中，可以执行"选择 > 载入选区"命令，此时将弹出"载入选区"对话框，如图 3-137 所示。单击"确定"按钮，即可将选区载入到当前文件中，如图 3-138 所示。

图 3-137　"载入选区"对话框

图 3-138　载入选区

- 文件：用来选择包含选区的目标文件。
- 通道：用来选择包含选区的通道。
- 反相：将载入的选区反转。
- 添加到选区：可将载入的选区添加到当前选区中。
- 从选区中减去：可以从当前选区减去载入的选区。
- 与选区交叉：可以得到载入选区与当前选区的交叉区域。

3.8.3　使用通道保存和载入选区

使用"存储选区"命令存储选区，即可将选区存储在"通道"面板中。用户也可以通过使用"通道"面板直接存储选区。

打开素材图像，并创建如图 3-139 所示的选区。单击"通道"面板底部的"将选区存储为通道"按钮，在"通道"面板中将会出现一个新建的 Alpha 1 通道，用来保存选区，如图 3-140 所示。

图 3-139　创建花朵选区　　　图 3-140　保存选区

除了直接使用"载入选区"命令载入选区外，用户也可以使用"通道"面板载入选区。图 3-141 所示为存储了选区的"通道"面板，选择 Alpha 1 通道，单击面板底部的"将通道作为选区载入"按钮，即可将选区载入，选区效果如图 3-142 所示。

图 3-141　"通道"面板　　　图 3-142　载入选区

3.8.4　使用路径保存和载入选区

打开素材图像，在画布中使用"快速选择工具"创建选区，如图 3-143 所示。单击"路径"面板中的"从选区中生成工作路径"按钮，在"路径"面板中即可生成一个工作路径，如图 3-144 所示。

图 3-143　创建相机选区　　　图 3-144　生成工作路径

※ **知识链接：**关于路径的具体操作，将在本书第 5 章中详细讲解。

路径在图像中的显示效果如图 3-145 所示。选中路径，按组合键 Ctrl+Enter 或单击"路径"面板底部的"将路径作为选区载入"按钮，即可将路径作为选区载入，效果如图 3-146 所示。

图 3-145　路径显示效果　　　图 3-146　载入选区

使用路径保存和载入选区虽然不会增加文件的大小，但是会对选区的质量造成损失。

3.8.5　使用图层载入选区

在按住 Ctrl 键的同时单击图层缩览图，即可载入该图层的选区。如果"图层"面板中存在图层蒙版，按住 Ctrl 键的同时单击图层缩览图，载入的是图层选区；按住 Ctrl 键的同时单击图层蒙版缩览图，则载入的是蒙版选区。

第 4 章
图像的调色技法——定义不同的色彩

4.1 颜色的基本概念

颜色是人们通过生活经验产生的一种对光的视觉效应。颜色是设计 UI 作品的基础,掌握颜色的使用和搭配技巧对 UI 设计师非常重要。

4.1.1 色彩属性

色彩的属性决定了它的使用范围,通过调整色彩的属性可以反映出设计师的思想和情绪。在 UI 设计中合理地使用色彩能够提高界面的观赏性。色彩包括色相、饱和度和明度 3 个属性。

- 色相:简单来说,色相就是色彩的颜色,色相的调整就是指多种颜色之间的变化。在通常的使用中,色相是有颜色名称的,图 4-1 所示为 0 色相值和 -66 色相值的图像效果。

图 4-1　0 色相值和 -66 色相值的图像效果

- 饱和度:饱和度是指颜色的强度或纯度。调整饱和度也就是调整图像颜色的纯度,例如,将一个彩色图像的饱和度降低为 0 时就会变成一个灰色的图像。
- 明度:明度是指在各种图像色彩模式下图像颜色的明暗度,其范围为 0 ~ 255。例如,灰度模式是将白色到

黑色连续划分为 256 种色调,由白到灰,再由灰到黑。

4.1.2 色彩模式

在 Photoshop 中,色彩模式决定了用来显示和打印 Photoshop 文件时的颜色模式。常见的颜色模式有 RGB、CMYK 以及 Lab。Photoshop 还提供了特别颜色的输出模式,例如索引颜色和双色调。

不同的颜色模式所定义的颜色范围不同,其通道数目和文件大小也不同,应用方法也就各不相同。

- RGB 模式:RGB 模式由红、绿、蓝 3 种原色组合而成,每一种原色都可以表现出 256 种不同浓度的色调,3 种原色混合起来就可以生成 1670 万种颜色。图 4-2 所示为 RGB 模式下的图像。

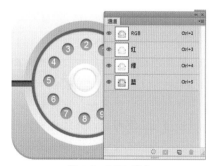

图 4-2　RGB 模式

- CMYK 模式:CMYK 模式是一种印刷的模式,这种模式会占用较多的磁盘空间和内存。此外,在这种模式下有很多滤镜都不能使用,在编辑图像时有很大的不便。

理论上将 CMYK 模式中的青色、洋红色和黄色混合在一起可以生成黑色。但实际上等量的三色混合并不能完美地产生黑色，因此加入了黑色，以实现更丰富的色彩效果。图 4-3 所示为 CMYK 模式的图像。

图 4-3　CMYK 模式

- 索引颜色模式：索引颜色模式是专业的网络图像颜色模式，在该颜色模式下可生成最多包含 256 种颜色的 8 位图像文件。由于索引颜色模式有很多限制，图像颜色容易失真，所以只有灰度模式和 RGB 模式的图像才可以被转换为索引颜色模式。
- Lab 模式：Lab 模式中包含了正常视力的人能够看到的所有颜色。在 Lab 模式中，L 代表亮度分量；a 代表了由绿色到红色的光谱变化；b 代表由蓝色到黄色的光谱变化。

> **提示** ▶▶　要将 RGB 模式的图像转换成 CMYK 模式的图像，Photoshop 会先将 RGB 模式转换成 Lab 模式，再将 Lab 模式转换成 CMYK 模式，只不过这一操作是在软件内部进行的。

- 位图模式：位图模式只有黑色和白色两种颜色，因此在该模式下只能制作黑、白两色的图像。在将彩色图像转换成黑白图像时，必须先将其转换成灰度模式的图像，再转换成位图模式的图像。图 4-4 所示为位图模式的图像。
- 双色调模式：双色调模式不是一个单独的颜色模式，它包括 4 种不同的颜色模式，即单色调、双色调、三色调和四色调。在将图像转换为双色调模式前需要先转换为灰度模式。图 4-5 所示为双色调模式的图像。

图 4-4　位图模式

图 4-5　双色调模式

> **提示** ▶▶　位图模式下的图像被称为位映射 1 位图像。因为其位深度为 1，所以在该模式下不能制作出色调丰富的图像，只能制作出黑、白两色的图像。

- 灰度模式：灰度模式能够表现出 256 种色调，利用 256 种色调可以表现出颜色过渡自然的黑白图像。灰度模式的图像可以直接转换成黑白图像和 RGB 模式图像。同样，黑白图像和彩色图像也可以直接转换成灰度图像。
- 多通道模式：多通道模式在每个通道中使用 256 灰度级。多通道图像对特殊的打印非常有用，例如，转换双色调用于以 Scitex CT 格式打印。

4.2　图像色彩模式的转换

在 Photoshop 中，图像的色彩模式可以相互转换，但是由于不同的颜色模式所包含的色彩范围不同，它们的特性也存在差异，因此在转换时或多或少会产生一些数据的丢失。

此外，颜色模式与输出信息也息息相关，因此在进行模式转换前用户应该考虑好这些问题，尽量做到按照需求谨慎地处理图像的颜色模式，避免产生不必要的损失，以获得高质量的 UI 图像。

在选择颜色模式时通常要考虑以下 4 个方面的问题。

1. 图像输入 / 输出方式

输入方式是指在输入图像时以什么模式存储。如果是作为印刷品输出，则必须使用 CMYK 颜色模式存储图像；如果是在显示屏上显示图像，则以 RGB 或索引颜色模式输出。通常都使用 RGB 颜色模式输出图像，因为该模式有较大的颜色选择范围和可操作空间。

2. 文件占用的内存和磁盘空间

不同模式保存的文件的大小是不一样的。索引颜色模式的文件大小大约是 RGB 颜色模式文件的 1/3，而 CMYK 颜色模式的文件又比 RGB 颜色模式的文件大得多。文件越大，处理图像时占用的内存就越多。因此为了提高工作效率和满足操作需要，尽量选择文件较小的颜色模式。

3. 编辑功能

在选择颜色模式前，用户需要考虑编辑图像时需要使用的功能在此颜色模式下是否为可用状态。例如，在 CMYK 颜色模式下不能使用某些滤镜；在位图颜色模式下不能使用自由旋转和图层功能等。

在一般情况下，设计师会选择使用 RGB 颜色模式编辑图像，在完成图像的制作后，再将其 RGB 颜色模式转换为输出模式进行保存。

4. 颜色范围

不同模式下的颜色范围不同，所以在进行编辑时可以选择颜色范围相对较大的 RGB 或 Lab 颜色模式，以获得最佳的图像效果。

4.2.1　实战——RGB 和 CMYK 模式的转换

01 执行"文件 > 打开"命令，打开素材图像"素材 \ 第 4 章 \42101.jpg"，如图 4-6 所示。

02 执行"图像 > 模式"命令，在弹出的子菜单中可以看到该图像的颜色模式为 RGB 模式，如图 4-7 所示。

图 4-6　打开图像　　　图 4-7　RGB 颜色模式

03 在打开的子菜单中选择"CMYK 颜色"选项，图像效果如图 4-8 所示。此时，在"模式"命令下的子菜单中图像颜色模式更换为"CMYK 颜色"，如图 4-9 所示。

图 4-8　选择 CMYK 模式　图 4-9　CMYK 颜色模式

4.2.2　实战——位图模式和灰度模式的转换

素材

01 执行"文件 > 打开"命令，打开素材图像"素材 \ 第 4 章 \42201.jpg"，如图 4-10 所示。执行"图像 > 模式 > 灰度"命令，弹出"信息"提示框，如图 4-11 所示。

图 4-10　打开图像　　图 4-11　"信息"提示框

02 单击"扔掉"按钮，继续执行"图像 > 模式 > 位图"命令，弹出"位图"对话框，设置参数如图 4-12 所示。完成设置后单击"确定"按钮，图像效果如图 4-13 所示。

素材

图 4-12　设置参数　　　图 4-13　图像效果

素材

4.2.3 实战——位图模式转换为双色调模式

01 执行"文件 > 打开"命令,打开素材图像"素材\第4章\42301.jpg",如图4-14所示。执行"图像 > 模式 > 灰度"命令,在弹出的"信息"提示框中单击"扔掉"按钮,将图像转换为灰度模式,图像效果如图4-15所示。

图 4-14 打开图像　　图 4-15 灰度图像效果

02 执行"图像 > 模式 > 双色调"命令,弹出"双色调选项"对话框,如图4-16所示。在该对话框的"类型"下拉列表中选择"双色调"选项,如图4-17所示。

图 4-16 选择"双色调选项"对话框

图 4-17 选择"双色调"选项

03 单击"油墨1"曲线框后面的颜色框,弹出"拾色器"对话框,设置颜色值如图4-18所示。单击"确定"按钮,回到"双色调选项"对话框,单击"油墨1"的曲线框,弹出"双色调曲线"对话框,设置各项参数如图4-19所示。

图 4-18 "拾色器"对话框

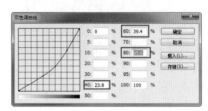

图 4-19 "双色调曲线"对话框

04 设置完成后,单击"确定"按钮,回到"双色调选项"对话框,单击"油墨2"曲线框后面的颜色框,弹出"拾色器"对话框,设置颜色值如图4-20所示。

图 4-20 "拾色器"对话框

05 单击"确定"按钮,回到"双色调选项"对话框,单击"油墨2"的曲线框,弹出"双色调曲线"对话框,设置各项参数如图4-21所示。

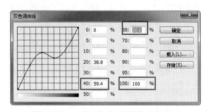

图 4-21 "双色调曲线"对话框

06 设置完成后,单击"确定"按钮,"双色调选项"对话框如图4-22所示。单击"确定"按钮,完成双色调颜色模式的设置,图像效果如图4-23所示。

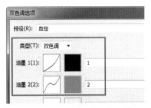

图 4-22　"双色调选项"对话框

图 4-23　图像效果

提示 ▶▶▶　在"双色调选项"对话框中设置参数时，需要在单击"确定"按钮前给每个油墨曲线编辑名称，否则将会弹出警告框。

4.2.4　索引颜色模式转换

打开素材图像，执行"图像 > 模式 > 索引颜色"命令，弹出"索引颜色"对话框，如图 4-24 所示，在该对话框中可以对各项参数进行设置。

图 4-24　"索引颜色"对话框

- 调板：用于选择转换图像的颜色表，也就是转换为索引颜色后的图像颜色表将按照此处选择的方式来建立。
- 颜色：用于设定颜色数量。只有在"调板"下拉列表中选择"平均""局部（可感知）""局部（可选择）"或"局部（随样性）"选项后，才能在此选项中自由设定色彩数量，其取值范围为 2 ～ 256。

- 强制：在其下拉列表中提供了将某些颜色强制包括在颜色表中的选项，即黑白、三原色、Web 和自定等选项。
  - ➤ 黑白：选择该选项，将在颜色表中增加纯黑和纯白的颜色。
  - ➤ 三原色：选择该选项，将在颜色表中增加红、绿、蓝、青、洋红、黄、黑和白等颜色。
  - ➤ Web：选择该选项，将在颜色表中增加 216 种 Web 安全色。
  - ➤ 自定：选择该选项，将让用户自行定义要增加的颜色。

提示 ▶▶▶　勾选"透明度"复选框，可以在转换时保护图像中的透明区域，若取消勾选，则会在透明区域中填入在"杂边"下拉列表中指定的颜色，如果"杂边"下拉列表框不能选取，则填入白色。

- 杂边：在其下拉列表中可以选择一种颜色，用于填充透明区域或透明区域边缘。
- 仿色：用于混合颜色像素来模拟丢失的颜色，在其下拉列表中包括 4 种仿色方式。
- 数量：当"仿色"选项为"扩散"时，在此可指定扩散数量。

打开素材图像，如图 4-25 所示，此时图像为 RGB 颜色模式。执行"图像 > 模式 > 索引颜色"命令，弹出"索引颜色"对话框，设置参数如图 4-26 所示。单击"确定"按钮，图像效果如图 4-27 所示。

图 4-25　打开图像

提示 ▶▶▶　勾选"保留实际颜色"复选框，可以防止所选调色板中已有的颜色被仿色。该复选框只有在"仿色"选项选择"扩散"时才有效。

图 4-26 设置参数

图 4-27 "索引颜色"图像效果

4.3 色域和溢色

计算机显示器的显色原理是电子流冲击屏幕上的发光体使之发光来合成颜色，而印刷品的显色原理则是油墨合成。由于色彩范围不同，计算机显示器上显示的颜色和印刷品上的颜色存在一定的差异。

4.3.1 色域

色域是指颜色系统可以显示或打印出来的颜色范围。因为 RGB 颜色模式的色域范围要远远超过 CMYK 颜色模式的色域范围，所以当 RGB 模式转换为 CMYK 模式后，图像的颜色信息会丢失一部分。

4.3.2 溢色

由于 RGB 颜色模式的色域要比 CMYK 颜色模式的色域广，导致在显示器上看到的颜色无法打印，无法打印的颜色被称为"溢色"。

在使用"拾色器"或"颜色"面板设置颜色时，如果用户选择的颜色出现溢色，Photoshop 将会自动给予警告，如图 4-28 所示。此时，用户可以选择下面颜色块中与当前颜色最

为接近的可以打印的颜色来代替溢色。

图 4-28 溢色警告

4.3.3 使用色域警告

"色域警告"命令的作用是检查 RGB 模式下的图像是否出现溢色，如果出现，用户可以在作品输出前将溢色调整为最接近的可打印颜色，确保图像印刷的显示效果与计算机显示器中的显示效果不存在较大偏差。

打开素材图像，如图 4-29 所示。执行"视图 > 色域警告"命令，图像中出现的灰色便是溢色区域，如图 4-30 所示。再次执行该命令可关闭色域警告。

图 4-29 打开图像　　　图 4-30 溢色区域

4.4 选择颜色

在设计、制作 UI 作品时，首先需要掌握绘制工具的使用方法和色彩搭配的技巧。Photoshop 为用户提供了很多绘图工具，用户选择合适的绘图工具后，还需要完成颜色的设置，然后才可以开始设计工作。

4.4.1 前景色和背景色

前景色和背景色在 Photoshop 中有多种定义方法。在默认情况下，前景色和背景色分别为黑色和白色。图 4-31 所示为工具箱中的前景色与背景色。

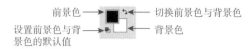

图 4-31 工具箱中的前景色和背景色

前景色决定了使用绘图工具绘制图像及使用文字工具创建文字时的颜色；背景色则决定了背景图像区域为透明时所显示的颜色，以及增加画布时新建画布的颜色。

- 设置前景色与背景色的默认值：单击该按钮或按 D 键，可以将前景色和背景色恢复为默认颜色。
- 前景色 / 背景色：单击前景色或背景色的色块，将弹出"拾色器"对话框，用户可以在该对话框中设置前景色或背景色的颜色值。
- 切换前景色与背景色：单击该按钮或按 X 键，可以交换当前的前景色与背景色。

4.4.2 "信息"面板

在没有进行任何操作时，"信息"面板显示光标当前位置的颜色值、文件的状态和当前工具的使用提示等信息；如果进行了变换或创建选区等操作，"信息"面板将会显示与当前操作有关的各种信息。

执行"窗口＞信息"命令，打开"信息"面板。在默认情况下，"信息"面板显示如图 4-32 所示的信息。

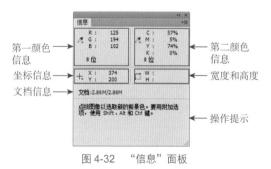

第一颜色信息

坐标信息

文档信息

第二颜色信息

宽度和高度

操作提示

图 4-32 "信息"面板

4.4.3 实战——"信息"面板在调节图像时的数值信息提示

01 执行"文件＞打开"命令，打开素材

图像"素材 \ 第 4 章 \44301.jpg"，将光标放置在图像上，如图 4-33 所示。

02 在"信息"面板中会显示光标当前位置的精确坐标和颜色值，如图 4-34 所示。单击工具箱中的"矩形选框工具"按钮，在画布中创建选区，如图 4-35 所示。

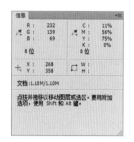

图 4-33 打开图像   图 4-34 显示光标位置

图 4-35 创建选区

03 "信息"面板随着鼠标的拖曳实时显示选区的宽度和高度，如图 4-36 所示。在使用"裁剪工具"或"缩放工具"时，"信息"面板会显示定界框的宽度和高度。如果对裁剪框进行了旋转，"信息"面板还会显示裁剪框的旋转角度，如图 4-37 所示。

图 4-36 显示选区的宽度和高度

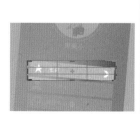

素材

图 4-37 裁剪图像时"信息"面板的实时信息

提示 ▶▶ 在显示 CMYK 值时，如果光标所在位置或颜色取样点下的颜色超出了可打印的 CMYK 色域，则 CMYK 值的旁边会出现一个惊叹号。

04 在使用"直线工具""钢笔工具""渐变工具"或移动选区时，"信息"面板会随着光标的移动显示开始位置的 X 坐标和 Y 坐标，X 的变化、Y 的变化以及角度和距离。图 4-38 所示为使用"钢笔工具"绘制路径时显示的实时信息。

素材

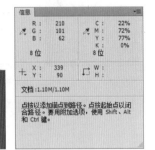

图 4-38 绘制路径时"信息"面板的实时信息

4.4.4 使用"颜色取样器工具"

使用"颜色取样器工具"可以在图像上放置取样点，每一个取样点的颜色值都会显示在"信息"面板中。通过设置取样点，可以在调整图像的过程中观察颜色值的变化情况。

使用"颜色取样器工具"最多可在图像上取 4 处颜色信息，当前取样点的颜色信息将显示在"信息"面板中，使用"颜色取样器工具"也可以移动现有的取样点。如果切换到其他工具，画面中的取样点标志将不可见，但"信息"面板中仍有显示。图 4-39 所示为使用"颜色取样器工具"在图像上设置取样点后显示的取样数据。

图 4-39 取样数据

☆技术看板：取样点的使用☆

单击选项栏中的"取样大小"选项后面的按钮，将弹出一个下拉列表，该下拉列表中的"取样点"代表以取样点中一个像素的颜色为准；"3×3 平均"和"5×5 平均"表示以采样点四周 3×3 或 5×5px 范围内的颜色平均值为准。

4.4.5 实战——使用"颜色取样器工具"吸取颜色

01 执行"文件 > 打开"命令，打开素材图像"素材 \ 第 4 章 \44501.jpg"，然后单击工具箱中的"颜色取样器工具"按钮，在图像上单击建立取样点，如图 4-40 所示。

图 4-40 建立取样点

02 在建立取样点时会自动弹出"信息"面板，显示取样点的实时信息，如图 4-41 所示。执行"图像 > 调整 > 色阶"命令，弹出"色阶"对话框，设置参数，图像效果如图 4-42 所示。

图 4-41 实时信息

03 此时，"信息"面板中的颜色值会变为两组数字，斜杠前面的数值代表调整前的颜色值，斜杠后面的数值代表调整后的颜色值，如图 4-43 所示，单击"确定"按钮。

图 4-42　图像效果

图 4-43　调整前后的颜色值

04 单击并拖曳取样点，可移动取样点的位置，"信息"面板中的颜色值也会随之改变，如图 4-44 所示。在按住 Alt 键的同时单击取样点，可将其删除，如果要删除所有取样点，可单击工具选项栏中的"清除"按钮，如图 4-45 所示。

图 4-44　实时信息

图 4-45　删除取样点

提示 ▶▶　如果用户想要在调整对话框处于打开状态时删除颜色取样点，在按住 Shift+Alt 组合键的同时单击取样点即可删除该取样点。

4.4.6　使用"拾色器"对话框

单击工具箱中的"前景色"或"背景色"色块，弹出"拾色器"对话框，如图 4-46 所示。用户可以在色域中单击选择需要的颜色，也可以在颜色值的文本框中输入数值得到准确的颜色。

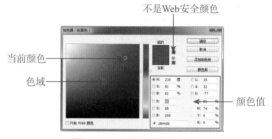

图 4-46　"拾色器"对话框

- 当前颜色：当前在色域中选定的颜色。
- 色域：此区域是可选择的颜色范围。
- 只有 Web 颜色：勾选该复选框后，此时选取的任何颜色都是 Web 安全颜色，色域将以网页上可安全显示的颜色进行展示，如图 4-47 所示。

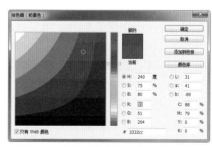

图 4-47　勾选"只有 Web 颜色"复选框

- 不是 Web 安全颜色：在"拾色器"对话框中，若出现 ⚠ 图示，表示当前颜色不能在网页中正确显示。单击图示下面的小色块，可将颜色替换为最接近的 Web 安全颜色。
- 颜色库：单击该按钮，将切换到"颜色库"对话框，如图 4-48 所示。在该对话框中选择颜色，应当先打开"色库"下拉列表，选择一种色彩型号和厂牌，如图 4-49 所示，然后使用鼠标拖曳滑杆上的三角滑块来指定所需颜色的大致范围，最后在对话框左边选定所需要的颜色，单击"确定"按钮即可选中需要的颜色。

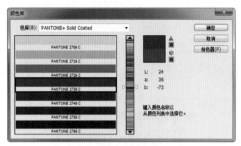

图 4-48 "颜色库"对话框

图 4-49 选择色彩型号和厂牌

4.4.7 使用"吸管工具"选取颜色

使用"吸管工具"可以吸取图像上指定位置的"像素"颜色。当需要一种颜色时，如果要求不是太精确，可以使用"吸管工具"选取颜色。

单击工具箱中的"吸管工具"按钮，用户可以在选项栏中对相关选项进行设置，图 4-50 所示为"吸管工具"的选项栏。

图 4-50 "吸管工具"的选项栏

- 取样大小：用来设置"吸管工具"取样颜色的范围。单击"取样点"按钮，

将弹出一个下拉列表，如图 4-51 所示。

- 样本：可选择"当前图层"和"所有图层"两个选项。选择"当前图层"表示只在当前图层上取样；选择"所有图层"表示在所有图像上取样。
- 显示取样环：勾选"显示取样环"复选框，在使用"吸管工具"取样时，光标周围将出现如图 4-52 所示的取样环。

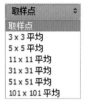

图 4-51 取样大小　　　图 4-52 取样环

> **提示** ▶▶　单击工具箱中的"吸管工具"按钮后，在画布中右击，在弹出的快捷菜单中可选择不同的选项进行切换，此切换方法也适用于其他工具。

4.4.8 使用"颜色"面板

使用"颜色"面板选择颜色，如同在"拾色器"对话框中选择颜色一样轻松，并且可以选择不同颜色模式下的颜色。

执行"窗口 > 颜色"命令，打开"颜色"面板。在默认情况下，"颜色"面板提供的是 RGB 颜色模式，如图 4-53 所示。如果想要使用其他颜色模式，可以单击"颜色"面板右上角的▼≡按钮，在弹出的下拉菜单中选择其他颜色模式，如图 4-54 所示。

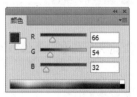

图 4-53 "颜色"面板

- 灰度滑块：选中此项后，面板中只显示"K"黑色滑块，如图 4-55 所示。其设置范围是 0 ~ 255 的色调，即从白到黑的 256 种颜色。在选色时，可

以拖曳滑块或在文本框中输入数值选取颜色。

图 4-54　颜色模式

- RGB 滑块：选中此项后，面板中显示 R（红）、G（绿）、B（蓝）3 个滑块，三者的范围都是 0 ~ 255，拖曳三角滑块即可通过改变 R、G、B 的不同色调来选色，设定后的颜色会显示在前景色或背景色色块中。
- HSB 滑块：选中此项后，面板中会显示 H（色相）、S（饱和度）、B（亮度）3 个滑块，如图 4-56 所示。其使用方法和 RGB 滑块相同。

- CMYK 滑块：选中此项后，面板中显示 C（青色）、M（洋红色）、Y（黄色）、K（黑色）4 个滑块，其使用方法和 RGB 滑块相同。

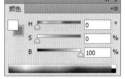

图 4-55　灰度滑块　　　图 4-56　HSB 滑块

- Lab 滑块：选中此项后，面板中显示 L、a、b 3 个滑块，如图 4-57 所示。L 用于调整亮度，设置范围为 0 ~ 100；a 用于调整由绿到红的色谱变化；b 用于调整由黄到蓝的色谱变化。后两者的设置范围都是 −120 ~ 120。
- Web 颜色滑块：选中此项后，面板中显示 R、G、B 滑块，如图 4-58 所示。与 RGB 滑块不同的是，此滑块主要用

于选择 Web 上使用的颜色。每个滑块分为 6 个颜色端，可以调配出 216 种颜色，即 6×6×6 = 216。另外，可以在滑块右侧的文本框中输入 R、G、B 三色的编号来指定颜色。

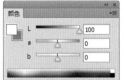

图 4-57　Lab 滑块　　　图 4-58　Web 颜色滑块

在"颜色"面板底部有一根色谱颜色条，用来显示当前颜色模式的色谱。使用色谱颜色条也能选择颜色，将光标移至色谱颜色条上单击即可选定颜色。

4.4.9　使用"色板"面板

"色板"面板不同于其他选取颜色的方法，此面板中的颜色都是预设好的，单击色块即可直接选中颜色并使用。

执行"窗口 > 色板"命令，打开"色板"面板，如图 4-59 所示。移动光标至面板的任意色板方格中，当光标变为吸管形状时，单击即可指定该色板为当前颜色。

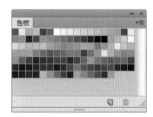

图 4-59　"色板"面板

如果要在面板中添加色板，可将光标移至"色板"面板的空白处，当光标变为如图 4-60 所示的形状时单击，在弹出的"色板名称"对话框中为色板命名并单击"确定"按钮，即可完成添加色板的操作。

如果要在面板中删除色板，单击并拖曳要删除的色板至"删除色板"按钮上，松开鼠标左键即可删除该色板，如图 4-61 所示。在按住 Alt 键的同时单击想要删除的色板方格，可快速删除该色板。

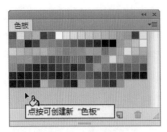

图 4-60　添加色板

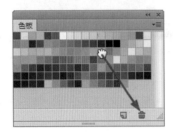

图 4-61　删除色板

如果用户想要恢复"色板"面板的默认设置，可以单击"色板"面板右上角的![]按钮，在弹出的快捷菜单中选择"复位色板"选项。此时会弹出系统提示对话框，单击"确定"按钮，即可恢复"色板"面板的默认设置。

☆技术看板：预设样板集☆

Photoshop 提供了许多种预设的色板集，以方便使用户选取颜色。在"色板"面板的面板菜单中选择一种色板集，该色板集中的所有色板将出现在"色板"面板中。

素材

4.4.10　实战——使用"油漆桶工具"为图标换色

01 执行"文件 > 打开"命令，打开素材图像"素材\第 4 章\441001.psd"，如图 4-62 所示。打开"图层"面板，找到"形状 1"图层并将其选中，如图 4-63 所示。

图 4-62　打开图像

图 4-63　选中图层

02 单击工具箱中的"油漆桶工具"按钮，设置前景色为 RGB（255，6，6），在画布上单击填充前景色，如图 4-64 所示。

03 打开"图层"面板，选中"圆角矩形 7"图层，单击工具箱中的"圆角矩形工具"按钮，然后单击选项栏上的"填充"按钮，再单击所弹出面板中"最近使用的颜色"选项下的第一个色块，图像效果如图 4-65 所示。

图 4-64　填充前景色　　　图 4-65　图像效果

04 设置前景色为 RGB（136，24，24），使用"油漆桶工具"在画布中"形状 2"图层的内容上单击，效果如图 4-66 所示。使用相同方法更改文字的填充颜色，图像的最终效果如图 4-67 所示。

图 4-66　图像效果　　　图 4-67　更改文字颜色

4.5　填充颜色

用户可以通过执行"填充"命令完成填充颜色的操作，也可以使用"油漆桶工具"和"渐变工具"完成填充颜色的操作。

4.5.1 使用"填充"命令

执行"编辑 > 填充"命令，弹出"填充"对话框，如图 4-68 所示。单击"使用"选项后面的文本框，弹出如图 4-69 所示的下拉列表，用户可以在此下拉列表中选择使用不同的方式填充图像或选区。

图 4-68 "填充"对话框 图 4-69 填充方式

4.5.2 实战——使用"填充"命令为图标制作高光效果

01 执行"文件 > 新建"命令，新建一个 400×200px 的文件。

02 单击工具箱中的"渐变工具"按钮，然后单击选项栏中的"渐变预览条"按钮，弹出"编辑编辑器"对话框，设置如图 4-70 所示的渐变颜色值。

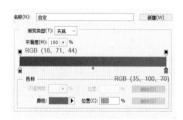

图 4-70 设置渐变颜色

03 设置完成后单击"确定"按钮。使用"渐变工具"在画布中按住鼠标左键拖曳为"背景"图层填充渐变颜色，如图 4-71 所示。

图 4-71 填充渐变颜色

04 执行"文件 > 打开"命令，打开素材图像"素材 \ 第 4 章 \45201.psd"，并使用"移动工具"将图像拖曳至设计文件中，如图 4-72 所示。新建图层，单击工具箱中的"矩形选框工具"按钮，在选项栏中设置羽化值，创建矩形选区，效果如图 4-73 所示。

图 4-72 打开图像

图 4-73 创建选区

素材

05 设置前景色为 RGB（255，255，255），执行"编辑 > 填充"命令，弹出"填充"对话框，设置各项参数如图 4-74 所示。单击"确定"按钮，按组合键 Ctrl+D 取消选区，图像效果如图 4-75 所示。

图 4-74 "填充"对话框

图 4-75 图像效果

提示 ▶▶▶ 除了执行"编辑 > 填充"命令外，还可以按组合键 Alt+Delete 完成填充前景色的操作。按组合键 Ctrl+Delete 可以完成填充背景色的操作。

06 执行"文件 > 打开"命令，打开素材图像"素材 \ 第 4 章 \45202.psd"，并使用"移动工具"将图像拖曳至设计文件中，如图 4-76 所示。使用相同方法完成相似内容的制作，最终效果如图 4-77 所示。

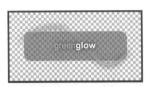

图 4-76　打开图像

图 4-77　最终效果

4.5.3　实战——使用"内容识别"填充

01 执行"文件 > 打开"命令，打开素材图像"素材\第 4 章\45301.jpg"，然后使用"矩形选框工具"创建选区，图像效果如图 4-78 所示。

图 4-78　创建选区

02 执行"编辑 > 填充"命令，弹出"填充"对话框，在该对话框中选择"内容识别"选项，如图 4-79 所示。单击"确定"按钮，选区填充完毕，图像效果如图 4-80 所示。

图 4-79　"填充"对话框

图 4-80　图像效果

4.5.4　实战——使用"图案"填充

01 执行"文件 > 新建"命令，新建一个 1000×1000px 的文件，然后单击工具箱中的"矩形选框工具"按钮，创建如图 4-81 所示的选区。单击工具箱中的"渐变工具"按钮，设置渐变颜色并为选区填充渐变颜色，如图 4-82 所示。

图 4-81　创建矩形选区　　　图 4-82　填充选区

02 执行"编辑 > 定义图案"命令，弹出"图案名称"对话框，设置图案名称如图 4-83 所示。单击"确定"按钮，将图形定义为图案。

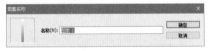

图 4-83　定义图案

03 按组合键 Ctrl+D 取消选区。执行"编辑 > 填充"命令，弹出"填充"对话框，选择"图案"选项，勾选"脚本图案"复选框，并选择"螺线"选项，如图 4-84 所示。单击"确定"按钮，选区填充完毕，最终效果如图 4-85 所示。

图 4-84　"填充"对话框

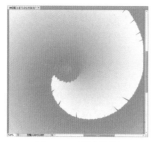

图 4-85　最终效果

4.5.5　实战——使用"历史记录"填充

01 执行"文件>打开"命令，打开如图 4-86 所示的素材图像。打开"历史记录"面板，单击面板底部的"创建新快照"按钮，新建快照，如图 4-87 所示。

图 4-86　打开图像

图 4-87　创建快照

02 执行"图像>调整>色相/饱和度"命令，弹出"色相/饱和度"对话框，设置参数如图 4-88 所示。单击"确定"按钮，图像效果如图 4-89 所示。

图 4-88　"色相/饱和度"对话框

图 4-89　图像效果

03 按组合键 Ctrl+A 全选，执行"编辑>填充"命令，弹出"填充"对话框，设置参数如图 4-90 所示，单击"确定"按钮，图像效果如图 4-91 所示。

素材

图 4-90　"填充"对话框

图 4-91　图像效果

提示 ▶▶　在"填充"对话框中可以选择使用"历史记录"选项填充画布或选区。使用"历史记录"选项进行填充是将所选区域恢复为原状态或"历史记录"面板中设置的快照。

4.5.6　使用"油漆桶工具"

使用"油漆桶工具"可以在选区、路径和图层内的区域填充指定的颜色。如果图像上存在选区，则使用"油漆桶工具"填充的区域为所选区域。

如果图像上没有选区，使用"油漆桶工具"在画布或图像上单击，会为与光标单击处像素相似或相邻的区域填充前景色。单击工具箱中的"油漆桶工具"按钮，其选项栏如图 4-92 所示。

图 4-92 "油漆桶工具"的选项栏

- 设置填充区域的源：单击该按钮，可以在弹出的下拉列表中选择填充内容，包括"前景色"和"图案"。
- 容差：用于定义必须填充的像素颜色的相似度，设置范围为 0 ～ 255。
- 连续的：勾选该复选框，仅填充与单击处邻近的像素；未勾选该复选框，则填充图像中的所有相似像素。
- 所有图层：勾选"所有图层"复选框，将基于所有可见图层中的合并颜色数据填充像素。如果正在图层上操作，并且不想填充透明区域，单击"图层"面板中的"锁定透明像素"按钮。

4.5.7 使用"渐变工具"

使用"渐变工具"可以创建多种颜色间的逐渐混合，实质上就是在图像中或图像的某一区域中填入一种具有多种颜色过渡的混合色。这个混合色可以是从前景色到背景色的过渡，也可以是前景色与透明背景间的相互过渡或者是其他颜色间的相互过渡。

单击工具箱中的"渐变工具"按钮，其选项栏如图 4-93 所示，用户可以在该选项栏中设置"渐变工具"的各项参数。

图 4-93 "渐变工具"的选项栏

- 渐变预览条：显示当前所设置的渐变颜色。
- 渐变类型：有 5 种渐变类型可以选择，分别为"线性渐变""径向渐变""角度渐变""对称渐变"与"菱形渐变"。不同渐变类型的不同效果如图 4-94 所示。

线性渐变　　　　径向渐变　　　　角度渐变　　　　对称渐变　　　　菱形渐变

图 4-94 5 种不同的渐变类型

- 模式：在该下拉列表中选择渐变颜色的混合模式。
- 不透明度：设置渐变颜色的不透明度。
- 反向：勾选该复选框，填充后的渐变颜色的方向与设置的方向相反。
- 仿色：勾选该复选框，可以用递色法来表现中间色调，使渐变效果更加平衡。
- 透明区域：勾选该复选框，将打开透明蒙版功能，在使用渐变填充时可以应用透明设置。

单击工具箱中的"渐变工具"按钮，然后单击选项栏中的"渐变预览条"按钮，打开"渐变编辑器"对话框，如图 4-95 所示，用户可以在该对话框中选择预设好的渐变颜色或自定义渐变颜色。

- 新建：单击此按钮，可将当前渐变色加入到预设渐变选取器中。
- 载入：单击此按钮，可以载入外部编辑好的渐变样式。
- 存储：单击此按钮，可以将编辑好的渐变样式保存，方便下次调用。

图 4-95　"渐变编辑器"对话框

起点不透明度色标
起点色标

面板菜单

终点不透明度色标
终点色标
中点色标

- 名称：可以在文本框中输入渐变的名称。
- 起点色标：在渐变颜色条上单击"起点色标"按钮，对应"实底"选项的"颜色"下拉列表将会被激活，此时可以为起点色标指定一种颜色，方法如下。

单击"颜色"右侧的三角形按钮，在打开的下拉列表中选择一个选项。当选择"前景"或"背景"选项时，可用前景色或背景色作为渐变颜色；当选择"用户颜色"选项时，需要用户指定一种颜色。

双击渐变色标或单击"颜色"下拉列表中的颜色框，可打开"拾色器（色标颜色）"对话框，用户也可以在该对话框中选择起点颜色。

- 终点色标：其设置方法与起点色标的设置方法相同。图 4-96 所示为指定起点色标和终点色标的颜色。

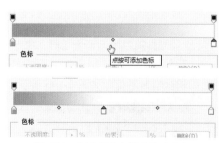

图 4-96　指定起点色标和终点色标

- 中点色标：用于调整两种颜色之间的中点位置，拖曳滑块可改变两种颜色之间的中点。
- 起点不透明度 / 终点不透明度色标：单击可选中不透明度色标，拖曳滑块可移动位置，在渐变条上方单击可添

加不透明度色标。选中某个不透明度色标，在下方的"不透明度"文本框中可设置色标的不透明度。

☆技术看板：删除渐变色标☆

如果要删除新增的渐变色标，在选中渐变色标后，单击"位置"文本框右侧的"删除"按钮或将渐变色标拖出渐变颜色条即可删除该色标。

在"渐变编辑器"对话框的"渐变类型"下拉列表中选择"杂色"选项，该对话框将会显示"杂色"渐变选项，如图 4-97 所示。"杂色"渐变包含了在指定范围内随机分布的颜色，它的颜色变化效果更加丰富。

图 4-97　选择"杂色"渐变类型

- 粗糙度：该选项用来设置杂色渐变的粗糙度，值越大，颜色的层次越丰富，颜色间的过渡越粗糙。图 4-98 所示为不同粗糙度之间的杂色效果对比。

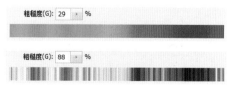

图 4-98　不同粗糙度之间的杂色效果对比

- 颜色模型：在该下拉列表中可以选择一种颜色模型来设置"杂色"渐变，包括 RGB、HSB 和 Lab 3 种颜色模型。每一种颜色模型都有对应的颜色滑块，拖曳滑块可以调整渐变颜色，如图 4-99 所示。

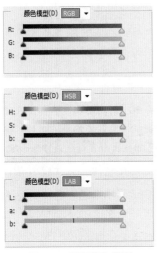

图 4-99　不同颜色模型

- 限制颜色：勾选该复选框，将颜色限制在可以打印的范围内，防止颜色过度饱和。

- 增加透明度：勾选该复选框，可以为渐变颜色添加透明像素，如图 4-100 所示。

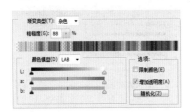

图 4-100　增加透明度

- 随机化：单击该按钮，会生成新的随机杂色渐变，如图 4-101 所示。

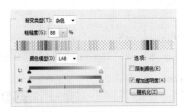

图 4-101　随机杂色渐变

素材

4.5.8　实战——载入外部渐变绘制电台播放界面

01 执行"文件 > 新建"命令，打开"新建"对话框，设置参数如图 4-102 所示。单击"确定"按钮，新建一个空白文件。单击工具箱中的"油

漆桶工具"按钮，设置前景色为 RGB（255，244，198），在画布中单击为其填充前景色，如图 4-103 所示。

图 4-102　新建文件

图 4-103　填充颜色

02 单击工具箱中的"矩形工具"按钮，在画布中单击并拖曳绘制白色矩形，如图 4-104 所示。执行"文件 > 打开"命令，打开素材图像"素材 \ 第 4 章 \45801.psd"，使用"移动工具"将素材图像移动到设计文件中，如图 4-105 所示。

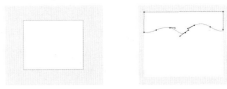

图 4-104　创建矩形　　　图 4-105　打开图像

03 单击工具箱中的"渐变工具"按钮，然后单击选项栏中的"渐变预览条"按钮，弹出"渐变编辑器"对话框，如图 4-106 所示。

图 4-106　"渐变编辑器"对话框

04 单击"载入"按钮，载入如图 4-107 所示的渐变。单击"确定"按钮，载入的渐变将显示在"渐变编辑器"对话框中，如图 4-108 所示。

图 4-107　载入渐变

图 4-108　选择渐变

05 打开"图层"面板，单击面板底部的"添加图层样式"按钮，在弹出的下拉列表中选择"渐变叠加"选项，弹出"图层样式"对话框，设置参数如图 4-109 所示。

图 4-109　渐变叠加

06 更改图层的混合模式为"正片叠底"，

使用相同方法完成相似内容的制作，如图 4-110 所示。

图 4-110　设置混合模式

07 单击工具箱中的"矩形工具"按钮，在画布中拖曳绘制白色矩形，如图 4-111 所示。使用相同方法完成相似内容的制作，如图 4-112 所示。

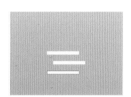

图 4-111　创建矩形　　　图 4-112　完成相似内容

08 单击工具箱中的"横排文字工具"按钮，打开"字符"面板，设置参数如图 4-113 所示。

图 4-113　字符参数

09 使用"横排文字工具"在画布中添加文字，如图 4-114 所示。单击工具箱中的"自定形状工具"按钮，在选项栏中选择"形状"选项，在弹出的"自定形状"拾色器面板中选择如图 4-115 所示的形状。

※ **知识链接**：关于形状工具的详细使用方法，将在本书第 5 章中进行详细讲解。

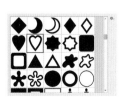

图 4-114　输入文字　　　图 4-115　选择形状

10 使用"自定形状工具"在画布中拖曳绘制形状，如图 4-116 所示。执行"文件 > 打开"命令，打开素材图像"素材 \ 第 4 章 \ 45802.png"，将图像移动到设计文件中，如图 4-117 所示。

图 4-116　创建形状　　图 4-117　完成相似内容

11 单击工具箱中的"横排文字工具"按钮，打开"字符"面板，设置参数如图 4-118 所示。

12 使用"横排文字工具"在画布中添加文字，如图 4-119 所示。继续使用"横排文字工具"在画布中添加文字，如图 4-120 所示。

图 4-118　字符参数　　图 4-119　输入文字

图 4-120　输入文字

13 单击工具箱中的"自定形状工具"按钮，在选项栏中选择"形状"选项，在弹出的"自定形状"拾色器面板中选择如图 4-121 所示的形状。使用"自定形状工具"在画布中拖曳绘制形状，如图 4-122 所示。

14 按组合键 Ctrl+T 调出定界框，在按住 Shift 键的同时旋转形状，旋转角度为 90°，如图 4-123 所示。单击选项栏中的"合并形状"

按钮，在画布上绘制前进按钮，如图 4-124 所示。使用相同方法完成相似形状的绘制，最终图像效果如图 4-125 所示。

图 4-121　选择形状　　图 4-122　绘制形状

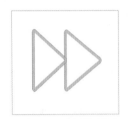

图 4-123　旋转角度　　图 4-124　绘制前进按钮

图 4-125　图像效果

4.6　色彩管理

使用 Photoshop 调整图像颜色和使用看图软件浏览图像或在网络上查看图像，色彩会出现差异，这是由于 Photoshop 的色彩空间与其他环境的色彩空间不一致，通过色彩管理可以避免出现以上情况。

4.6.1　色彩设置

由于用户日常生活中使用的设备都有各自的色域，当在不同设备之间传递文件时，颜色在外观上会发生改变。

Photoshop 提供了色彩管理系统，该系统基于 ICC 颜色配置文件来转换颜色。ICC 颜色配置文件是一个用于描述设备怎样产生色彩的文件，其格式由国际色彩联盟规定。利用该文件，Photoshop 就能在每台设备上显示一致的颜色。

如果要在 Photoshop 中启用该管理选项，用户可以执行"编辑 > 颜色设置"命令，打开"颜色设置”对话框进行设置，如图 4-126 所示。

图 4-126 "颜色设置"对话框

- 设置：在该下拉列表中可以选择一个颜色设置，所选的设置决定了应用程序使用的颜色空间，用嵌入的配置文件打开和导入文件时的情况，以及色彩管理系统转换颜色的方式。
- 工作空间：用来为每个色彩模型指定工作空间配置文件（色彩配置文件定义颜色的数值如何对应其视觉外观）。
- 色彩管理方案：指定如何管理特定的颜色模型中的颜色。它处理颜色配置文件的读取和嵌入，嵌入颜色配置文件和工具区的不匹配方案，还处理一个文件到另一个文件之间的颜色移动。
- 说明：将光标放置在选项上可以显示相关说明。

4.6.2 指定配置文件

打开图像后，单击窗口底部状态栏中的向右箭头按钮，在打开的菜单中选择"文件配置文件"选项，状态栏中将显示该图像所使用的配置文件，如图 4-127 所示。如果出现"未标记的 RGB"，则说明该图像没有正确显示。

另外还可以执行"编辑 > 指定配置文件"命令，在打开的"指定配置文件"对话框中选择一个配置文件，如图 4-128 所示，使图像显示为最佳效果。

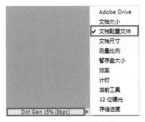

图 4-127 配置文件

图 4-128 指定配置文件

- 不对此文件应用色彩管理：从文件中删除现有配置文件，颜色外观由应用程序工作空间的配置文件确定。
- 工作中的 RGB：给文件指定工作空间配置文件。
- 配置文件：可以选择一个配置文件。应用程序为文件指定了新的配置文件，而不是将颜色转换到配置文件空间，这可以大大改变图像在显示器上的显示颜色。

4.6.3 转为配置文件

如果要将以某种色彩空间保存的图像调整为另外一种色彩空间，可以执行"编辑 > 转换为配置文件"命令，打开"转换为配置文件"对话框，如图 4-129 所示，在"目标空间"选项组的"配置文件"下拉列表中选择所需的色彩空间，然后单击"确定"按钮。

图 4-129 "转换为配置文件"对话框

第 5 章
图形的绘制——为界面添加质感

5.1 基本绘图工具

在使用 Photoshop 制作 UI 作品时通常会使用到绘图工具。Photoshop 中最基本的绘图工具包括"画笔工具""铅笔工具""颜色替换工具"和"混合器画笔工具"。

5.1.1 画笔工具

单击工具箱中的"画笔工具"按钮,其选项栏如图 5-1 所示。

图 5-1 "画笔工具"的选项栏

- "工具预设"选取器 ✐ :在"工具预设"选取器中可以选择系统预设好的画笔样式或将当前画笔定义为预设。
- "画笔预设"选取器 📷 :在"画笔预设"选取器中可以对画笔的大小、硬度及样式进行设置,如图 5-2 所示。单击"画笔预设"选取器面板右上角的 ⚙ 按钮,在弹出的面板菜单中选择"新建画笔预设"选项,当前画笔将被自定义为画笔预设。
- 切换画笔面板 ⬛ :单击"切换画笔面板"按钮,可打开或关闭"画笔"面板。打开"画笔"面板后,在该面板中可以对"画笔工具"的更多扩展选项进行设置。
- 模式:用于设置使用"画笔工具"在图像中涂抹时涂抹区域的颜色与图像像素之间的混合模式。模式是将一个像素的颜色与下方像素的颜色混合,生成新颜色。图 5-3 所示为使用不同模式绘制的图像对比效果。

在"画笔工具"的模式选项中有两种模式

是图层混合模式所不具备的,分别是"背后"和"清除"模式。这两个模式对已"锁定透明像素"和"锁定图像像素"的图层或"背景"图层不起作用。

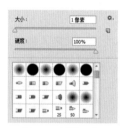

图 5-2 画笔预设

RGB（115, 228, 173）

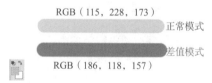

正常模式

差值模式

RGB（186, 118, 157）

图 5-3 不同模式绘制的图像对比效果

- 不透明度:用于设置"画笔工具"在图像中涂抹时笔刷颜色的不透明度,取值范围为 1% ～ 100% 的整数值,默认值为 100%。
- 绘图板压力控制不透明度 ▦ :只有连

接绘图板之后，该按钮才会起作用。在按下该按钮后，选项栏中的参数设置将不会影响绘画质量。

- 流量：用来控制使用"画笔工具"在画布中涂抹时笔刷颜色的流量。图 5-4 所示为使用不同流量绘制的图像效果。

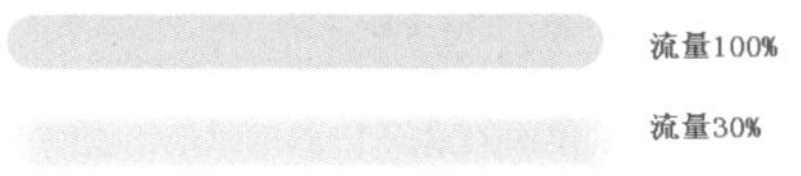

图 5-4　使用不同流量绘制的图像效果

- 启用喷枪模式 ：单击该按钮，即可启用喷枪功能，将渐变色调应用于图像，同时模拟传统的喷枪技术，Photoshop 会根据鼠标左键按下的力度确定画笔线条的填充数量。
- 绘图板压力控制 ：单击此按钮后可以控制画笔的粗细，该按钮与"绘图板压力控制不透明度"按钮的使用方法相同，都需要连接外部绘图板才能起作用。

提示 ▶▶▶ 在使用"画笔工具"时，按下 [键可减小画笔的直径，按下] 键可以增加画笔的直径；对于实边圆、柔边圆和书法画笔，按组合键 Shift+[可减小画笔的硬度，按组合键 Shift+] 则增加画笔的硬度。按键盘上的数字键可以调整工具的不透明度。例如，按下 1 时，不透明度为 10%；按下 5 时，不透明度为 50%；按下 75 时，不透明度为 75%；按下 0 时，不透明度为 100%。

5.1.2　铅笔工具

使用"铅笔工具"可以绘制出具有硬边的前景色线条。单击工具箱中的"铅笔工具"按钮，其选项栏如图 5-5 所示。

图 5-5　"铅笔工具"的选项栏

勾选"自动抹除"复选框后，在使用"铅笔工具"绘制图形时，绘制区域的颜色与前景色相同，在用户刚刚涂抹的区域上再次进行涂抹，该区域将被涂抹成背景色，如图 5-6 所示。

图 5-6　使用"铅笔工具"进行涂抹

5.1.3　颜色替换工具

使用"颜色替换工具"可以用前景色替换图像中的颜色。单击工具箱中的"颜色替换工具"按钮，在选项栏中会出现相应的选项，如图 5-7 所示。

- 模式：用来设置替换的颜色属性，包括"色相""饱和度""颜色"和"明度"等选项。

取样
↓

图 5-7　"颜色替换工具"的选项栏

- 取样：用于设置颜色取样的方式。单击"连续" 按钮，鼠标可连续对颜色取样；单击"一次" 按钮，可替换包含第一次单击的颜色区域中的目标颜色；单击"背景色板" 按钮，只替换包含当前背景色的区域。
- 限制：选择"不连续"选项，表示当前光标所在区域内任何位置的颜色都将被替换；选择"连续"选项，表示只替换与光标区域内颜色邻近的颜色；选择"查找边缘"选项，表示替换包含样本颜色的连续区域，同时更好地保留形状边缘的锐化程度。
- 容差：用来设置工具的容差。该工具可替换单击点像素容差范围内的颜色，该值越高，可替换的颜色范围越广。
- 消除锯齿：勾选该复选框，可以为校正区域定义平滑的边缘，从而消除锯齿。

5.1.4 混合器画笔工具

使用"混合器画笔工具"可以绘制出水粉画风格的图像。单击工具箱中的"混合器画笔工具"按钮，其选项栏如图 5-8 所示。

图 5-8　"混合器画笔工具"的选项栏

- 当前画笔载入：在此下拉列表中选择相应的选项，可以对载入的画笔进行设置。
- 每次描边后载入画笔。
- 每次描边后清理画笔。
- 有用的混合画笔组合：设置画笔的属性。在该下拉列表中提供了多个预设的混合画笔设置，选择其中任意一个选项，在绘画区域涂抹即可混合颜色。
- 潮湿：设置从画布中摄取的油彩量。
- 载入：设置画笔上的油彩量。
- 混合：设置描边的颜色混合比。
- 对所有图层取样：对文件中的所有可见图层取样。

素材

5.1.5 实战——存储、载入、替换和复位画笔

01 执行"文件>打开"命令，打开素材图像"素材\第 5 章\51501.psd"，如图 5-9 所示。执行"编辑>定义画笔预设"命令，弹出"画笔名称"对话框，输入画笔名称后单击"确定"按钮，新定义的画笔将出现在如图 5-10 所示的面板中。

图 5-9　定义画笔预设

图 5-10　新定义的画笔

02 单击"画笔预设"选取器面板右上角的 ✿ 按钮，在弹出的快捷菜单中选择"存储画笔"选项，弹出"存储"对话框，设置参数如图 5-11 所示，单击"保存"按钮。

图 5-11　设置存储画笔参数

03 单击"画笔预设"选取器面板右上角的 ✿ 按钮，在弹出的快捷菜单中选择"载入画笔"选项，弹出"载入"对话框，选择如图 5-12 所示的画笔预设。

04 打开素材图像"素材\第 5 章\51502.psd"，并使用"移动工具"将素材图像移到设计文件中。打开"图层"面板，单击面板底部的"创建新图层"按钮，弹出的对话框如图 5-13 所示。

图 5-12　载入画笔文件

05 单击工具箱中的"画笔工具"按钮，设置前景色，使用刚刚载入的画笔预设在画布上单击绘制图形，如图 5-14 所示。

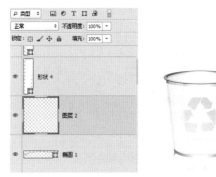

图 5-13　新建图层　　　图 5-14　绘制图形

06 按 Delete 键删除当前图层，然后单击"画笔预设"选取器面板右上角的 按钮，在弹出的快捷菜单中选择"替换画笔"选项，弹出"载入"对话框，选择如图 5-15 所示的画笔预设。

图 5-15　替换画笔预设

07 使用相同的方法完成图形的绘制，如图 5-16 所示。单击"画笔预设"选取器面板右上角的 按钮，在弹出的快捷菜单中选择

"复位画笔"选项，"画笔预设"选取器面板将恢复默认设置，如图 5-17 所示。

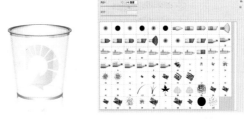

图 5-16　绘制图形　　　图 5-17　复位画笔

5.2　设置画笔的基本样式

用户在使用"画笔工具"绘制图像时可以对画笔的基本样式进行设置，同时还可以根据自己的需要自定义画笔笔刷。

5.2.1　使用预设画笔工具

单击工具箱中的"画笔工具"按钮，在选项栏中单击"笔触大小"后面的向下箭头按钮，可以打开"画笔预设"选取器面板，如图 5-18 所示。在"画笔预设"选取器面板中，用户可以看到许多不同形状的画笔，单击任意画笔即可使用该画笔形状。

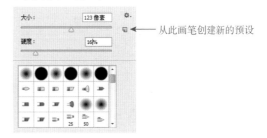

图 5-18　"画笔预设"选取器面板

执行"窗口 > 画笔"命令，打开"画笔"面板，然后单击"画笔预设"按钮，打开"画笔预设"选取器面板，如图 5-19 所示。

- 大小：用来设置画笔笔触的大小，可以直接拖动滑块，也可以在文本框中输入数值。
- 硬度：用于设置画笔笔刷的硬度，该值是 0 ～ 100% 的整数值。当硬度值小于 100% 时会在画笔笔刷边缘形成类似于渐变的效果。

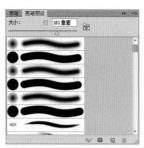

图 5-19　"画笔预设"面板

- 从此画笔创建新的预设：单击该按钮，打开"画笔名称"对话框，如图 5-20 所示。输入画笔名称后，单击"确定"按钮，即可将当前设置的"大小"与"硬度"值保存为预设画笔样式，显示在"画笔预设"选取器面板中其他预设的下方，如图 5-21 所示。

图 5-20　"画笔名称"对话框

图 5-21　显示画笔预设

素材

5.2.2　实战——自定义画笔笔刷

01 打开素材图像"素材\第 5 章\52201.png"，使用"魔棒工具"创建选区，如图 5-22 所示。执行"编辑 > 定义画笔预设"命令，弹出"画笔名称"对话框，输入画笔名称，如图 5-23 所示。

图 5-22　创建选区

图 5-23　输入画笔名称

提示 ▶▶　自定义画笔指的是将图案或图像保存为预设，注意用户自定义画笔时定义的只是画笔形状，画笔颜色由前景色决定。

02 单击"确定"按钮，创建的画笔预设将添加在"画笔预设"选取器面板的末端，如图 5-24 所示。新建一个 440×440px 的空白文件。

图 5-24　显示画笔预设

03 单击工具箱中的"画笔工具"按钮，在"画笔预设"选取器面板中选择刚刚创建的画笔预设，设置前景色为 RGB（37，149，231），在画布上进行绘制，效果如图 5-25 所示。

图 5-25　绘制效果

5.2.3　设置绘图模式

简单地说，混合模式是将当前 1 像素的颜色与它正下方的每一像素的颜色混合，以生成一种新的颜色。要理解和掌握混合模式，首先要理解基色、混合色和结果色这 3 个基本概念。

- 基色：图像中的原始颜色。
- 混合色：绘画或编辑工具应用后的颜色。
- 结果色：应用混合模式后最终的颜色。

Photoshop 中的混合模式可分为颜色混合模式、图层混合模式和通道混合模式。下面将详细讲解颜色混合模式。

通过"画笔工具"或"铅笔工具"选项栏中的"模式"下拉列表可以根据需要选择不同的颜色混合模式。

- 正常：该混合模式是 Photoshop 中的默认模式。在选择该模式后，绘制出来的颜色会盖住原有的底色。
- 溶解：该模式可以离散图像中半透明区域的像素，产生点状颗粒，结果色由基色和混合色的像素随机替换，如图 5-26 所示。
- 背后：此模式只限于为当前图层的透明区域添加颜色，如图 5-27 所示。
- 清除：在使用此模式时必须先取消"锁定透明区域"的图层。编辑区域中的图像是否完全被清除取决于选项中"不透明度"的设置。

图 5-26　溶解　　　　图 5-27　背后

- 变暗：查看每个通道中的颜色信息，并选择基色或混合色中较暗的颜色作为结果色，较亮的像素将被较暗的像素取代，而较暗的像素不变，如图 5-28 所示。
- 正片叠底：选择此模式，可以查看每个通道中的颜色信息，并将基色和混合色相乘，结果色总是较暗的颜色。当用黑色或白色以外的颜色绘画时，绘图工具绘制的连续描边逐渐产生变黑的颜色，如图 5-29 所示。

图 5-28　变暗　　　　图 5-29　正片叠底

- 颜色加深：选择此模式，查看每个通道中的颜色信息，并通过增加对比度使基色变暗，以反映混合色。注意，与白色混合后不产生变化，如图 5-30 所示。
- 线性加深：选择此模式，查看每个通道中的颜色信息，并通过减小亮度使基色变暗，以反映混合色。注意，与白色混合后不产生变化，如图 5-31 所示。

图 5-30　颜色加深　　　图 5-31　线性加深

- 线性减淡（添加）：选择此模式，可查看每个通道中的颜色信息，并通过增加亮度使基色变亮，以反映混合色。注意，与黑色混合不发生变化。
- 浅色：浅色与深色模式相反，比较混合色和基色的所有通道值的总和并显示通道值最大的颜色。"浅色"不会生成第 3 种颜色（可以通过"变亮"混合获得），因为它将从基色和混合色中选取最大的通道值创建结果色。
- 变亮：选择此模式，查看每个通道中的颜色信息，并选择基色或混合色中较亮的颜色作为结果色。在此模式下，比混合色暗的像素被替换，比混合色亮的像素保持不变，如图 5-32 所示。
- 滤色：选择此模式，查看每个通道的颜色信息，并将混合色的互补色与基色（原始图像）进行正片叠底，结果色总是较亮的颜色。注意，用黑色过滤时颜色保持不变，用白色过滤时将产生白色，如图 5-33 所示。
- 颜色减淡：选择此模式，查看每个通道中的颜色信息，使基色变亮以反映绘制的颜色。注意，用黑色绘制时不改变图像色彩，如图 5-34 所示。

图 5-32 变亮 　　图 5-33 滤色 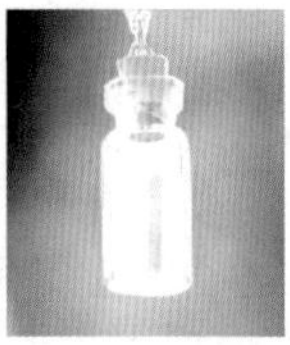　　图 5-34 颜色减淡

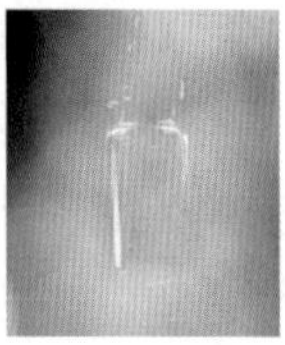

- 叠加：选择此模式，对颜色进行正片叠底或过滤，具体取决于基色。图案或颜色在现有像素上叠加，同时保留基色（原图像）的明暗对比，如图 5-35 所示。
- 柔光：选择此模式，使颜色变暗或变亮，具体取决于混合色。应用此模式与发散的聚光灯照在图像上的效果相似，如图 5-36 所示。
- 强光：选择此模式，对颜色进行正片叠底或过滤，具体取决于混合色，如图 5-37 所示。

图 5-35 叠加 　　图 5-36 柔光 　　图 5-37 强光

- 深色：比较混合色和基色的所有通道值的总和，并显示值较小的颜色。"深色"不会生成第 3 种颜色（可以通过"变暗"混合模式获得），因为它将从基色和混合色中选取最小的通道值创建结果色。
- 亮光：通过增减对比度来加深或减淡颜色，具体取决于混合色。如果混合色比 50% 灰色亮，这个图像将增加亮度；如果混合色比 50% 灰色暗，则这个图像将加大对比度而变暗，如图 5-38 所示。
- 线性光：通过减小或增加亮度来加深或减淡颜色，具体取决于混合色。其特点是可使图像产生更高的对比度效果，如图 5-39 所示。
- 点光：根据混合色的明暗度来替换颜色。如果混合色比 50% 灰色亮，则比

混合色暗的图像被替换掉，比混合色亮的像素不变；如果混合色比 50% 灰色暗，则比混合色亮的像素被替换掉，比混合色暗的像素不变，如图 5-40 所示。

图 5-38 亮光 　　图 5-39 线性光

- 实色混合：将混合颜色的红色、绿色和蓝色通道值添加到基色 RGB 值，如图 5-41 所示。

图 5-40 点光 　　图 5-41 实色混合

- 差值：混合色与基色的亮度值之差，取值时以亮度较高的颜色减去亮度较低的颜色。混合色为白色可使基色反相，与黑色混合则不产生变化，如图 5-42 所示。
- 排除：创建一种与差值相似但对比度较低的效果。与白色混合会使基色值反相，与黑色混合不发生变化，如图 5-43 所示。

图 5-42 差值 　　图 5-43 排除

- 减去：当前图层与其他图层中的图像色彩进行相减，将相减的结果呈现出来。在 8 位和 16 位的图像中，如果相减的色彩的结果色为负值，则颜色值为 0，如图 5-44 所示。
- 划分：将上一图层的图像色彩以下一图层的颜色为基准进行划分所产生的

效果，如图 5-45 所示。

图 5-44　减去　　图 5-45　划分

- 饱和度：混合后的色相及明度与基色相同，而饱和度与绘制的颜色相同。在无饱和度和灰色的区域上用此模式绘画不会引起变化。
- 颜色：用基色的明度以及混合色的色相和饱和度创建结果色。
- 明度：此模式与"颜色"模式为相反效果。用基色的色相和饱和度以及混合色的明度创建结果色。

5.2.4　实战——使用"画笔工具"绘制简单质感按钮

01 执行"文件 > 新建"命令，弹出"新建"对话框，设置参数如图 5-46 所示。单击工具箱中的"椭圆工具"按钮，在画布上绘制白色的圆形，如图 5-47 所示。

图 5-46　新建文件

图 5-47　创建正圆

02 打开"图层"面板，单击面板底部的"添加图层样式"按钮，在弹出的下拉列表中选择"投影"选项，弹出"图层样式"对话框，设置参数如图 5-48 所示。

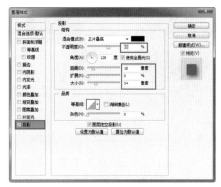

图 5-48　设置"投影"参数

03 单击工具箱中的"椭圆工具"按钮，设置填充颜色为从 RGB（255，3，3）到 RGB（0，0，0）的线性渐变，如图 5-49 所示。使用"椭圆工具"在画布上单击并拖曳绘制圆形，图像效果如图 5-50 所示。

素材

图 5-49　设置渐变　　　图 5-50　绘制形状

04 打开"图层"面板，单击面板底部的"创建新图层"按钮，如图 5-51 所示。设置前景色为 RGB（194，28，28），使用"画笔工具"在画布上涂抹，图像效果如图 5-52 所示。

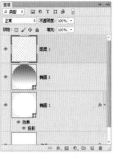

图 5-51　新建图层　　图 5-52　图像效果

05 使用"椭圆选框工具"在画布上创建选区，如图 5-53 所示。单击工具箱中的"魔术橡皮擦工具"按钮，在画布上的选区中单击，图像效果如图 5-54 所示。

图 5-53　创建选区　　　图 5-54　擦除多余内容

06 按快捷键 Ctrl+D 取消选区。执行"文件 > 打开"命令，打开素材图像"素材 \ 第 5 章 \52401.png"，并将素材图像拖曳到设计文件中，如图 5-55 所示。

图 5-55　打开图像

07 单击工具箱中的"椭圆工具"按钮，在画布中绘制椭圆，如图 5-56 所示。打开"图层"面板，将"椭圆 3"图层拖曳到"图层 2"图层的下方，效果如图 5-57 所示。

图 5-56　绘制形状　　　图 5-57　移动图层后的效果

5.3　"画笔"面板

如果用户想使用"画笔工具"绘制出美观的 UI 设计，需要首先掌握"画笔"面板的使用方法和技巧。

5.3.1　设置绘图模式

在 Photoshop 中，"画笔"面板不仅可以设置绘图工具的具体绘制效果，还可以设置修饰

工具的笔尖种类、粗细和硬度等，通过"画笔"面板可以设置出用户需要的各种画笔。

执行"窗口 > 画笔"命令或按 F5 键，或单击"画笔工具"选项栏中的"切换面笔面板"按钮，都可以打开"画笔"面板，如图 5-58 所示。

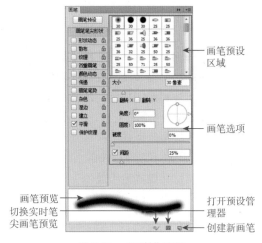

图 5-58　"画笔"面板

- 画笔预设：单击该按钮，将打开"画笔预设"面板，在该面板中可以选择不同的画笔预设并设置画笔的大小。
- 画笔笔尖形状：选择该选项后，可以选择画笔的笔尖，并进行相应的设置。
- 画笔预览：在对画笔的各选项进行设置时，画笔的形状会有所改变，在此可以直观地了解到画笔笔刷的具体变化。
- 画笔预设区域：在该区域中可以根据需要选择不同的画笔预设，并在下方的画笔选项区域中对所选的画笔预设进行自定义设置。
- 切换实时笔尖画笔预览：单击该按钮，可以打开笔尖画笔预览图，根据所选画笔笔刷的不同，预览图中显示的画笔形状也会有所不同，图 5-59 所示为其中几种硬毛刷画笔笔刷的预览效果。

图 5-59　硬毛刷画笔笔刷的预览效果

- 打开预设管理器：单击该按钮，可以打开"预设管理器"对话框。在该对话框中除了预设的画笔之外，还包括"色板""样式"和"渐变"等其他预设，用户可对这些预设进行管理。
- 创建新画笔：单击该按钮，可将当前画笔保存为新的画笔预设。

5.3.2　设置画笔笔尖

每种工具都有一组属于它的选项参数，"画笔工具"也是如此。执行"窗口 > 画笔"命令，打开"画笔"面板，可以看到面板中默认的"画笔笔尖形状"的各选项，在这里可以设置画笔的直径、硬度、间距以及角度和圆度等选项，如图 5-60 所示。

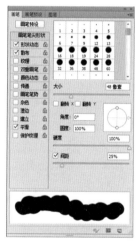

图 5-60　"画笔"面板

- 大小：用来设置画笔的直径，可以在文本框中输入数值，也可以拖曳滑块进行调整，取值范围为 1 ～ 2500px。画笔的直径不同，绘制效果也不同，如图 5-61 所示。

图 5-61　13px 和 60px 的绘制效果

- 翻转 X/Y：通过"翻转 X"与"翻转 Y"两个复选框可以更改画笔笔尖在 X 轴或 Y 轴上的方向。图 5-62 所示为"翻转 X"和"翻转 Y"的预览效果。

图 5-62　"翻转 X"和"翻转 Y"的预览效果

- 角度：用于控制画笔的角度，取值范围为 −180° ～ 180° 的整数。在文本框中输入数值或拖曳右侧预览框中的箭头进行调整。图 5-63 所示为原图和旋转 60° 的画笔预览效果。

图 5-63　原图和旋转 60° 的预览效果

- 圆度：用于设置画笔的圆度，取值范围是 0 ～ 100% 的整数。在文本框中输入数值或拖曳右侧预览框中两端的点调整圆度。
- 硬度：用于设置画笔的硬度，取值范围是 0 ～ 100% 的整数。该值越小，画笔的边缘也就越柔和。注意，只可以为 Photoshop 中默认的圆形画笔设置硬度，如图 5-64 所示。

图 5-64　硬度 100% 和硬度 10% 的预览效果

- 间距：用来设置画笔笔尖之间的距离。该值越大，画笔笔尖之间的间距就越大，如图 5-65 所示。

图 5-65　间距 0 和间距 100 的预览效果

5.3.3 形状动态

通过"形状动态"可以调整画笔的大小抖动、角度抖动和圆度抖动等特性。勾选"画笔"面板中的"形状动态"复选框,在"画笔"面板的右侧将显示该选项的相关设置内容,如图5-66所示。

图 5-66 形状动态

- 大小抖动:用于设置画笔笔刷大小的改变方式,取值范围是 0 ~ 100% 的整数。该值越大,变化效果越明显,如图 5-67 所示。

图 5-67 大小抖动 100% 和大小抖动 0 的预览效果

- 最小直径:当启用"大小抖动"选项后,通过该选项能设置画笔笔刷可以缩放的最小百分比,数值越大变化越小,如图 5-68 所示。

图 5-68 最小直径为 0 和 100% 的预览效果

- 倾斜缩放比例:指定当"大小抖动"选项的"控制"设置为"钢笔斜度"时,在旋转前应用于画笔高度的比例因子。在文本框中输入数字或使用滑块控制画笔直径的百分比。

- 角度抖动:用于控制画笔笔刷角度的抖动效果,其设置方法与"大小抖动"的设置方法相同,此选项针对画笔在 0 ~ 360°范围内的角度变化效果。图 5-69 所示为设置不同角度抖动后的画笔效果。

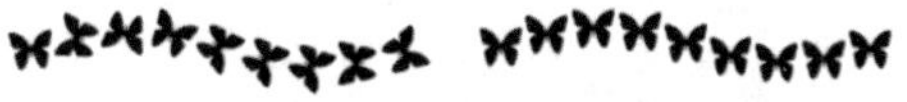

图 5-69 角度抖动 100% 和角度抖动 0 的预览效果

- 圆度抖动:用于控制画笔笔刷的圆度变化方式。
- 最小圆度:与"最小直径"选项类似,通过该选项可以对画笔笔刷的圆度加以控制,图 5-70 所示为 100% 的圆度抖动下最小圆度为 0 和 100% 的效果。

图 5-70 最小圆度为 0 和 100% 的预览效果

- 翻转 X/Y 抖动:"翻转 X 抖动"与"翻转 Y 抖动"用于控制画笔笔刷在 X 轴或 Y 轴上随机翻转的方向,如图 5-71 所示。
- 画笔投影:勾选"画笔投影"复选框,可以启用画笔投影的效果,此时绘制出的图形带有阴影效果。

图 5-71 "翻转 X 抖动"和"翻转 Y 抖动"的预览效果

5.3.4 散布

"散布"可以用来设置画笔笔刷散布的数量和位置。勾选"画笔"面板中的"散布"复选框,在"画笔"面板的右侧将显示相关设置内容,如图5-72所示。

- 散布:用于设置画笔笔刷的散布程度,以决定绘制线条中画笔标记点的数量和位置。该值是 0 ~ 1000% 的整数,值越大,画笔笔刷的散布程度越大,如图5-73所示。

图 5-72　散布

图 5-73　散布 0 和 1000% 的预览效果

- 两轴：勾选该复选框，将在 X 轴和 Y 轴同时散布，画笔标记点呈放射状分布。当"两轴"复选框不勾选时，画笔标记点的分布和画笔绘制线条的方向优先垂直方向。
- 数量：用来设置在每个间距之间应用的画笔笔刷数量。该值增大时可重复画笔笔刷。
- 数量抖动：用来设置画笔笔刷的数量如何针对各种间距变化。可以在"控制"后面的下拉菜单中选择不同的选项。

5.3.5　纹理

打开"画笔"面板，勾选"纹理"复选框，在"画笔"面板的右侧将出现如图 5-74 所示的各项参数。通过对"纹理"的选项进行设置，使用"画笔工具"可以在画布上绘制纹理。

- 反相：勾选"反相"复选框，可以基于图案中的色调反转纹理中的亮点和暗点，图案中的最亮区域是纹理中的暗点。单击"图案"右侧的下拉按钮，可以在打开的"图案拾色器"面板中

选择一个图案，将其设置为纹理，如图 5-75 所示。

图 5-74　纹理

图 5-75　"图案拾色器"面板

- 对比度：该选项用于设置画笔纹理的对比度，取值范围为 $-50 \sim 100$。对比度的值越大，画笔纹理越清晰。
  - 为每个笔尖设置纹理：将选定的纹理单独应用于画笔描边中的每个画笔标记点，而不是作为整体应用于画笔描边，勾选该复选框后才可以设置"深度"选项。
  - 模式：用于指定画笔与图案的混合模式。
- 缩放：用于指定图案的缩放比例，范围为 $1\% \sim 1000\%$。输入数值或拖动滑块的位置均可调整百分比的大小，图 5-76 所示为不同缩放值在图像中的绘制效果。

图 5-76　缩放 55% 和缩放 178% 的预览效果

- 亮度：该选项用于设置画笔纹理的亮度，取值范围为 -150 ~ 150，亮度值越大，画笔纹理越明亮。

- 深度：指定油彩渗入纹理中的程度，取值范围是 0 ~ 100% 的整数。当"深度"为 100% 时，图案完全显示；当"深度"为 0 时，只显示画笔的颜色，如图 5-77 所示。

图 5-77　深度 100% 和深度 0 的预览效果

5.3.6　双重画笔

"双重画笔"是通过两个笔尖创建画笔笔刷，一个是主画笔，也就是通过"画笔笔刷形状"选项设置的画笔；另一个则是通过"双重画笔"选项设置的画笔，将在主画笔的画笔笔刷内应用第 2 个画笔，最后得到两个画笔混合叠加的区域。

打开"画笔"面板，选中第一个画笔，即主画笔，如图 5-78 所示。然后在"画笔"面板左侧勾选"双重画笔"复选框，在"画笔"面板右侧的画笔预设区域中设置参数，如图 5-79 所示。

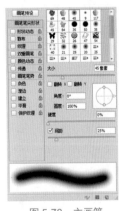 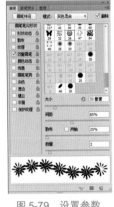

图 5-78　主画笔　　　图 5-79　设置参数

5.3.7　颜色动态

"颜色动态"决定了画笔绘画中线条油彩

的变化方式。打开"画笔"面板，勾选"颜色动态"复选框，单击"颜色动态"选项，"画笔"面板右侧显示如图 5-80 所示的参数。

- 前景 / 背景抖动：可以设置前景色和背景色之间的油彩变化方式。该值越大，变化后的颜色越接近背景色；该值越小，变化后的颜色越接近前景色。设置前景色为 RGB（182，220，176），背景色为 RGB（0，0，0），设置不同的"前景 / 背景抖动"数值的效果如图 5-81 所示。

图 5-80　颜色动态

图 5-81　前景 / 背景抖动为 0 和 100% 的预览效果

- 色相抖动：用来设置描边中油彩的色相可以改变的范围。该值越大，色相变化越丰富；该值越小，色相越接近前景色。如图 5-82 所示为设置不同"色相抖动"值的效果。

图 5-82　色相抖动为 0 和 100% 的预览效果

- 纯度：用来设置笔刷颜色的纯度。当该值为 -100% 时，将会完全去色；当该值为 100% 时，颜色将会完全饱和。
- 饱和度抖动：用来设置画笔笔刷的颜色饱和度的变化范围。该值越大，色彩的饱和度越高；该值越小，色彩的饱和度越接近前景色。
- 亮度抖动：用于设置画笔笔刷中的油彩亮度可以改变的范围。该值越大，颜色的亮度值越大；该值越小，亮度越接近前景色。

5.3.8　传递

"传递"用于设置画笔笔刷的不透明度、流量和湿度等参数内容的变化。单击"画笔"面板中的"传递"选项，在"画笔"面板的右侧将显示如图 5-83 所示的参数内容。

图 5-83　传递

"画笔"面板中的湿度等参数作用于水彩画。单击工具箱中的"混合器画笔工具"按钮，在"画笔"面板的右侧显示如图 5-84 所示的各项参数。

- 不透明度抖动：用来设置画笔描边中油彩不透明度的变化程度。"控制"选项用来控制画笔笔刷的不透明度的变化，它包括"关""渐隐""钢笔压力""钢笔斜度"和"光笔轮"。
- 流量抖动：用来设置画笔笔刷中油彩

流量的变化程度。"控制"选项用来控制画笔笔刷的流量变化，它也包括"关""渐隐""钢笔压力""钢笔斜度"和"光笔轮"。

图 5-84　"混合器画笔工具"下的传递

5.3.9　画笔笔势

"画笔笔势"用来控制画笔笔刷随鼠标走势而改变的效果。打开"画笔"面板，勾选"画笔笔势"复选框，然后单击"画笔笔势"选项，在"画笔"面板的右侧将显示如图 5-85 所示的各项参数。

图 5-85　画笔笔势

- 倾斜 X：该选项用于设置画笔笔刷在 X 轴上的倾斜度，取值范围为 -100%～

100%。

- 覆盖倾斜 X：勾选该复选框，将使用默认值覆盖对"倾斜 X"选项的设置。
- 倾斜 Y：该选项用于设置画笔笔刷在 Y 轴上的倾斜度，取值范围为 -100% ～ 100%。
- 覆盖倾斜 Y：勾选该复选框，将使用默认值覆盖对"倾斜 Y"选项的设置。
- 旋转：用于设置画笔笔刷的旋转角度，取值范围为 0 ～ 360°，旋转 180° 和旋转 0 时的效果如图 5-86 所示。

图 5-86　旋转 180° 和旋转 0

素材

- 覆盖旋转：勾选该复选框，将使用默认值覆盖"旋转"选项的设置。
- 压力：该选项用于设置画笔笔刷的压力，取值范围为 1% ～ 100%，压力值越小，所绘制出的笔触越细。
- 覆盖压力：勾选该复选框，将使用默认值覆盖对"压力"选项的设置。

5.3.10　其他画笔选项

本小节对画笔设置的"杂色""湿边""建立""平滑"与"保护纹理"等选项进行讲解，这些选项没有详细的设置参数，勾选即可得到相应的效果。

- 杂色：勾选"杂色"复选框后，可以为个别画笔笔刷增加额外的随机性，当应用于柔画笔笔刷（包含灰度值的画笔笔刷）时，此选项的效果最明显，如图 5-87 所示。

图 5-87　杂色的预览效果

- 湿边：勾选"湿边"复选框，可以沿

画笔笔刷的边缘增大油彩量，创建水彩效果。如果画笔的硬度值小于 100%，勾选"湿边"复选框后，绘制出的画笔笔刷具有湿边的水彩效果，如图 5-88 所示。

图 5-88　湿边的预览效果

- 建立：该选项与选项栏中的"喷枪"按钮相对应。
- 平滑：勾选该复选框后，可以在画笔笔刷中生成更平滑的曲线。
- 保护纹理：勾选该复选框后，可以将相同图案和缩放比例应用于具有纹理的所有画笔预设。在使用多个纹理画笔笔刷绘画时，可以模拟出相同的画布纹理。

5.3.11　实战——使用"画笔工具"为按钮添加质感

01 执行"文件 > 新建"命令，新建一个 600×600px 的文件。单击工具箱中的"圆角矩形工具"按钮，设置填充颜色为从 RGB（183，96，253）到 RGB（90，3，189）再到 RGB（176，89，248）的线性渐变，在画布上绘制一个圆角半径为 100px 的圆角矩形，如图 5-89 所示。

图 5-89　创建圆角矩形形状

02 打开"图层"面板，单击面板底部的"添加图层样式"按钮，在弹出的快捷菜单中选择"投影"选项，设置各项参数如图 5-90 所示。

03 单击工具箱中的"椭圆工具"按钮，设置填充颜色为从 RGB（103，16，196）到 RGB（68，1，157）再到 RGB（107，11，209）的线性渐变，在画布上单击并拖曳绘制椭圆，如图 5-91 所示。

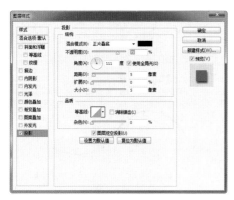

图 5-90　设置参数

图 5-95　绘制图形

06 打开"图层"面板，单击面板底部的"添加图层蒙版"按钮，设置"前景色"为黑色，使用"画笔工具"在蒙版上涂抹，图像效果如图 5-96 所示。单击工具箱中的"椭圆工具"按钮，在画布上绘制椭圆，如图 5-97 所示。

图 5-91　创建椭圆形状

图 5-96　遮盖多余部分　　图 5-97　创建椭圆形状

04 使用"椭圆工具"在画布上绘制形状，并在选项栏中设置填充颜色为"无"、描边宽度为 25px，效果如图 5-92 所示。使用相同方法完成如图 5-93 所示的图形的绘制。

07 打开"图层"面板，单击面板底部的"添加图层样式"按钮，弹出"图层样式"对话框，设置参数如图 5-98 所示。选中"圆角矩形 1"图层，复制图层并移动到如图 5-99 所示的位置。

图 5-92　创建圆环形状　　图 5-93　绘制相似图形

05 打开"图层"面板，单击面板底部的"添加图层样式"按钮，弹出"图层样式"对话框，设置参数如图 5-94 所示。单击工具箱中的"画笔工具"按钮，设置选项栏中的"不透明度"为 80%，然后在画布上进行涂抹，如图 5-95 所示。

图 5-98　设置参数

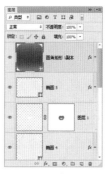

图 5-99　移动图层

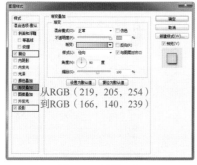

图 5-94　设置参数

08 单击"图层"面板底部的"添加图层蒙版"按钮，使用"渐变工具"为图层蒙版添加黑白线性渐变，图像效果如图 5-100 所示。

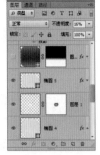

图 5-100 图像效果

09 使用"椭圆工具"在画布上绘制一个白色的椭圆，设置其图层"不透明度"为 16%，如图 5-101 所示，最终效果如图 5-102 所示。

图 5-101 绘制椭圆形状

图 5-102 图像效果

5.4 路径和锚点

路径是由一系列锚点连接起来的线段或曲线，用户可以沿着这些线段或曲线进行颜色填充或描边，绘制出各种效果丰富的图形。在 Photoshop 中，路径功能是其矢量设计功能的充分体现。

5.4.1 认识路径和锚点

路径是指可以进行颜色填充和描边的一种轮廓。有起点和终点的路径称为开放式路径，

如图 5-103 所示；没有起点和终点的路径称为闭合式路径，如图 5-104 所示。路径也可以由多个相互独立的路径组件组成，这些路径组件称为子路径，如图 5-105 所示。

图 5-103 开放路径

图 5-104 闭合路径

图 5-105 子路径

路径通过锚点连接。锚点分为平滑点和角点两种。平滑点连接形成平滑的曲线，如图 5-106 所示；角点连接形成直线或转角曲线，如图 5-107 所示。

图 5-106 平滑点

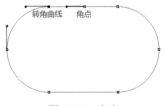

图 5-107 角点

一个曲线锚点包括两个方向线，每个方向线的终点有一个方向点，拖动方向点可以调整

方向点相连曲线的形状，如图 5-108 所示。

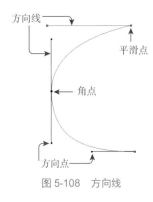

图 5-108 方向线

5.4.2 使用"钢笔工具"

单击工具箱中的"钢笔工具"按钮，其选项栏如图 5-109 所示。选择不同的"工具模式"选项，选项栏中的参数会发生相应的变化。

- 工具模式：在该下拉列表中包括"形状""路径"和"像素" 3 个选项，"像素"选项只有在使用矢量形状工具时才可以使用。

图 5-109 "钢笔工具"的选项栏

- 建立类型：单击不同的按钮，可以将绘制的路径转换为不同的对象类型。
  - 选区：单击该按钮，将打开"建立选区"对话框，如图 5-110 所示。在该对话框中可以设置选区的创建方式以及羽化方式。选中"新建选区"单选按钮，单击"确定"按钮，可以将当前路径转换为一个新选区。

图 5-110 "建立选区"对话框

  - 蒙版：单击该按钮，可以沿着当前路径的边缘创建矢量蒙版。如果当前图层为"背景"图层，则该按钮不可用，因为"背景"图层不允许添加蒙版。
  - 形状：单击该按钮，可以沿当前路径创建形状图形并为该图形填充前景色。
- 路径操作：通过该选项可以对绘制的

形状图形实现合并、减去、相交和重叠的操作。

- 路径对齐方式：设置路径的对齐方式。单击该按钮，将弹出如图 5-111 所示的"对齐"菜单。

图 5-111 "对齐"菜单

- 路径排列方式：通过该选项可以调整绘制的形状图形的叠加顺序。
- 几何选项：单击该按钮，将弹出"橡皮带"复选框，如图 5-112 所示。勾选该复选框，在绘制路径时移动光标会显示一条路径状的虚拟线，它显示了该段路径的大致形状，如图 5-113 所示。

图 5-112 橡皮带　　图 5-113 虚拟线

- 自动添加 / 删除：勾选该复选框后，将"钢笔工具"移至路径上，当光标变为 ✎₊ 状态时，在路径上单击可添加锚点；将光标移至路径的锚点上，当光标变为 ✎₋ 状态时，单击锚点可将其删除。

素材

5.4.3 实战——使用"钢笔工具"绘制 App 图标

01 执行"文件 > 新建"命令，弹出"新建"对话框，设置参数如图 5-114 所示。打开"图层"面板，单击面板底部的"创建新图层"按钮，新建一个图层，如图 5-115 所示。

图 5-114　新建文件

02 设置前景色为 RGB（8，31，62），单击工具箱中的"油漆桶工具"按钮，在画布上填充前景色，如图 5-116 所示。

图 5-115　新建图层　　　图 5-116　填充画布

03 单击"图层"面板底部的"添加图层样式"按钮，弹出"图层样式"对话框，勾选"渐变叠加"复选框，设置参数如图 5-117 所示。

04 单击工具箱中的"圆角矩形工具"按钮，绘制填充颜色为 RGB（53，204，249）的圆角矩形，如图 5-118 所示。使用"椭圆工具"在画布上绘

制描边宽度为 18px 的圆形，如图 5-119 所示。

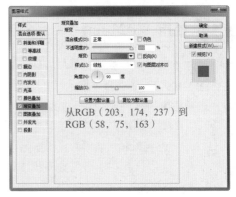

图 5-117　设置"渐变叠加"样式的参数

图 5-118　创建圆角矩形　图 5-119　绘制圆形

05 单击工具箱中的"钢笔工具"按钮，在画布上绘制如图 5-120 所示的形状。继续使用"钢笔工具"在画布上绘制形状，如图 5-121 所示。

图 5-120　绘制形状　　图 5-121　绘制形状

06 为图形添加"外发光"图层样式，设置各项参数如图 5-122 所示。使用相同的方法为"形状 2"图层和"形状 3"图层添加"外发光"样式，效果如图 5-123 所示。

图 5-122　设置"外发光"样式的参数

07 使用"钢笔工具"在画布上绘制填充颜色为 RGB（53，204，249）的形状，设置其图层的"不透明度"为 70%、"填充"为 40%，效果如图 5-124 所示。使用相同方法完成如图 5-125 所示形状的绘制。然后调整图层的顺序，图像效果如图 5-126 所示。

图 5-123　图像效果

图 5-124　绘制形状

图 5-125　绘制形状

图 5-126　图像效果

※ **知识链接：** 关于图层的具体使用方法，将在本书第 6 章中详细讲解。

5.4.4　自由钢笔工具

使用"自由钢笔工具"可以绘制比较随意的图形。单击工具箱中的"自由钢笔工具"按钮，在画布上单击并拖曳即可绘制路径，Photoshop 会自动为路径添加锚点，如图 5-127 所示。

图 5-127　绘制路径

单击工具箱中的"自由钢笔工具"按钮，其选项栏如图 5-128 所示。在绘制过程中按 Delete 键可依次删除绘制的锚点，重新移动光标绘制路径，在画布中双击则可闭合路径。

图 5-128　"自由钢笔工具"的选项栏

单击"几何选项" 按钮，可打开"几何选项"面板，在该面板中可以设置"自由钢笔工具"的绘制参数，如图 5-129 所示。

- 曲线拟合：用来设置绘制的路径对光标在画布中移动的灵敏度，设置范围

为 0.5 ～ 10px。该值越大，生成的锚点越少，路径也就越平滑；该值越小，生成的锚点就越多。

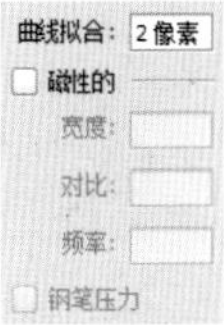

图 5-129　几何选项

- 磁性的：勾选该复选框后，可以将"自由钢笔工具"转换为"磁性钢笔工具"，同时可以对"磁性钢笔工具"的相关选项进行设置。
  - ➢ 宽度：该选项用来设置"磁性钢笔工具"的检测范围，它以像素为单位，只有在设置的范围内的图像边缘才会被检测到。
  - ➢ 对比：该选项用来设置"磁性钢笔工具"对于图像边缘像素的敏感度。
  - ➢ 频率：该选项用来设置绘制路径时产生锚点的频率，该值越大，产生的锚点就越多。
- 钢笔压力：如果计算机配置有手写板或绘图板，勾选该复选框后，系统会根据压感笔的压力自动更改工具的检测范围。

5.4.5　选择和编辑路径

当绘制的路径不符合要求时，需要对路径进行调整和编辑。在 Photoshop 中用于编辑路径的工具有"添加锚点工具""删除锚点工具""转换点工具""路径选择工具"和"直接选择工具"。

使用"路径选择工具"可以选择整个路径，路径中的所有锚点为选中状态，锚点为实心方点，此时可以直接对路径进行移动操作，如图 5-130 所示。

使用"直接选择工具"选择路径，不会自动选中路径中的锚点，锚点为空心状态，如图 5-131 所示。单击锚点即可将其选中，拖曳可移动位置。

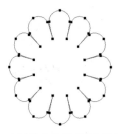

图 5-130 用"路径选择工具"选择路径

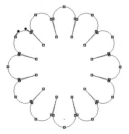

图 5-131 用"直接选择工具"选择路径

☆技术看板："直接选择工具"和"路径选择工具"的使用技巧☆

在按住 Alt 键的同时，使用"直接选择工具"单击路径将选中该路径中的所有锚点，也可以使用"直接选择工具"框选范围内的锚点。在使用"路径选择工具"或"直接选择工具"的同时按住 Shift 键，可以在水平、垂直或 45°角倍数方向上移动锚点。

5.4.6 锚点的基本操作

Photoshop 为用户提供了添加锚点和删除锚点的操作，也提供了使锚点在平滑点和角点之间相互转换的操作，方便用户修改路径。

1. 添加锚点

单击工具箱中的"添加锚点工具" 按钮，将光标置于路径上，当光标变为 状态时，单击即可添加一个锚点，如图 5-132 所示。

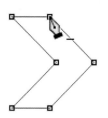

图 5-133 删除锚点

3. 调整路径的形状

使用"直接选择工具"可以调整锚点，改变路径的形状。在曲线路径上，每个锚点都有一个或两个方向线，拖动方向点可以调整方向线的长度和方向，改变路径的曲度。使用"直接选择工具"拖曳平滑点上的方向线，方向线始终为直线，但锚点两侧的路径都会发生变化，如图 5-134 所示。

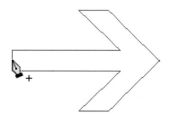

图 5-132 添加锚点

在使用"钢笔工具"时，将光标移动到所选路径的上方，当光标变为 状态时，单击也可以完成添加锚点的操作；单击并拖曳可添加一个平滑锚点。

2. 删除锚点

单击工具箱中的"删除锚点工具" 按钮，将光标置于路径上，当光标变为 状态时，单击即可删除该锚点，如图 5-133 所示。在使用"钢笔工具"时，将光标移动到想要删除的锚点的上方，当光标变为 状态时，单击即可删除该锚点。

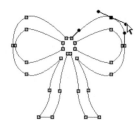

图 5-134 用"直接选择工具"调整方向线

使用"转换点工具"拖曳方向线，可以调整一侧的方向线，如图 5-135 所示。使用"转换点工具"单击锚点，可将该平滑点转换为角点；使用"转换点工具"拖曳锚点，可将角点转换为平滑点。

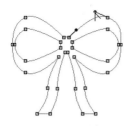

图 5-135　用"转换点工具"调整方向线

4. 路径的变化操作

选中路径，执行"编辑 > 变换路径"下拉菜单中的命令，可以显示定界框，拖曳控制点即可对路径进行缩放、旋转、斜切和扭曲等变换操作，如图 5-136 所示。

图 5-136　变换路径

☆技术看板：Photoshop 怎么导出到 Illustrator ☆

选中绘制好的路径，执行"文件 > 导出 > 路径到 Illustrator"命令，弹出"导出路径到文件"对话框，单击"确定"按钮，此时会弹出"选择存储路径的文件名"对话框，在对文件命名后单击"保存"按钮，即可将路径导出为 AI 格式，AI 格式的文件可以在 Illustrator 中打开并编辑。

5.4.7　实战——存储和剪贴路径

01 打开素材图像"素材\第 5 章\ 54701.jpg"。单击工具箱中的"钢笔工具"按钮，在画布上创建如图 5-137 所示的工作路径。

图 5-137　创建路径

02 执行"窗口 > 路径"命令，打开"路径"

面板，如图 5-138 所示。双击工作路径，弹出"存储路径"对话框，如图 5-139 所示，单击"确定"按钮，将工作路径保存为路径 1。

图 5-138　"路径"面板

图 5-139　存储路径

03 单击"路径"面板右上角的三角形按钮，在弹出的面板菜单中选择"剪贴路径"选项，弹出"剪贴路径"对话框，如图 5-140 所示。单击"确定"按钮，完成剪贴路径的操作。

图 5-140　剪贴路径

04 执行"文件 > 存储为"命令，弹出"存储为"对话框，将图像存储为"54702.tif"，如图 5-141 所示。单击"保存"按钮，弹出"TIFF 选项"对话框，如图 5-142 所示。单击"确定"按钮，保存文件，完成剪贴路径的输出，该文件在其他排版软件中将只显示路径内的图像。

素材

图 5-141　存储图像

图 5-142　"TIFF 选项"对话框

工作路径为临时路径，不可以对其进行"剪贴路径"的操作，必须先将其保存。在"剪贴路径"对话框中，"展平度"选项可以空白，以便使用打印机的默认值打印图像。如果遇到打印错误，可以输入一个展平度值。该选项的取值范围为 0.2 ～ 100，对于高分辨打印（1200到 2400dpi），建议使用 8 ～ 10 的展平度值；对于低分辨打印（300 到 600dpi），建议使用 1 ～ 3 的展平度值。

5.5　路径的操作

用户绘制的工作路径、路径和矢量蒙版等将被保存在"路径"面板中。"路径"面板的主要功能是保存和管理路径。

5.5.1　"路径"面板

执行"窗口＞路径"命令，打开"路径"面板，如图 5-143 所示。单击面板右上角的 按钮，弹出如图 5-144 所示的面板菜单。

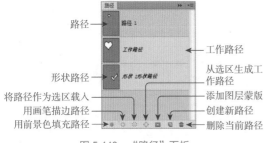

图 5-143　"路径"面板

图 5-144　"路径"面板菜单

● 创建新路径：单击该按钮，可以新建路径图层。

● 工作路径：如果使用矢量绘图工具创建路径，则创建的是工作路径。工作路径是出现在"路径"面板中的临时路径，用于定义路径的轮廓。

● 形状路径：使用矢量绘图工具在画布上创建任意形状，则"路径"面板中会自动生成一个相应的形状路径。

● 用前景色填充路径：单击该按钮，Photoshop 将以前景色填充被路径包围的区域。

● 用画笔描边路径：单击该按钮，按"画笔工具"和前景色的参数描边路径。

● 将路径作为选区载入：单击该按钮，可以将当前工作路径转换为选区范围。

● 从选区生成工作路径：单击该按钮，可以将当前的选区范围转换为工作路径。

● 添加图层蒙版：单击该按钮，可以为当前选中的图层添加图层蒙版。

● 删除当前路径：单击该按钮，可以在"路径"面板中删除当前选定的路径。

5.5.2　路径的基本操作

用户在 Photoshop 中可以完成创建新路径、选择和隐藏路径、复制和删除路径等操作，接下来逐一进行讲解。

1. 工作路径

单击工具箱中的任意矢量绘图工具，设置"工具模式"为"路径"，在画布上单击并拖曳可以创建工作路径，如图 5-145 所示。单击"路径"面板的空白处，继续使用矢量绘图工具创建工作路径，第一次创建的工作路径将被替换显示，如图 5-146 所示。

图 5-145　创建工作路径　　　图 5-146　替换工作路径

如果想要保存工作路径，可以将工作路径拖曳到"创建新路径"按钮上，如图 5-147 所示。单击"路径"面板右上角的 ▼ 按钮，在弹出的面板菜单中选择"存储路径"选项，或直接双击工作路径的名称，都可以弹出"存储路径"对话框，在该对话框中设置参数，完成后单击"确定"按钮，即可存储工作路径。

图 5-147　存储路径

2. 创建新路径

单击"路径"面板底部的"创建新路径"按钮，即可创建一个路径图层。在按住 Alt 键的同时单击"创建新路径"按钮，将弹出"新建路径"对话框，在该对话框中可以为路径设置名称，如图 5-148 所示。单击"确定"按钮，即可创建一个指定名称的路径，如图 5-149 所示。

图 5-148　"新建路径"对话框

图 5-149　创建指定名称的路径

如果不为路径指定名称，Photoshop 会自动将新建路径命名为"路径 1""路径 2""路径 3"…。单击"路径"面板右上角的 ▼ 按钮，在弹出的面板菜单中选择"新建路径"选项，也可以弹出"新建路径"对话框。

3. 选择和隐藏路径

单击"路径"面板中的路径图层可选中该路径图层上的所有路径，如图 5-150 所示。单击"路径"面板的空白处，将取消选中的路径，同时文件窗口中的路径将被隐藏，如图 5-151 所示。按组合键 Ctrl+H 可以隐藏或显示文件中的路径。

图 5-150　选择路径　　　图 5-151　隐藏路径

4. 复制和删除路径

在"路径"面板中选中路径并将其拖曳到"创建新路径"按钮上，可以复制该路径。单击"路径"面板右上角的 ▼ 按钮，在弹出的面板菜单中选择"复制路径"选项，打开"复制路径"对话框，如图 5-152 所示。用户可以在该对话框中为复制的路径命名，完成后单击"确定"按钮，即可得到指定名称的复制路径。

选中要复制的路径，执行"编辑 > 拷贝"命令，再执行"编辑 > 粘贴"命令，同样可以复制路径，使用这种方法复制的路径和原路径将在同一个路径图层中，如图 5-153 所示。

图 5-152 "复制路径"对话框

图 5-153 复制路径

选中要删除的路径，单击"路径"面板底部的"删除当前路径"按钮，将弹出如图 5-154 所示的对话框，单击"是"按钮，即可删除选中的路径。

在"路径"面板中直接将选中的路径拖曳到"删除当前路径"按钮上，也可以删除该路径；选中路径，按 Delete 键同样可以删除该路径。

图 5-154 删除路径

5.5.3 填充路径

绘制路径并保证该路径处于选中状态，在"路径"面板中单击"用前景色填充路径"按钮，即可使用前景色填充路径。

选中路径，单击"路径"面板右上角的 ▾≡ 按钮，在弹出的面板菜单中选择"填充路径"选项，打开"填充路径"对话框，如图 5-155 所示。用户可以在该对话框中选择不同的填充内容，单击"确定"按钮，即可使用选择的内容填充路径。在按住 Alt 键的同时单击"用前

景色填充路径"按钮，也可以打开"填充路径"对话框。

图 5-155 "填充路径"对话框

- 使用：可选择使用"前景色""背景色""图案"或其他颜色填充路径。如果选择了"图案"选项，则可以在下面的"自定图案"下拉面板中选择一种图案填充路径；如果选择了"颜色"选项，则可以打开"拾色器"对话框，选择更多的其他颜色。
- 模式：用来设置填充效果的混合模式。
- 不透明度：用来设置填充效果的不透明度。
- 保留透明区域：仅限于填充包含像素的图层区域。
- 羽化半径：用来设置羽化边缘在选区边框内外的伸展距离。
- 消除锯齿：勾选该复选框，通过填充部分选区的边缘像素，在选区的边缘像素与周围像素之间创建精细的过渡效果。

5.5.4 路径与选区的转换

绘制路径后，在"路径"面板上单击"将路径作为选区载入"按钮，可将路径转换为选区。

选中路径，单击"路径"面板右上角的 ▾≡ 按钮，在弹出的面板菜单中选择"建立选区"选项，打开"建立选区"对话框，如图 5-156 所示。在该对话框中设置各项参数后，单击"确定"按钮，即可将路径转换为选区。

图 5-156　"建立选区"对话框

如果画布中存在选区，单击"路径"面板底部的"从选区生成工作路径"按钮，即可将选区转化为路径。

保证选区处于选中状态，单击"路径"面板右上角的▼═按钮，在弹出的面板菜单中选择"建立工作路径"选项，打开"建立工作路径"对话框，如图 5-157 所示。用户可以在该对话框中设置容差值，设置完成后单击"确定"按钮，即可将选区转换为路径。

图 5-157　"建立工作路径"对话框

提示 ▶▶▶　"容差"的取值范围为 0.5 ～ 10px，容差值越大，锚点越少，一般情况下建议采用 2.0。

5.5.5　实战——描边路径

01 新建一个空白文件，然后单击工具箱中的"椭圆工具"按钮，设置选项栏中的"工具模式"为"路径"，在画布上按下鼠标左键并拖曳绘制椭圆路径，如图 5-158 所示。

图 5-158　创建路径

02 打开"图层"面板，新建"图层 1"，如图 5-159 所示。单击工具箱中的"画笔工具"按钮，打开"画笔预设"面板，设置参数如图 5-160 所示。

图 5-159　新建图层

图 5-160　设置画笔参数

03 打开"路径"面板，单击面板底部的"用画笔描边路径"按钮，如图 5-161 所示，描边路径的效果如图 5-162 所示。更改画笔笔刷的大小和渐隐值的大小，继续描边路径，霓虹灯效果如图 5-163 所示。

素材

图 5-161　"路径"面板

图 5-162　描边路径效果　　图 5-163　霓虹灯效果

119

5.6 形状工具

Photoshop 中的形状工具包括"矩形工具""圆角矩形工具""椭圆工具""多边形工具""直线工具"和"自定形状工具"，使用形状工具可以快速地绘制出不同形状的图形。

5.6.1 矩形工具

单击工具箱中的"矩形工具"按钮，其选项栏如图 5-164 所示。使用"矩形工具"在画布上按下鼠标左键并拖曳即可绘制矩形形状。

图 5-164 "矩形工具"的选项栏

- 填充：单击"填充"色块，将弹出"填充类型"面板，单击面板右上角的"拾色器"按钮，可打开"拾色器（填充颜色）"对话框，在该对话框中可以选择更多的颜色，如图 5-165 所示。通过该面板不仅可以为矩形形状填充纯色，还可以填充渐变色和图案，如图 5-166 所示。

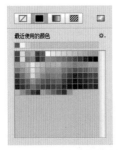

图 5-165 "填充类型"面板

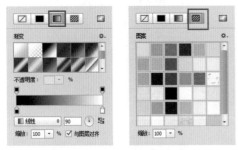

图 5-166 填充渐变色和图案

- 描边：用来设置形状的描边类型。该选项与"填充"的设置方法一致。
- 描边类型：用来设置形状描边的类型。单击该按钮，将弹出"描边选项"

面板，如图 5-167 所示。在该面板中可以设置形状描边的类型。单击"更多选项"按钮，弹出"描边"对话框，在该对话框中可以设置描边的线型、对齐方式、端点和角点的形状等参数，如图 5-168 所示。

图 5-167 "描边选项"面板

图 5-168 "描边"对话框

- 宽度 / 高度：显示当前绘制形状的宽度及高度。
- 路径操作：单击该按钮，将弹出"路径操作"面板，如图 5-169 所示。在该面板中可选择相应的选项完成路径的新建、合并、减去顶层、相交和排除重叠等操作。

图 5-169　"路径操作"面板

- 路径排列方式：用户可以通过在下拉菜单中选择不同的选项调整绘制图形的叠加顺序。

- 设置：单击此按钮，将弹出"设置"面板，如图 5-170 所示。用户可以在该面板中设置绘制图形的比例和大小。

图 5-170　"设置"面板

- 对齐边缘：勾选该复选框，可将矢量形状边缘与像素网格对齐。

☆技术看板："路径操作"面板中各项的功能☆

　　新建图层：该选项为默认选项，可以在一个新的图层中放置所绘制的形状。

　　合并形状：选择该选项后，可以在原有路径或形状的基础上添加新的路径和形状。

　　减去顶层形状：选择该选项后，可以在已有的路径或形状（顶层形状）中减去当前绘制的路径或形状。

　　与形状区域相交：选择该选项后，只保留原有路径或形状与当前路径或形状相交的部分。

　　排除重叠形状：选择该选项后，只保留原有路径或形状与当前路径或形状非重叠的部分。

　　合并形状组件：当在同一个形状图层中绘制了两个或两个以上的形状时，可以选择该选项，选择后新绘制的形状将与原有形状合并。

5.6.2　圆角矩形工具

　　单击工具箱中的"圆角矩形工具"按钮，其选项栏如图 5-171 所示。使用"圆角矩形工具"在画布上按下鼠标左键并拖曳即可绘制圆角矩形形状。

图 5-171　"圆角矩形工具"的选项栏

- "半径"选项用来设置所绘制的圆角矩形的圆角半径，该值越大，圆角越大。图 5-172 所示为设置"半径"值为 10px 和 100px 时创建的圆角矩形的效果。

图 5-172　不同圆角半径的圆角矩形效果

5.6.3　椭圆工具

　　单击工具箱中的"椭圆工具"按钮，其选项栏如图 5-173 所示。使用"椭圆工具"在画布上按下鼠标左键并拖曳即可绘制椭圆形状。

图 5-173　"椭圆工具"的选项栏

　　在使用"椭圆工具"绘制图形的同时按 Shift 键，即可创建圆形，如图 5-174 所示。在绘制图形的同时按住 Alt 键，可创建以单击点为中心向外扩展的椭圆形，效果如图 5-175 所示。使用"椭圆工具"在画布上按下鼠标左键并拖曳绘制图形，若同时按住组合键 Shift+Alt，可创建以单击点为中心向外扩展的椭圆形。

图 5-174　创建圆形　　　图 5-175　创建以单击点为中心向外扩展的椭圆形

5.6.4 多边形工具

单击工具箱中的"多边形工具"按钮，其选项栏如图5-176所示。使用"多边形工具"在画布中单击并拖曳即可绘制多边形或星形。

图 5-176 "多边形工具"的选项栏

- 边：用来设置所绘制的多边形或星形的边数，取值范围为3～100。例如，设置"边"为3，在画布中可以绘制三角形，如图5-177所示；设置"边"为5，在画布中可以绘制五边形，如图5-178所示。
- 设置：单击此按钮，将打开"多边形选项"面板，如图5-179所示。用户可以在该面板中设置更多的"多边形工具"选项。

图 5-177 创建三角形　　　　图 5-178 创建五边形　　　　图 5-179 "多边形选项"面板

- ➢ 半径：用来设置所绘制多边形或星形的半径，即图形中心到顶点的距离。设置该值后，使用"多边形工具"在画布中按下鼠标左键并拖曳即可按照指定的半径值绘制多边形或星形。
- ➢ 平滑拐角：勾选该复选框，绘制的多边形和星形将具有平滑的拐角。
- ➢ 星形：勾选该复选框，可以绘制出星形图形。
- ➢ 缩进边依据：用来设置星形的边缩进的百分比，该值越大，边的缩进越明显。
- ➢ 平滑缩进：勾选该复选框，可以使所绘制的星形的边平滑地向中心缩进。

5.6.5 直线工具

单击工具箱中的"直线工具"按钮，其选项栏如图5-180所示。使用"直线工具"在画布中单击并拖曳创建直线，如果在使用"直线工具"绘制直线的同时按住Shift键，可以绘制水平、垂直或以45°角为增量的直线。

图 5-180 "直线工具"的选项栏

- 粗细：以像素或厘米为单位确定直线的宽度。
- 设置：单击此按钮，将打开"箭头"面板，如图5-181所示。
- ➢ 起点/终点：勾选"起点"复选框，可在直线的起点添加箭头；勾选"终点"复选框，可在直线的终点添加箭头，如图5-182所示。如果两项都勾选，则起点和终点都会添加箭头，如图5-183所示。

图 5-181 "箭头"面板　　图 5-182 为终点添加箭头　　　　图 5-183 为起点和终点都添加箭头

> ➤ 宽度：用来设置箭头宽度与直线宽度的百分比，范围为 10%～1000%。"宽度"值为 300% 时的箭头效果如图 5-184 所示，"宽度"值为 700% 时的箭头效果如图 5-185 所示。
> ➤ 长度：用来设置箭头长度与直线宽度的百分比，取值范围为 10%～500%。
> ➤ 凹度：用来设置箭头的凹陷程度，取值范围为 –50%～50%。该值大于 0 时，向内凹陷；该值小于 0 时，向外凸出。如果设置"凹度"值为 50%，箭头尾部平齐，效果如图 5-186 所示。

图 5-184　宽度 300% 的箭头

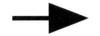

图 5-185　宽度 700% 的箭头

图 5-186　凹度为 50% 的箭头

5.6.6　自定形状工具

单击工具箱中的"自定形状工具"按钮，其选项栏如图 5-187 所示。单击"形状"右侧的三角形按钮，将打开"自定形状"拾色器面板，选择一个形状选项后，使用"自定形状工具"在画布中按下鼠标左键并拖曳即可创建形状。

图 5-187　"自动形状工具"的选项栏

- 设置：单击 ⚙ 按钮，将打开"自定形状选项"面板，如图 5-188 所示。在该面板中可以设置"自定形状工具"的选项，各选项的作用与"矩形工具"的相应选项基本相同。

图 5-188　"自定形状选项"面板

- 形状：单击右侧的三角形按钮，可以打开"自定形状"拾色器面板，如图 5-189 所示。

图 5-189　"自定形状"拾色器面板

5.6.7　实战——绘制播放器 App 界面

01 执行"文件 > 打开"命令，在弹出的

"打开"对话框中选择一张素材图像，如图 5-190 所示，单击"打开"按钮。使用"矩形工具"在画布中按下鼠标左键并拖曳绘制一个白色矩形，如图 5-191 所示。

图 5-190　打开图像

图 5-191　绘制矩形形状

02 在按住 Alt 键的同时，使用"移动工具"向下拖曳复制两个矩形，效果如图 5-192 所示。

素材

单击工具箱中的"自定形状工具"按钮，在选项栏中单击"形状"右侧的三角形按钮，在弹出的"自定形状"拾色器面板中选择如图 5-193 所示的形状。

图 5-192　图像效果

图 5-193　选择形状

03 使用"自定形状工具"在画布中按下鼠标左键并拖曳绘制白色的放大镜形状，图像效果如图 5-194 所示。继续使用相同的方法绘制多个形状，然后打开"图层"面板，更改"形状 1""形状 2""形状 3"和"形状 4"图层的"不透明度"为 50%，效果如图 5-195 所示。

图 5-194　图像效果

图 5-195　修改不透明度

04 使用"直线工具"在画布上绘制颜色的 RGB（78，186，186）的直线，如图 5-196 所示。然后为该图层添加"外发光"图层样式，样式参数如图 5-197 所示。

图 5-196　绘制直线

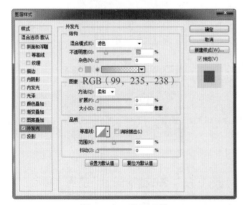
图 5-197　设置参数

05 单击"图层"面板底部的"添加图层样式"按钮，弹出"图层样式"对话框，设置参数。使用"直线工具"在画布上绘制直线，如图 5-198 所示。

图 5-198　绘制直线

06 使用"椭圆工具"在画布中绘制如图 5-199 所示的圆环。更改其图层"不透明度"为 40%，图像效果如图 5-200 所示。使用相同方法完成如图 5-201 所示的形状的绘制。

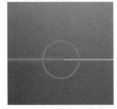
图 5-199　绘制圆环

图 5-200　图像效果

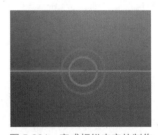
图 5-201　完成相似内容的制作

07 使用"椭圆工具"在画布上绘制填充颜色为 RGB（70，165，193）的椭圆，如图 5-202 所示。使用"横排文字工具"在画布上单击并输入文字内容，如图 5-203 所示。

图 5-202　绘制椭圆

图 5-203　输入文字

※ **知识链接：** 关于"横排文字工具"的使用方法，将在本书第 7 章中进行详细讲解。

对于其他文字工具，在本书第 7 章中也会有详细讲解。

5.6.8 实战——定义自定形状

01 执行"文件 > 新建"命令，弹出"新建"对话框，设置参数如图 5-204 所示，单击"确定"按钮。使用"矩形工具"在画布中绘制如图 5-205 所示的矩形。按组合键 Ctrl+J 复制图层，"图层"面板如图 5-206 所示。

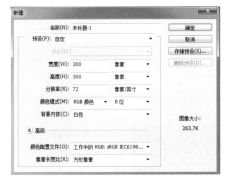

图 5-204　设置参数

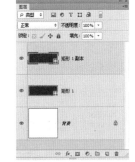

图 5-205　形状效果　　　图 5-206　"图层"面板

02 选中图层，按组合键 Ctrl+T 调出定界框，将光标置于定界框内，右击，在弹出的快捷菜单中选择"旋转 90 度（顺时针）"选项，效果如图 5-207 所示，按 Enter 键确认变换。

图 5-207　旋转形状

03 打开"图层"面板选中两个矩形，执行"图层 > 合并形状"命令，效果如图 5-208 所示。执行"编辑 > 定义自定形状"命令，在弹出的"形状名称"对话框中为形状命名，如图 5-209 所示。

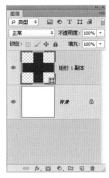

素材

图 5-208　合并图层

图 5-209　定义形状

04 单击"确定"按钮，创建的自定形状将添加到"自定形状"拾色器面板中。隐藏形状图层，单击工具箱中的"自定形状工具"按钮，在"自定形状"拾色器面板中选择如图 5-210 所示的形状。

05 设置前景色为红色，在按住 Shift 键的同时使用"自定形状工具"在画布中绘制图形，图形效果如图 5-211 所示。

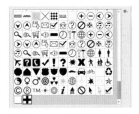

图 5-210　选择自定形状　　　图 5-211　绘制形状

5.6.9 实战——使用形状工具绘制照相机图标

素材

01 新建一个 1024×1024px 的空白文件。单击工具箱中的"圆角矩形工具"按钮，创建一个圆角"半径"为 200px 的圆角矩形，如图 5-212 所示。

图 5-212　创建形状

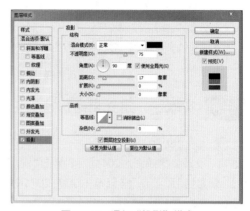

图 5-215　添加"投影"样式

02 单击"图层"面板底部的"添加图层样式"按钮，在弹出的下拉列表中选择"内阴影"选项，在弹出的"图层样式"对话框中设置参数如图 5-213 所示。继续选择"渐变叠加"选项，设置其参数如图 5-214 所示。

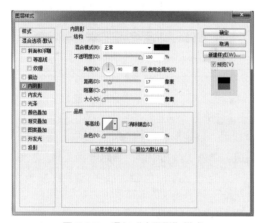

图 5-213　添加"内阴影"样式

图 5-216　图像效果　　图 5-217　创建图层组

04 选中"组 1"图层组，为其添加"投影"样式，设置"图层样式"对话框中的各项参数如图 5-218 所示。

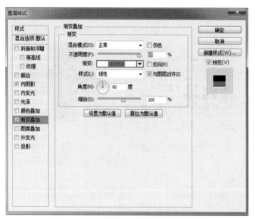

图 5-214　添加"渐变叠加"样式

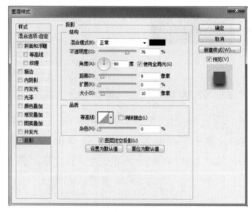

图 5-218　添加"投影"样式

03 选择"投影"选项，设置参数如图 5-215 所示。单击"确定"按钮，图像效果如图 5-216 所示。新建一个图层组，将"圆角矩形 1"图层拖曳到图层组中，如图 5-217 所示。

05 单击工具箱中的"椭圆工具"按钮，在画布中创建一个圆形状，如图 5-219 所示。继续使用相同的方法绘制如图 5-220 所示的圆形状。

图 5-219　创建圆形状

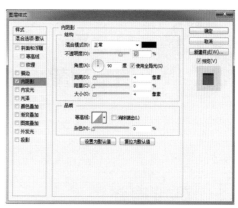

图 5-221　设置参数

图 5-220　创建圆形状

06 为图层添加"内阴影"样式，设置"图层样式"对话框中的各项参数如图 5-221 所示。使用相同的方法完成如图 5-222 所示的图像效果。将相关图层编组，"图层"面板如图 5-223 所示。

图 5-222　图像效果　　图 5-223　编组图层

第6章
图层和蒙版的使用技巧——完整结构

6.1 图层的概述

图层是 Photoshop 最为核心的功能之一，它几乎承载了所有的图像编辑工作。在使用 Photoshop 设计、制作 UI 作品时，如果没有图层，UI 作品中的所有元素将会处于同一个平面上，无法进行丰富的操作。

6.1.1 什么是图层

"层"是构成图像的重要组成单位，许多效果可以通过对层的直接操作得到，使用图层实现效果是一种直观且简便的方法。

在一张张透明的玻璃纸上作画，上层会遮住下层的图像，透过上面的玻璃纸可以看见下面玻璃纸上的内容，但是无论在上一层如何绘画，都不会影响下层的玻璃纸。通过移动各层玻璃纸的相对位置或添加更多的玻璃纸可改变图像的合成效果。图 6-1 所示为一幅图像以及所对应的图层。

图 6-1 图像以及对应图层

> **提示** ▶▶ 在 Photoshop 中对图层进行编辑前，需要在"图层"面板中单击将其选中，此时所选图层成为"当前图层"。绘画、颜色和色调调整只能在一个图层中进行，而移动、对齐、变换或应用"图层样式"时可以一次处理多个图层。

每一个图层中的对象都可以单独处理，而不会影响其他图层中的内容。图层可以移动，也可以调整堆叠顺序，还可以通过调整图层的不透明度使图像内容变得透明。同时也可以修改图层的"混合模式"，使图层之间产生特殊的混合效果。

6.1.2 "图层"面板

使用"图层"面板可以显示和隐藏图层、创建新图层和图层组，还可以在"图层"面板菜单中访问其他命令和选项。执行"窗口 > 图层"命令，打开"图层"面板，如图 6-2 所示。

- 选取滤镜类型：单击"类型"按钮，弹出如图 6-3 所示的下拉列表。在该下拉列表中选择任意选项，右侧将显示一系列过滤类型按钮，如图 6-4 所示。

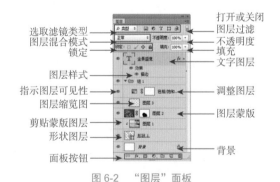

图 6-2 "图层"面板

图 6-3 下拉列表　　图 6-4 过滤类型按钮

- 图层混合模式：通过设置不同的图层混合模式可以改变当前图层与其他图

层的叠加效果，混合模式可以对下方的图层起作用。

- 锁定：通过"锁定透明像素""锁定图像像素""锁定位置"和"锁定全部"按钮可以对图层中对应的内容进行锁定，避免对图像内容进行误操作。
- 不透明度：用于设置图层的整体不透明度，设置的不透明度将影响该图层中的所有元素，文件中的每个图层都可以单独设置不透明度。
- 填充：用于设置图层内部元素的不透明度，它只对图层内部图像起作用，对图层附加的其他元素不起作用，例如图层样式。
- "背景"图层：该图层位于所有图层的最底层，默认为锁定状态，不可以执行移动、变换和添加图层混合模式等操作，但可以进行涂抹绘画等操作。
- 图层缩览图：在该缩览图中显示当前图层中的图像，可以快速对每一个图层进行辨认，图层中的图像一旦被修改，缩览图中的内容也会随之改变。
- 指示图层可见性：单击该按钮可以隐藏图层，再次单击则可以显示该图层。隐藏的图层不可以编辑，但可以移动。
- 形状图层：使用任意形状工具在画布中创建形状后，"图层"面板中将会自动生成一个对应的形状图层，图层缩览图的右下角将显示 图标，如图 6-5 所示。
- 文字图层：存储可编辑的文字内容，使用文字工具在画布中单击并输入文字后，系统将在"图层"面板中自动生成一个文字图层，如图 6-6 所示。

图 6-5　形状图层

图 6-6　文字图层

- 面板按钮：用于快速设置图层，单击不同按钮可执行不同命令。
  - 链接图层 ⇔：链接选中的图层，链接后的图层将共同完成移动或缩放等操作。
  - 添加图层样式 fx.：可为图层添加不同的图层样式。
  - 添加图层蒙版 ▣：为当前图层添加图层蒙版。
  - 删除图层 🗑：可删除当前图层。
  - 创建新组 🗀：在当前图层的上方创建一个新的图层组。
  - 创建新图层 🗐：在当前图层的上方创建一个新的图层。

6.1.3　图层的类型

在 Photoshop 中图层有多种类型，包括背景图层、文字图层、填充图层、调整图层、形状图层、3D 图层和视频图层等，每一种图层根据其类型以及应用场合的不同，所表现出的效果也完全不同。

1. 背景图层

背景图层是新建文件或打开图像时自动创建的图层，名称为"背景"，且以斜体显示。背景图层是一个不透明图层，以背景色为底色，而且始终被锁定；不能进行"不透明度""混合模式"和"填充颜色"等操作。

如果想修改背景图层的"不透明度"或图层混合模式等选项，可将背景图层转换为普通图层。双击背景图层或执行"图层 > 新建 > 背景图层"命令，可弹出"新建图层"对话框，如图 6-7 所示。

图 6-7　"新建图层"对话框

在"新建图层"对话框中设置图层名称、不透明度和模式等选项后，单击"确定"按钮，背景图层即可转换为普通图层，如图 6-8 所示。

 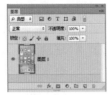

图 6-8　背景图层转换为普通图层

2. 文字图层

使用文字工具在画布上单击输入文字后，"图层"面板中将自动生成一个文字图层，如图 6-9 所示。

文字图层中含有文字内容和文字格式，可以随文件一起保存，并且可以反复编辑和修改。文字图层的缩览图中包含 T 字符号，图层的名称默认为当前输入的文字，以便于辨别。

图 6-9　文字图层

在文字图层上不能使用画笔、历史记录画笔、铅笔、直线、图章、渐变、橡皮擦、模糊、锐化、涂抹、加深、减淡和海绵等工具。

☆技术看板：文字图层的使用技巧☆

如果需要对文字图层使用某些命令，必须先将文字图层转换成普通图层。文字图层转换为普通图层后，将无法还原为文字图层，同时将失去文字图层反复编辑和修改的功能。

在选项栏的"工具模式"下拉菜单中选择"形状"选项，然后即可使用"钢笔工具""矩形工具"或"自定形状工具"等矢量工具在画布中绘制形状图形，如图 6-10 所示，在"图层"面板中会自动生成一个形状图层，"图层"面板如图 6-11 所示。

图 6-10　创建形状　　　图 6-11　形状图层

6.1.4　实战——使用调整图层

01 执行"文件 > 打开"命令，打开素材图像"素材\第 6 章\61401.psd"，如图 6-12 所示。执行"窗口 > 图层"命令，打开"图层"面板，选择"按钮"图层，如图 6-13 所示。

图 6-12　图像效果　　图 6-13　选择图层

02 单击"图层"面板上的"创建新的填充或调整图层"按钮，在弹出的下拉列表中选择"曲线"选项，打开其"属性"面板，设置参数如图 6-14 所示。

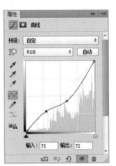

图 6-14　设置参数

> **提示** ▶▶▶　调整图层主要用来调整图像的色调和色彩。Photoshop 将色阶和曲线等调整功能转换为"调整图层"单独存放到文件中，使其随时可修改，但不会永久性地改变原始图像，从而保留了图像修改的弹性。

03 继续在"属性"面板中设置"曲线"调整图层的参数，如图 6-15 所示。设置完成后"图层"面板如图 6-16 所示，图像效果如图 6-17 所示。

☆技术看板：调整图层☆

"调整图层"对其下方的所有图层都起作用，而对其上方的图层不起作用。在使用"调整图层"时，如果不想对其下方的所有图层都起作用，可以单击"属性"面板底部的"此调整剪切到此图层"按钮，将调整图层剪切到下方图层。

图 6-15　曲线调整图层

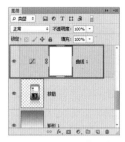

图 6-16　"图层"面板

图 6-17　图像效果

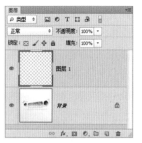

图 6-19　使用快捷键创建新图层

图 6-20　单击"创建新图层"按钮新建图层

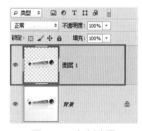

图 6-21　复制选区

6.2　图层的创建与选择

Photoshop 提供了多种创建和选择图层的方法，包括在"图层"面板中、在编辑图像的过程中以及使用命令创建和选择图层时。

6.2.1　实战——创建新图层

01 执行"文件 > 打开"命令，打开素材图像"素材 \ 第 6 章 \62101.png"，然后执行"图层 > 新建 > 图层"命令或按组合键 Ctrl+Shift+N，弹出"新建图层"对话框，如图 6-18 所示。在该对话框中设置各项参数，单击"确定"按钮，"图层"面板如图 6-19 所示。按 Delete 键删除该图层。

图 6-18　"新建图层"对话框

02 单击"图层"面板底部的"创建新图层" 按钮，也可以在"图层"面板中创建新图层，如图 6-20 所示。按键盘上的 Delete 键，可删除当前图层；按组合键 Ctrl+J，可复制当前选区，如图 6-21 所示。

> **提示** ▶▶▶ 选中一个图层，将光标置于"眼睛"图标处，右击，在弹出的快捷菜单中选择一种颜色，可以用来标记图层。

素材

6.2.2　创建"背景"图层

执行"文件 > 新建"命令，在弹出的"新建"对话框中指定"背景内容"选项为白色，如图 6-22 所示。单击"确定"按钮，新创建的文件将自动带有"背景"图层。

图 6-22　设置背景内容

如果当前文件中没有"背景"图层，选择需要转换的图层，如图6-23所示，执行"图层 > 新建 > 背景图层"命令，即可将当前选中的图层转换为"背景"图层，如图6-24所示。

图 6-23　选中图层

图 6-24　转换为"背景"图层

6.2.3　图层的选择

要想对图层进行编辑操作，首先要选择该图层。图层的种类很多，选择的方法也各不相同，接下来为用户介绍几种选择图层的方法。

如果用户想要选择除"背景"图层以外的所有图层，可以执行"选择 > 所有图层"命令，如图6-25所示。

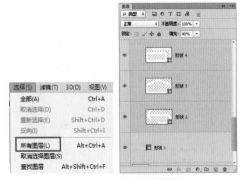

图 6-25　选择所有图层

要想选择所有链接图层，首先要选择一个链接图层，然后执行"图层 > 选择链接图层"命令，这样即可选择所有链接图层，如图6-26所示。执行"选择 > 取消选择图层"命令，可取消所选择的图层，如图6-27所示。

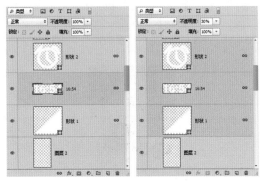

图 6-26　选择链接图层

在设计、制作UI作品的过程中往往会产生很多图层，此时想要查找或修改某个图层将非常麻烦，但使用"查找图层"命令可以在"图层"面板中快速找到想要的图层。

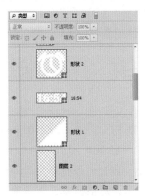

图 6-27　取消选择图层

执行"选择 > 查找图层"命令，在"图层"面板中会显示搜索框，如图6-28所示。用户在搜索框中输入图层的大概信息，即可找到相应的图层，如图6-29所示。

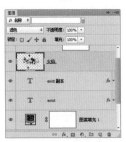

图 6-28　显示搜索框

图 6-29　查找图层

6.2.4　创建与编辑图层组

在设计、制作大型 UI 作品的过程中，文件会产生很多图层，使用图层组将相关的图层分类放置，既便于管理又便于查找操作。

1. 创建图层组

打开素材文件，执行"图层 > 新建 > 组"命令或单击"图层"面板底部的"创建新组"按钮，即可在"图层"面板中创建一个图层组，如图 6-30 所示。

图 6-30　创建图层组

☆技术看板：创建图层组☆

执行"图层 > 新建 > 组"命令，将弹出"新建组"对话框，用户可以在该对话框中设置图层组的更多参数。单击"图层"面板底部的"创建新组"按钮，将直接创建图层组，不会弹出对话框。

打开"图层"面板，选中需要编组的图层，如图 6-31 所示。执行"图层 > 图层编组"命令或按组合键 Ctrl+G，选中的图层将被放置到新创建的图层组中，如图 6-32 所示。

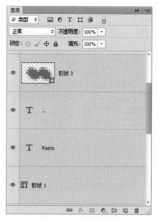

图 6-31　选择图层

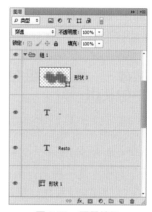

图 6-32　图层编组

2. 将图层移入或移出图层组

选择图层将其拖曳到目标组的名称或图标上，即可将该图层移入图层组，如图 6-33 所示。选择图层将其向图层组外拖曳，即可将该图层移出图层组，如图 6-34 所示。

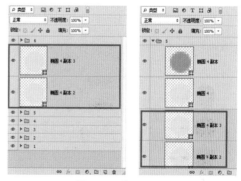

图 6-33　移入图层组

提示 ▶▶▶　按组合键 Ctrl+] 或 Ctrl+[向上方或下方移动图层，即可将图层移入或移出图层组。

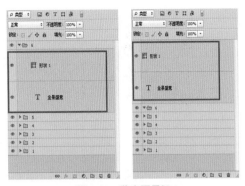

图 6-34　移出图层组

3. 取消图层组

执行"图层 > 取消图层编组"命令或按组合键 Ctrl+Shift+G，即可取消图层组，取消图层组后将保留图层组中的所有图层。

素材

6.2.5　实战——图层编组在 UI 作品中的使用

01 执行"文件 > 打开"命令，打开素材图像"素材\第 6 章\62501.psd"，如图 6-35 所示。打开"图层"面板，选中图层，执行"图层 > 图层编组"命令，"图层"面板如图 6-36 所示。

图 6-35　打开图像

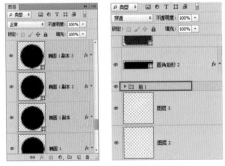

图 6-36　选中图层并执行命令

02 双击图层组，更改图层组的名称为"钉

子"，如图 6-37 所示。单击"图层"面板底部的"创建新组"按钮，创建图层组，并更改名称为"玻璃"，如图 6-38 所示。

图 6-37　修改图层组的名称

图 6-38　创建图层组并修改名称

03 选择如图 6-39 所示的图层和图层组，使用"移动工具"移动到"玻璃"图层组上，即可将它们移动到该图层组中，如图 6-40 所示。使用相同方法完成其余图层的编组，如图 6-41 所示。

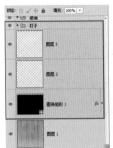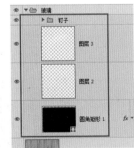

图 6-39　选中图层和图层组　　图 6-40　移入图层组

图 6-41　完成其余图层的编组

6.3　图层的编辑

好的 UI 作品通常由多个图层组合而成。在设计过程中，用户需要对各个图层的位置、叠放次序进行反复调整，使 UI 作品达到最佳的显示效果。本节将为读者介绍调整图层的叠放次序、锁定图层和链接图层等操作。

6.3.1　实战——移动、复制和删除图层

01 执行"文件＞打开"命令，打开素材文件"素材\第 6 章\63101.psd"。选中图层，执行"图层＞复制图层"命令，弹出"复制图层"对话框，如图 6-42 所示，单击"确定"按钮，得到复制图层，如图 6-43 所示。

图 6-42　"复制图层"对话框

图 6-43　复制图层

> **提示** ▶▶ 将需要复制的图层拖曳到"图层"面板中的"创建新图层"按钮上或执行"图层＞复制图层"命令，即可复制图层。

02 使用"移动工具"将"图层 16 副本 2"图层移动到"背景"图层的上方，如图 6-44 所

示。选择"图层 16 副本"图层，单击"图层"面板中的"删除图层"按钮或按 Backspace 键将其删除，如图 6-45 所示。

素材

图 6-44　移动图层

图 6-45　删除图层

6.3.2　调整图层的叠放顺序

打开素材图像，选择需要调整的图层，如图 6-46 所示。向下拖曳该图层，图层的叠放顺序如图 6-47 所示。选择需要调整的图层，执行"图层＞排列"命令，弹出如图 6-48 所示的子菜单。在子菜单中选择某一选项，也可以实现调整图层顺序的操作。

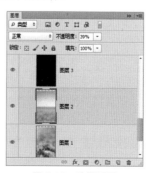

图 6-46　选择图层

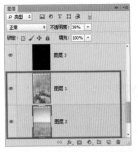

图 6-47　调整图层的叠放顺序　　图 6-48　子菜单

6.3.3 锁定图层

在"图层"面板上方有 4 个用于锁定图层的按钮，通过这 4 个按钮，可以分别对图像的透明区域、图像和位置进行锁定。

- 锁定透明像素▣：单击该按钮，可以将图层中的透明区域锁定，此时只能对图像的不透明区域进行编辑。
- 锁定图像像素▨：单击该按钮，可以将当前图层中的像素锁定，此时只能对该图层进行移动和变换操作。

单击"锁定图像像素"按钮后，将工具置于图像上，光标显示为如图 6-49 所示的形状，表示该工具被禁用。继续在图像上单击，则会弹出如图 6-50 所示的提示框。

图 6-49　禁用图标　　图 6-50　提示框

- 锁定位置✛：单击该按钮，可以锁定当前图层中图像的位置，锁定后将不能移动图层中对象的位置，但可以使用"画笔工具"和"滤镜"等工具和命令。
- 锁定全部🔒：单击该按钮，将锁定图层中图像的不透明区域、像素以及位置，图层将无法被移动和编辑。

素材

6.3.4 链接图层

选择需要链接的图层并单击"图层"面板底部的"链接图层"按钮，即可将选择的图层链接在一起，如图 6-51 所示。将图层链接在一起后，可以将它们看成一个整体，可以对链接在一起的多个图层进行移动或变换操作。

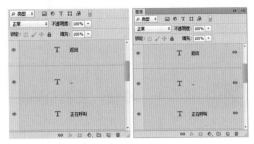

图 6-51　链接图层

6.3.5 栅格化图层

在 Photoshop 中有许多工具和命令只能在普通图层中使用，例如"画笔工具"和"橡皮擦工具"。如果用户想在特殊图层中使用这些工具，需要将特殊图层栅格化为普通图层。

选择图层，执行"图层 > 栅格化"命令，在"栅格化"子菜单中选择相应的选项，即可栅格化该图层。在"图层"面板中选择需要栅格化的图层，在该图层上右击，在弹出的快捷菜单中选择"栅格化图层"选项，即可栅格化选中的图层。图 6-52 所示为栅格化后的形状图层和文字图层。

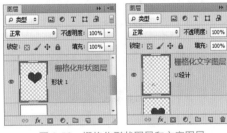

图 6-52　栅格化形状图层和文字图层

6.3.6 实战——自动对齐图层

01 执行"文件 > 打开"命令，打开素材图像"素材 \ 第 6 章 \63601.jpg ～ 63603.jpg"，将 63602.jpg 和 63603.jpg 拖曳到 63601.jpg 中，并选中所有图层，如图 6-53 所示。执行"编辑 > 自动对齐图层"命令，弹出"自动对齐图层"对话框，如图 6-54 所示。

图 6-53　选中多个图层

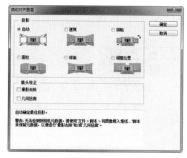

图 6-54　"自动对齐图层"对话框

02 单击"确定"按钮，系统将基于内容对齐所选图层，图层也将发生变化，"图层"面板如图 6-55 所示。自动对齐后的图像效果如图 6-56 所示。

图 6-55　"图层"面板　　图 6-56　图像效果

提示 ▶▶▶　"自动对齐图层"命令可以指定一个图层作为参考图层，也可以让 Photoshop 自动选择参考图层。其他图层将与参考图层对齐，以便匹配的内容能够自行叠加。

☆技术看板：6 种不同的投影方法☆

自动：Photoshop 将分析源图像并应用"透视"或"圆柱"版面。

透视：通过将源图像中的一个图像指定为参考图像来创建一致的复合图像，然后变换其他图像，以便匹配图层的重叠内容。

圆柱：通过在展开的圆柱上显示各个图像来减少在"透视"版面中会出现的"领结"扭曲，图层的重叠内容仍然匹配。它将参考图像居中放置，该选项最适合于创建宽全景图。

球面：将图像与宽视角对齐（垂直和水平），指定某个源图像为参考图像，并对其他图像执行球面变换，以便匹配重叠内容。

拼贴：对齐图层并匹配重叠内容，不更改图像中对象的形状（如圆形将保持为圆形）。

调整位置：对齐图层并匹配重叠内容，但不会变换（伸展或斜切）任何源图层。

6.3.7　自动混合图层

"自动混合图层"命令将对每个图层应用图层蒙版，以遮盖过度曝光、曝光不足的区域或内容差异，创建无缝混合效果。

选中两个或两个以上的图层，执行"编辑 > 自动混合图层"命令，弹出"自动混合图层"对话框，如图 6-57 所示，在该对话框中设置混合方法，单击"确定"按钮，即可对选中的图层进行自动混合的操作。

图 6-57　"自动混合图层"对话框

- 全景图：将重叠的图层混合为一个全景图。
- 堆叠图像：混合每个区域中的最佳细节，该选项适用于对齐的图像。
- 无缝色调和颜色：调整颜色和色调，以便进行无缝混合。

6.4　合并图层和盖印图层

通过合并图层可以更好地管理 UI 作品中的图层，可以减少图层数量以减少文件大小，同时使"图层"面板更加简洁。Photoshop 提供了多种合并图层的方法。

6.4.1　实战——合并图层

01 打 开 素 材 图 像 " 素 材 \ 第 6 章 \ 64101.psd"，然后打开"图层"面板，如图 6-58 所示。选中所有图层，右击，在弹出的快捷菜

素材

单中选择"栅格化图层"选项，如图 6-59 所示。

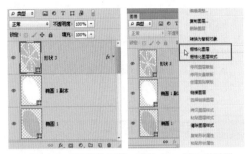

图 6-58 打开"图层"面板　图 6-59 栅格化图层

02 栅格化所有图层后，"图层"面板如图 6-60 所示。执行"图层 > 合并图层"命令或按组合键 Ctrl+E，将所选图层合并，"图层"面板如图 6-61 所示。

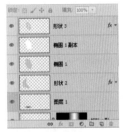

图 6-60 栅格化后　　　图 6-61 合并后

提示 ▶▶ 选择单个图层并执行"合并图层"命令，会自动将当前图层与下方图层合并，合并后的图层名称为下方图层的名称。如果当前文件中只有单个图层存在，则无法合并。

6.4.2 拼合图像

打开一个 PSD 文件，然后打开"图层"面板，将不需要拼合的图层隐藏，如图 6-62 所示。执行"图层 > 拼合图像"命令，如果有隐藏的图层，将会弹出如图 6-63 所示的对话框。

素材

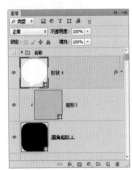

图 6-62 "图层"面板

图 6-63 提示框

单击"确定"按钮，所有的可见图层将合并为一个新的"背景"图层，而所有的隐藏图层将被删除，如图 6-64 所示。

图 6-64 拼合图像后的"图层"效果

执行"图层 > 新建 > 通过拷贝的图层"命令或按组合键 Ctrl+J，可复制当前选中的图层，如图 6-65 所示。如果在图层中有选区存在，将复制选区中的内容，如图 6-66 所示。

图 6-65 复制图层

图 6-66 复制选区内容

6.4.3 实战——盖印图层

01 打 开 素 材 图 像" 素 材 \ 第 6 章 \64301.psd"，选择"形状 2"图层，如图 6-67 所示。将其他图层隐藏，如图 6-68 所示。

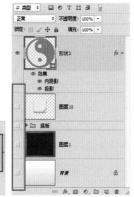

图 6-67　选择图层　　　图 6-68　隐藏其他图层

02 显示需要盖印图层的下方图层，按组合键 Ctrl+Alt+E，将图层盖印到下方图层中，并隐藏该图层，"图层"面板如图 6-69 所示，图像效果如图 6-70 所示。

图 6-69　盖印图层　　　图 6-70　图像效果

☆技术看板：快速盖印图层组☆

在"图层"面板中选择图层组，按组合键 Ctrl+Alt+E，可以将选中图层组中的所有图层盖印到一个新的图层中，原图层组中的图层内容保持不变。

6.4.4　盖印"背景"图层

单击选择多个图层并按组合键 Ctrl+Shift+Alt+E，可以创建一个包含所有图层内容的新图层，原图层内容保持不变。盖印的图层可以是连续的，也可以是不连续的。

6.5　"图层复合"面板

打开素材文件，执行"窗口＞图层复合"命令，打开"图层复合"面板，在面板中单击"创

建新的图层复合"按钮，弹出"新建图层复合"对话框，如图 6-71 所示。

图 6-71　"新建图层复合"对话框

- 应用于图层：可以记录当前新建的图层复合的保留信息，选择相应的选项可以记录相应的图层信息。
  - ➢ 可见性：勾选"可见性"复选框，可以记录"图层"面板中图层的隐藏与显示信息。
  - ➢ 位置：勾选"位置"复选框，可以记录图层在画布中的位置。
  - ➢ 外观（图层样式）：勾选"外观（图层样式）"复选框，可以记录图层的样式和混合模式。
- 注释：为当前新建的图层复合添加注释。

完成对"新建图层复合"对话框的设置后，单击"确定"按钮，在"图层复合"面板中将生成一个新的图层复合，如图 6-72 所示。

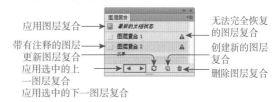

图 6-72　"图层复合"面板

- 应用图层复合：在需要应用的图层复合前方的空白区域单击即可应用图层复合并显示该标志，可应用的图层复合只有一种。
- 带有注释的图层复合：在"图层复合"的下方会显示该图层复合添加的注释信息，而且该注释信息可以被更改。
- 无法完全恢复的图层复合：如果在操作过程中对图层进行删除或合并等操作，有可能使图层复合操作失去部分甚至全部作用。为避免被用户忽略，

在失去作用的图层复合的右侧会显示一个警告标志。单击该标志，会弹出警告对话框，如图 6-73 所示。单击"清除"按钮，将清除"图层复合"面板中失去作用的图层，但其他记录不会发生变化。

图 6-73　警告框

- 应用选中的上 / 下一图层复合：如果同时建立了多个图层复合，单击这两个按钮可以在多个图层复合之间进行快速切换，但不会切换到"最后的文件状态"选项。

- 更新图层复合：单击该按钮，可以修复在图层复合中出现的一些问题（例如删除图层、合并图层）或对图层复合的更改进行更新。

6.6　设置图层的混合效果

图层的混合效果是 Photoshop 中一项非常重要的功能，利用图层的混合效果可以增强 UI 作品的美观性。

6.6.1　设置图层的不透明度

在"图层"面板中有两个控制图层不透明度的选项，即"不透明度"和"填充"。

创建一个心形形状，并为其添加"斜面和浮雕"图层样式，如图 6-74 所示。在打开的"图层"面板中修改图层的不透明度为 50%，图像效果如图 6-75 所示。设置图层的不透明度为 100%、填充为 50%，图像效果如图 6-76 所示。

图 6-74　图像效果　　图 6-75　不透明度为 50%

图 6-76　填充为 50%

"不透明度"影响整个图层中所有元素的不透明度，而"填充"只影响图层中像素的不透明度，对类似"图层样式"等元素的不透明度没有影响。

6.6.2　设置"混合选项"

除了可以使用图层的"混合模式"和"不透明度"混合图层外，Photoshop 还提供了一种高级的混合图层的方法，即使用"混合选项"功能进行混合。

选择一个图层，执行"图层 > 图层样式 > 混合选项"命令或双击该图层的缩览图，打开"图层样式"对话框，选择"混合选项"选项，如图 6-77 所示。

"常规混合"属性中的"不透明度"和"混合模式"与"图层"面板中对应选项的作用相同；"高级混合"选项中的"填充不透明度"与"图层"面板中"填充"的作用相同。

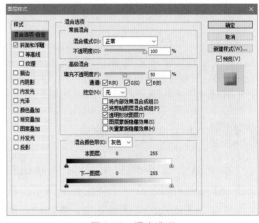

图 6-77　混合选项

> 提示 ▶▶　预览效果是指在该区域可以对图层样式的效果进行预览，但不是对图像的图层样式进行预览，如果需要对应用了图层样式的图像效果进行预览，可以勾选预览图上方的"预览"复选框，该复选框默认为勾选状态。

6.6.3 添加图层样式

图层样式是 Photoshop 最具吸引力的功能之一，使用它可以为图像添加阴影、发光、斜面和浮雕、叠加、描边等效果，从而创建具有真实质感的金属、塑料、玻璃和岩石效果。

1. 斜面和浮雕

打开素材图像，选择需要添加"斜面和浮雕"样式的图层，单击"图层"面板底部的"添加图层样式"按钮，在弹出的菜单中选择"斜面和浮雕"选项，弹出"图层样式"对话框，如图 6-78 所示。在该对话框中设置各项参数后，单击"确定"按钮，即可为选中图层添加"斜面和浮雕"图层样式。

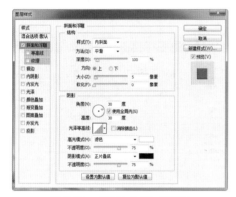

图 6-78 "图层样式"对话框

- 样式：可以选择斜面和浮雕的样式，有 5 种样式可以选择，图 6-79 所示为选择不同斜面和浮雕样式后的图像效果。
- 方法：用于选择创建浮雕的方法，包括"平滑""雕刻清晰"以及"雕刻柔和"3 种。

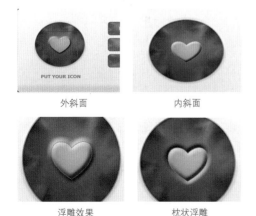

外斜面　　　　内斜面

浮雕效果　　　　枕状浮雕

图 6-79 不同样式的图像效果

2. 描边

打开素材图像，单击"图层"面板底部的"添加图层样式"按钮，在弹出的菜单中选择"描边"选项，弹出"图层样式"对话框，设置各项参数如图 6-80 所示，单击"确定"按钮，描边效果如图 6-81 所示。

图 6-80 设置参数

图 6-81 描边效果

提示 使用"描边"图层样式可以为图像边缘添加颜色、渐变或为图案的轮廓描边。

3. 内阴影

打开素材图像，单击"图层"面板底部的"添加图层样式"按钮，在弹出的菜单中选择"内阴影"选项，弹出"图层样式"对话框，设置各项参数如图 6-82 所示，单击"确定"按钮，内阴影效果如图 6-83 所示。

图 6-82 设置参数

图 6-83　内阴影效果

4. 内发光和外发光

打开素材图像，选择需要添加"内发光"图层样式的图层，单击"图层"面板上的"添加图层样式"按钮，在弹出的菜单中选择"内发光"选项，弹出"图层样式"对话框，设置各项参数如图 6-84 所示，单击"确定"按钮，内发光效果如图 6-85 所示。

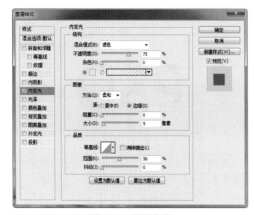

图 6-84　设置参数

图 6-85　内发光效果

> **提示** ▶▶ "外发光"图层样式的设置与"内发光"图层样式的设置基本类似。添加"外发光"图层样式后，图像的发光效果将显示在图像的外侧。

5. 光泽

为图层添加"光泽"图层样式可以在图像内部创建类似内阴影、内发光的光泽效果，此样式可以通过调整"大小"与"距离"等参数

对效果进行智能调控，得到的效果与内阴影、内发光的效果完全不同。

单击工具箱中的"直排文字工具"按钮，在画布上单击并输入黑色文字，如图 6-86 所示。执行"图层 > 图层样式 > 光泽"命令，打开"图层样式"对话框，设置参数如图 6-87 所示。设置完成后单击"确定"按钮，图像效果如图 6-88 所示。

低　举　疑　床　静
头　头　是　前　夜
思　望　地　明　思
故　明　上　月
乡　月　霜　光

图 6-86　输入文字

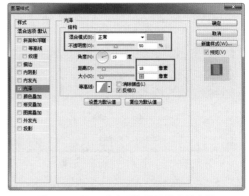

图 6-87　设置"光泽"图层样式的参数

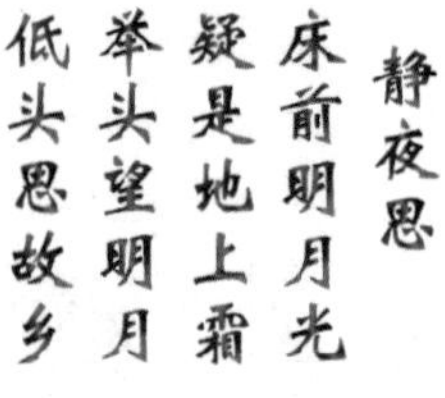

低　举　疑　床　静
头　头　是　前　夜
思　望　地　明　思
故　明　上　月
乡　月　霜　光

图 6-88　光泽效果

6. 颜色叠加、渐变叠加和图案叠加

单击工具箱中的"直排文字工具"按钮，在画布上单击并输入文字，然后执行"图层 > 图层样式 > 颜色叠加"命令，打开"图层样式"对话框，设置参数如图 6-89 所示，单击"确定"按钮，文字效果如图 6-90 所示。

"渐变叠加"和"图案叠加"图层样式与"颜

色叠加"图层样式在本质上并没有什么不同，但是由于"渐变叠加"需要同时控制多个颜色的叠加效果，所以可以设置的选项相对来说更多一些，而"图案叠加"图层样式可以使用自定义或系统自带的图案覆盖图层中的图像。

图 6-89 设置"颜色叠加"图层样式的参数

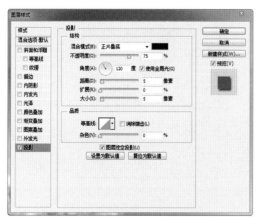

图 6-90 颜色叠加效果

7. 投影

打开素材图像，然后打开"图层"面板，双击图层缩览图，打开"图层样式"对话框，选择"投影"选项，设置各项参数如图 6-91 所示。单击"确定"按钮，投影效果如图 6-92 所示。

图 6-91 设置"投影"图层样式的参数

图 6-92 图像效果

6.6.4 实战——通过添加图层样式为界面添加质感

素材

01 执行"文件 > 新建"命令，弹出"新建"对话框，设置参数如图 6-93 所示。单击工具箱中的"渐变工具"按钮，在画布中填充从 RGB（173，64，51）到 RGB（127，95，165）的线性渐变，如图 6-94 所示。

图 6-93 新建文件

图 6-94 填充渐变

02 打开素材图像"素材 \ 第 6 章 \ 66401.jpg"，将其拖到新建文件中，效果如图 6-95 所示。使用"椭圆工具"在画布中绘制椭圆形状，并修改图层的"不透明度"为 70%，如图 6-96 所示。

03 打开"图层"面板，为图层添加"内阴影"和"渐变叠加"图层样式，设置"图层样式"对话框中的各项参数如图 6-97 所示。

图 6-95　打开图像

图 6-96　创建圆形状

RGB（208，210，213）

图 6-97　设置参数

04 使用相同方法完成相似形状的绘制，如图 6-98 所示。继续使用"椭圆工具"绘制如图 6-99 所示的形状。单击工具箱中的"多边形工具"按钮，在选项栏中选择"减去顶层形状"选项，在椭圆上绘制三角形，效果如图 6-100 所示。

图 6-98　绘制相似形状

图 6-99　绘制圆形形状

图 6-100　减去图形效果

05 为图层添加"描边"和"渐变叠加"图层样式，设置"图层样式"对话框中的各项参数如图 6-101 所示。执行"图层 > 创建剪贴蒙版"命令，效果如图 6-102 所示。使用相同方法完成如图 6-103 所示的形状效果。

RGB（175，30，51）

图 6-101　设置参数

图 6-102　创建剪贴蒙版

图 6-103　绘制形状效果

※ **知识链接：** 关于"横排文字工具"的使用，将在本书第 7 章中详细讲解。

06 单击工具箱中的"横排文字工具"按钮，在画布上单击并输入文字，如图 6-104 所示。打开"图层"面板，双击文字图层缩览图，为其添加"内阴影""渐变叠加"和"投影"图层样式，设置参数如图 6-105 所示，完成效果如图 6-106 所示。

图 6-104　添加文字

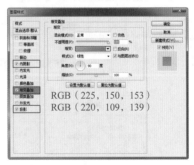

RGB（225，150，153）
RGB（220，109，139）

图 6-105　设置参数

图 6-106　完成效果

6.7　编辑图层样式

在实际的设计过程中，可以根据需要随时对图层样式进行修改、隐藏以及删除等操作，以获得丰富的图像效果，而且这些操作不会对图层内的图像元素造成影响。

6.7.1　显示与隐藏效果

在"图层"面板中，图层样式名称前面的眼睛图标用来控制样式的可见性，如图 6-107 所示。单击图层样式名称前的眼睛图标，即可显示或隐藏该图层样式的效果，如图 6-108 所示。

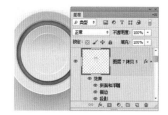

图 6-107　显示样式效果

图 6-108　隐藏样式效果

如果要隐藏一个图层中的所有效果，可以单击该图层效果前的眼睛图标，如图 6-109 所示。如果要隐藏文件中所有图层的效果，可以执行"图层 > 图层样式 > 隐藏所有效果"命令。

隐藏效果后，再次单击眼睛图标，可以重新显示效果。

图 6-109　隐藏全部效果

6.7.2　修改效果

双击"图层"面板中效果的名称，如图 6-110 所示，将弹出"图层样式"对话框，用户可以重新设置样式的参数，如图 6-111 所示。

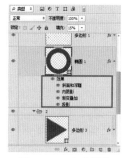

图 6-110　启动效果

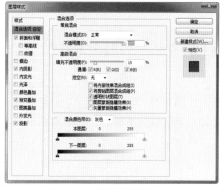

图 6-111　"图层样式"对话框

此处选择修改"渐变叠加"图层样式的效果，修改后各项参数如图 6-112 所示。同时还可以在左侧列表中选择添加其他样式效果，如图 6-113 所示。单击"确定"按钮，即可将修改后的样式效果应用于图形，如图 6-114 所示。

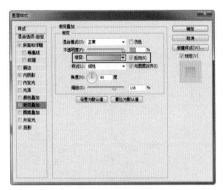

图 6-112　修改参数

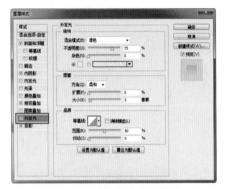

图 6-113　添加其他样式效果

图 6-114　图形样式效果

6.7.3 复制与粘贴图层效果

在"图层"面板中选择添加过图层样式的图层，如图 6-115 所示，执行"图层 > 图层样式 > 拷贝图层样式"命令，该图层样式效果将被复制到剪贴板中。选择其他图层，执行"图层 > 图层样式 > 粘贴图层样式"命令，即可将剪贴板中的图层样式粘贴到该图层中，如图 6-116 所示。

> **提示** ▶▶　在按住 Alt 键的同时将效果图标从一个图层拖曳到另一个图层上，可以将原图层中的所有效果复制到目标图层上。如果没有按 Alt 键，样式效果将直接转移到目标图层上，原图层将失去图层样式效果。

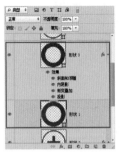 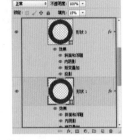

图 6-115　选择图层样式　　图 6-116　粘贴图层样式

6.7.4 清除图层样式

如果要删除一种图层样式，可以在"图层"面板中选择想要删除的图层样式，将其拖曳到"图层"面板底部的"删除图层"按钮上，如图 6-117 所示，这样即可删除该图层样式，如图 6-118 所示。

图 6-117　选择图层样式

图 6-118　删除图层样式

如果要删除一个图层中的所有图层样式，可以将图层样式图标拖曳到"删除图层"按钮上，如图 6-119 所示。另外，也可以选择该图层，执行"图层 > 图层样式 > 清除图层样式"命令，删除图层样式。

> **提示** ▶▶　选择想要删除图层样式的图层，右击，在弹出的快捷菜单中选择"清除图层样式"选项，即可删除该图层中的全部图层样式。

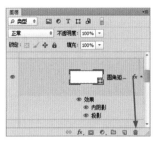

图 6-119　删除全部图层样式

6.7.5　使用"全局光"和"等高线"

在"图层样式"对话框中，"斜面和浮雕""内阴影"以及"投影"图层样式都包含一个"使用全局光"复选框，勾选该复选框，以上的图层样式将可以使用相同角度的光源。

在"图层样式"对话框中，"投影""内阴影""内发光""外发光""斜面和浮雕"以及"光泽"图层样式都包含"等高线"选项。

单击"等高线"选项右侧的按钮，可以在打开的面板中选择一个预设的等高线样式，如图 6-120 所示。单击等高线缩览图，可以弹出如图 6-121 所示的"等高线编辑器"对话框，在该对话框中用户可以自定义等高线。

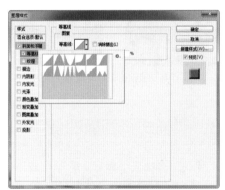

图 6-120　预设选项

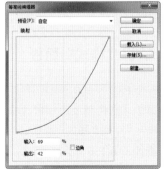

图 6-121　自定义等高线

6.7.6　实战——应用图层编辑功能使作品拥有完整结构

素材

01 执行"文件 > 新建"命令，弹出"新建"对话框，设置参数如图 6-122 所示。打开素材图像"素材 \ 第 6 章 \67601.png"，将图像拖曳到设计文件中，如图 6-123 所示。

图 6-122　新建文件

02 单击工具箱中的"圆角矩形工具"按钮，在选项栏中设置圆角矩形的半径为 30px，在画布上绘制如图 6-124 所示的形状。

图 6-123　使用素材图像　　图 6-124　创建圆角矩形

03 单击工具箱中的"自定形状工具"按钮，在选项栏中单击"形状"选项右侧的三角形按钮，在弹出的"自定形状"选取器面板中选择"雨滴"形状。使用"自定形状工具"在画布中绘制白色形状，如图 6-125 所示。

04 单击工具箱中的"椭圆工具"按钮，在选项栏中选择"减去顶层形状"选项，在画布上绘制形状，如图 6-126 所示。

图 6-125　绘制白色形状　　图 6-126　绘制形状

05 按组合键 Ctrl+T 调出定界框，右击，在弹出的快捷菜单中选择"旋转 180 度"选项，如图 6-127 所示，按 Enter 键确认旋转操作。

图 6-127　旋转操作

06 单击"图层"面板底部的"添加图层样式"按钮，在弹出的菜单中选择"斜面和浮雕"与"投影"选项，弹出"图层样式"对话框，设置参数如图 6-128 所示。单击工具箱中的"矩形工具"按钮，在画布上绘制黑色矩形，如图 6-129 所示。

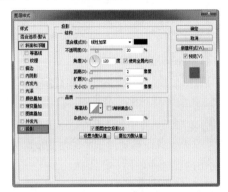

图 6-128　添加图层样式

07 修改图层的"不透明度"为 25%，图像效果如图 6-130 所示。选中"矩形 1"图层，将其拖曳到"形状 1"图层的下方，如图 6-131 所示。选中除"背景"图层以外的其他所有图层，执行"图层 > 图层编组"命令将图层编组，"图层"面板如图 6-132 所示。

图 6-129　创建黑色矩形　　图 6-130　设置不透明度

08 使用相同方法完成其他按钮图标的制作，完成效果如图 6-133 所示。单击工具箱中的"横排文字工具"按钮，在画布上单击并添加文字，完成效果如图 6-134 所示。

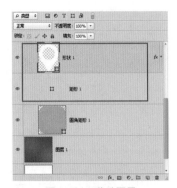

图 6-131　移动图层

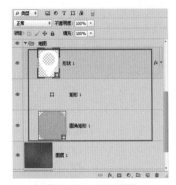

图 6-132　编组图层

图 6-133　制作其他按钮图标　　图 6-134　添加文字

6.8　"样式"面板的使用

"样式"面板用于保存、管理和应用图层样式，用户可以根据自己的需求将 Photoshop 中提供的预设样式或外部样式载入到该面板中，以便随时调用。

6.8.1　认识"样式"面板

打开一个 PSD 格式的素材图像，然后打开"图层"面板，选择需要添加样式的图层，如图 6-135 所示。打开"样式"面板，在"样式"面板中选择如图 6-136 所示的样式，应用样式的效果如图 6-137 所示。

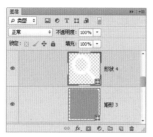

图 6-135 选择图层

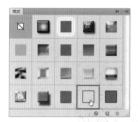

图 6-136 "样式"面板

图 6-137 应用样式的效果

在"图层"面板中将显示图层所应用的样式,如图 6-138 所示。再次选择一个新的样式,以前的样式将会被替换,如图 6-139 所示。

图 6-138 "图层"面板

图 6-139 样式被替换

6.8.2 创建样式和删除样式

在"图层"面板中选择需要创建新样式的图层,单击"样式"面板底部的"创建新样式"按钮,如图 6-140 所示,即可创建新样式。新建的样式将显示在"样式"面板中。

图 6-140 创建新样式

打开"样式"面板,单击面板右上角的三角形按钮,在弹出的面板菜单中选择"新建样式"选项,弹出"新建样式"对话框,如图 6-141 所示。设置选项后,单击"确定"按钮,创建的新样式将显示在"样式"面板中。

图 6-141 "新建样式"对话框

如果要删除"样式"面板中的任意样式,将选中的样式拖曳到"删除样式"按钮上,或按住 Alt 键同时单击需要删除的样式,即可将其删除。

6.8.3 存储样式

单击"样式"面板右上角的三角形按钮,在弹出的面板菜单中选择"存储样式"选项,如图 6-142 所示,打开"存储"对话框,如图 6-143 所示,设置样式名称和存储位置后单击"确定"按钮,即可将"样式"面板中的样式保存为 ASL 格式的样式文件。

图 6-142 存储样式

图 6-143　"存储"对话框

6.8.4　载入样式

单击"样式"面板右上角的三角形按钮，在弹出的面板菜单中选择"载入样式"选项，如图 6-144 所示，打开"载入"对话框，在该对话框中可以选择想要载入的 ASL 格式的样式文件，如图 6-145 所示。单击"载入"按钮，即可将选中的外部样式载入到"样式"面板中。

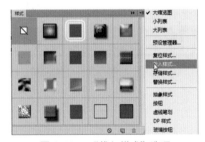

图 6-144　"载入样式"选项

图 6-145　"载入"对话框

6.9　填充和调整图层

填充和调整图层可以对整个图层的颜色和色调进行调整，它们都属于特殊的图层，并不包含任何图像像素，但可以包含一个填充颜色和图像调整命令，通过更改其颜色或参数实现调整图像颜色和色调的操作。

6.9.1　纯色填充

单击"图层"面板底部的"创建新的填充或调整图层"按钮，在弹出的快捷菜单中选择"纯色"选项，弹出"拾色器（纯色）"对话框，如图 6-146 所示。在该对话框中设置填充颜色，完成后单击"确定"按钮，即可创建一个纯色填充图层，如图 6-147 所示。

图 6-146　设置填充颜色

图 6-147　纯色填充图层

☆技术看板：填充图层的使用技巧☆

填充图层是作为一个图层保存在图像中的，无论修改或编辑，都不会影响其他图层和整个图像的品质，还具有可以反复修改和编辑的特性。

6.9.2　渐变填充

单击"图层"面板中的"创建新的填充或调整图层"按钮，在弹出的快捷菜单中选择"渐变"选项，弹出"渐变填充"对话框，如图 6-148 所示。

图 6-148　"渐变填充"对话框

在弹出的"渐变填充"对话框中设置参数，单击"渐变预览条"按钮，在弹出的"渐变编辑器"中设置渐变颜色，如图 6-149 所示。

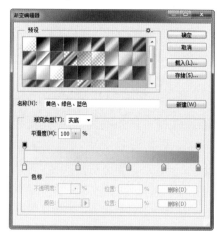

图 6-149 渐变编辑器

提示 执行"图层 > 新建填充图层 > 渐变"命令，弹出"新建图层"对话框，在该对话框中可以设置图层的名称、颜色和模式等参数。单击"确定"按钮，将弹出"渐变填充"对话框，在该对话框中可以设置渐变颜色的参数。

设置完成后单击"确定"按钮，选定的渐变颜色出现在渐变预览条上，继续单击"确定"按钮，画布被填充渐变颜色，如图 6-150 所示。

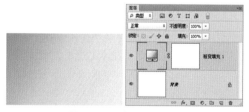

图 6-150 填充渐变颜色

提示 如果想重新设置填充图层的参数，可在"图层"面板中双击填充图层的图层缩览图或执行"图层 > 图层内容选项"命令。如果要更改图层的填充类型，在选择填充图层后执行"图层 > 更改图层内容"命令，在打开的子菜单中选择一种类型即可。

6.9.3 实战——使用图案填充制作图标

01 打 开 素 材 图 像 " 素 材 \ 第 6 章 \ 69301.png"，如图 6-151 所示。执行"编辑 >

定义图案"命令，弹出"图案名称"对话框，如图 6-152 所示。单击"确定"按钮，将所需花纹定义为图案。

图 6-151 打开素材图像

图 6-152 定义图案

02 打 开 素 材 图 像 " 素 材 \ 第 6 章 \ 69302.png"，如图 6-153 所示。单击工具箱中的"椭圆选框工具"按钮，在画布中绘制椭圆选区，如图 6-154 所示。

03 单击"图层"面板底部的"创建新的填充或调整图层"按钮，在弹出的快捷菜单中选择"图案"选项，然后在弹出的"图案填充"对话框中选择自定义的花纹图案，如图 6-155 所示。

图 6-153 打开图像　　图 6-154 创建选区

图 6-155 "图案填充"对话框

04 单击"紧贴原点"按钮后单击"确定"按钮，创建图案填充图层，如图 6-156 所示。设置图案填充图层的"混合模式"为"正片叠底"，调整图层的"不透明度"为90%，"图层"面板如图 6-157 所示，图像效果如图 6-158 所示。

素材

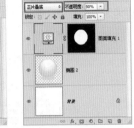

图 6-156　图案填充图层　　图 6-157　调整混合模式

图 6-158　图像效果

6.9.4　调整图层

调整图层允许用户以图层的形式在图像上添加各种调色命令。这种调整方式既不会对图像造成任何破坏，又能随时调整参数。

执行"图层 > 新建调整图层"命令下的子菜单选项，或执行"窗口 > 调整"命令，打开"调整"面板，单击其中的调整图层按钮，都可以创建调整图层。

在"调整"面板中包含用于调整颜色和色调的工具，如图 6-159 所示。单击任一调整图层按钮，可以在"属性"面板中显示对应的参数设置选项，并创建调整图层，如图 6-160 所示。

图 6-159　"调整"面板

- 剪贴蒙版：单击该按钮，可以创建剪贴蒙版，此时调整图层仅影响它下面的一个图层；若再次单击该按钮，可以将此调整图层应用于调整图层下面的所有图层。

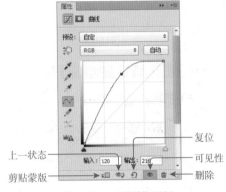

图 6-160　"属性"面板

- 上一状态：当调整参数后，可单击该按钮或按下 \ 键，在窗口中查看图像的上一个调整状态，以便比较两种调整结果。
- 复位：将调整参数恢复到默认值。
- 可见性：单击该按钮，可以隐藏或显示调整图层。
- 删除：单击该按钮，可删除当前调整图层。

6.10　认识蒙版

蒙版用来模仿传统印刷中的一种工艺，由于在印刷时用一种红色的胶状物来保护印版，所以在 Photoshop 中蒙版默认的颜色是红色。蒙版是将不同的灰度色值转化为不同透明度，并作用到它所在的图层，使图层的不同部位的透明度产生相应的变化，黑色为完全透明，白色为完全不透明。

6.10.1　蒙版的简介及分类

蒙版用于保护被遮蔽的区域，使该区域不受任何操作的影响。蒙版是作为 8 位灰度通道存放的，可以使用所有绘画和编辑工具进行调整和编辑。在"通道"面板中选择蒙版通道后，前景色和背景色都以灰度显示，蒙版可以将需要重复使用的选区存储为 Alpha 通道，如图 6-161 所示。

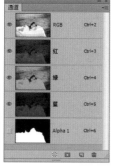

图 6-161　存储为 Alpha 通道

Photoshop 为用户提供了 3 种蒙版，分别是图层蒙版、剪贴蒙版和矢量蒙版。图层蒙版通过蒙版中的灰度信息来控制图像的显示区域；剪贴蒙版通过一个对象的轮廓控制其他图层的显示区域；矢量蒙版通过路径和矢量形状控制图像的显示区域。

6.10.2　蒙版的"属性"面板

蒙版的"属性"面板用于调整选定的剪贴蒙版、图层蒙版或矢量蒙版的不透明度和羽化范围。单击"图层"面板中的蒙版再执行"窗口 > 属性"命令，或双击蒙版，打开其"属性"面板，如图 6-162 所示。

图 6-162　蒙版的"属性"面板

- 当前选择的蒙版：显示在"图层"面板中选择的蒙版类型，此时可以在蒙版的"属性"面板中对其进行编辑。
- 浓度：拖曳该选项的滑块可以控制蒙版的不透明度，即蒙版的遮盖强度。
- 羽化：拖曳该选项的滑块可以柔化蒙版的边缘。

- 蒙版边缘：单击该按钮，将弹出"调整蒙版"对话框，通过选项的设置可以修改蒙版的边缘，并针对不同的背景查看蒙版。
- 颜色范围：单击该按钮，将弹出"色彩范围"对话框，通过在图像中取样并调整颜色容差设置蒙版的范围。
- 反相：单击该按钮，可以反转蒙版的遮盖区域。
- 从蒙版中载入选区：单击该按钮，可以载入蒙版中所包含的选区。
- 应用蒙版：单击该按钮，可以将蒙版应用到图像中，使原来被蒙版的区域成为真正的透明区域。
- 停用 / 启用蒙版：单击该按钮或在按住 Shift 键的同时单击蒙版缩览图，可以停用或重新启用蒙版。在停用蒙版时，蒙版缩览图中会出现红色的 × 图示。
- 删除蒙版：单击该按钮，可以删除当前选择的蒙版。在"图层"面板中将蒙版缩览图拖曳至"删除图层"按钮上，也可以将其删除。

6.11　图层蒙版

在 Photoshop 中可以向图层添加蒙版，然后使用此蒙版隐藏部分图层并显示下面的图层。运用蒙版来处理图层是一项重要的合成技术，可用于将多张照片组合成单个图像，也可用于局部颜色和色调的校正。

6.11.1　认识图层蒙版

在"图层"面板中，图层蒙版显示为图层缩览图右边的附加缩览图，此缩览图代表添加蒙版时创建的灰度通道。图层蒙版也包括很多种类型，例如普通图层蒙版、调整图层蒙版和滤镜图层蒙版等。

蒙版中的纯白色区域可以遮盖下面图层中的内容，只显示当前图层中的图像；蒙版中的纯黑色区域可以遮盖当前图层中的图像，显示下面图层中的内容；蒙版中的灰色区域会根据其灰度值使当前图层中的图像呈现出不同程度的透明效果，如图 6-163 所示。

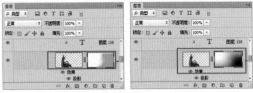

图 6-163　不同程度的透明效果

6.11.2 实战——使用图层蒙版绘制图标

01 执行"文件 > 新建"命令，弹出"新建"对话框，设置参数如图 6-164 所示。单击工具箱中的"椭圆工具"按钮，在选项栏中设置描边宽度为 5px、"填充"颜色为 RGB（249，166，77），按住 Shift 键在画布上绘制圆形，如图 6-165 所示。

图 6-164　新建文件

图 6-165　创建圆形形状

02 使用"椭圆工具"在画布上绘制如图 6-166 所示的圆形，然后单击"图层"面板底部的"添加图层样式"按钮，在弹出的"图层样式"对话框中设置参数如图 6-167 所示，单击"确定"按钮。使用相同方法绘制如图 6-168

所示的圆形。

03 单击工具箱中的"椭圆工具"按钮，在选项栏中设置"填充"颜色为 RGB（242，130，2），在画布上绘制如图 6-169 所示的椭圆。

图 6-166　绘制圆形形状

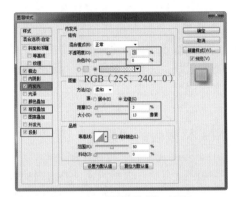

图 6-167　"图层样式"对话框

图 6-168　绘制圆形

图 6-169　创建椭圆

04 修改图层的"不透明度"为 15%，图像效果如图 6-170 所示。使用相同方法绘制如图 6-171 所示的椭圆。

图 6-170　修改不透明度　　图 6-171　绘制椭圆形状

05 使用"椭圆工具"在画布上绘制"填充"颜色为 RGB（255，209，23）的圆形，效果如图 6-172 所示。

06 单击工具箱中的"矩形工具"按钮，在选项栏中选择"减去顶层形状"选项，然后在画布上连续绘制矩形，如图 6-173 所示。使用组合键 Ctrl+T 调出定界框，旋转形状如图 6-174 所示。

图 6-172　创建圆形形状

图 6-173　减去矩形形状　　图 6-174　旋转形状

07 单击"图层"面板底部的"添加图层蒙版"按钮，使用"画笔工具"在蒙版上绘制黑色形状，如图 6-175 所示。

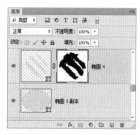

图 6-175　添加图层蒙版

08 打开蒙版的"属性"面板，设置参数如图 6-176 所示。打开"图层"面板，设置图层的"不透明度"为 70%，如图 6-177 所示。

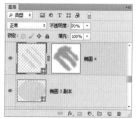

图 6-176　设置属性参数　　图 6-177　更改不透明度

09 使用"椭圆工具"在画布上绘制"填充"颜色为 RGB（255，132，36）的椭圆，如图 6-178 所示。打开"图层"面板，设置图层的"不透明度"为 35%，效果如图 6-179 所示。

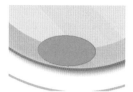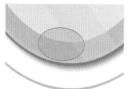

图 6-178　创建椭圆形状　　图 6-179　修改不透明度

10 使用相同方法完成如图 6-180 所示形状的绘制。使用"圆角矩形工具"在画布上绘制如图 6-181 所示的黑色形状，然后使用"直接选择工具"拖曳调整形状上的锚点，效果如图 6-182 所示。

图 6-180　绘制形状

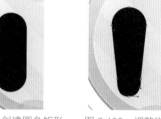

图 6-181　创建圆角矩形　　图 6-182　调整锚点

11 按组合键 Ctrl+T，拖曳旋转形状，效果如图 6-183 所示。使用相同方法制作如图 6-184 所示的效果。选中"圆角矩形 1"和"圆角矩形 2"图层，右击，在弹出的快捷菜单中选择"合并形状"选项，"图层"面板如图 6-185 所示。

图 6-183　旋转形状　　图 6-184　绘制相似形状

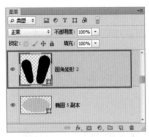

图 6-185　合并形状

12 单击"图层"面板底部的"添加图层样式"按钮，弹出"图层样式"对话框，设置参数如图 6-186 所示。继续使用相同方法绘制其他图形，完成后的图形效果如图 6-187 所示。

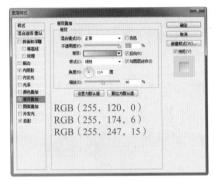

RGB (255, 120, 0)
RGB (255, 174, 6)
RGB (255, 247, 15)

图 6-186　"图层样式"对话框

图 6-187　图形效果

6.12　矢量蒙版

从功能上看，矢量蒙版类似于图层蒙版，但是两者之间有着许多不同之处，最本质的区别是矢量蒙版使用矢量图形控制图像的显示与隐藏，而图层蒙版则使用图像中的像素控制图像的显示与隐藏。

6.12.1　创建矢量蒙版

打开素材图像，单击工具箱中的"椭圆工具"按钮，在画布上绘制圆形路径，如图 6-188 所示。再次打开一张素材图像，使用"移动工具"将图像移动到上一张图像中，如图 6-189 所示。执行"图层 > 矢量蒙版 > 当前路径"命令，即可创建矢量蒙版，如图 6-190 所示。

图 6-188　创建路径　　图 6-189　打开素材图像

图 6-190　创建矢量蒙版

> **提示 ▶▶▶** 矢量蒙版通常由"钢笔工具"或"形状工具"创建，是与分辨率无关的蒙版，它通过路径和矢量形状控制图像的显示区域，可以任意缩放，常用来创建 Logo、按钮、面板或其他的 UI 元素。

6.12.2　编辑和变换矢量蒙版

单击选中矢量蒙版，在蒙版缩览图的周围会出现一个黑色的框，如图 6-191 所示。执行"编辑 > 变换路径"命令，弹出如图 6-192 所示的子菜单，选择其中的选项，即可对矢量蒙版进行变换操作。

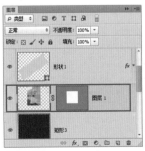

图 6-191　选中矢量蒙版

图 6-192　变换路径

打开"图层"面板，保持矢量蒙版缩览图处于选中状态，用户可以使用"直接选择工具"选择路径上的锚点，拖曳调整路径的形状，此时矢量蒙版的形状也会随之发生变化。

6.12.3　为矢量蒙版添加样式

在创建了矢量蒙版后，可以通过为矢量蒙版图层添加图层样式来丰富矢量蒙版的效果。

打开素材图像，选择添加了矢量蒙版的图层，单击"图层"面板底部的"添加图层样式"按钮，在弹出的下拉菜单中选择"斜面和浮雕"选项，弹出"图层样式"对话框，设置参数如图 6-193 所示。设置完成后，单击"确定"按钮，图像效果如图 6-194 所示。

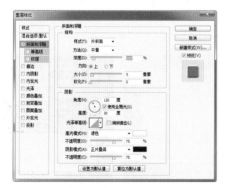

图 6-193　设置参数

图 6-194　图像效果

在创建矢量蒙版后，蒙版缩览图和图像缩览图之间会有一个链接图标，它表示蒙版与图像处于链接状态，此时进行任何变换操作，蒙版都会与图像一起变换。执行"图层＞矢量蒙版＞取消链接"命令或单击该链接图标，即可取消链接。取消链接后，可以单独变换图像或蒙版。

6.13　剪贴蒙版

剪贴蒙版是一种非常灵活的蒙版，它使用一个图像的形状限制另一个图像的显示范围，而矢量蒙版和图层蒙版都只能控制一个图层的显示区域。

6.13.1　认识剪贴蒙版

剪贴蒙版可以使用某个图层的轮廓来遮盖其上方的图层，遮盖效果由底部图层或基底图层的范围决定。

在剪贴蒙版组中，下面的图层为基底图层，其图层名称带有下画线；上面的图层为内容图层，内容图层的缩览图为缩进状态，并显示图标。

6.13.2　剪贴蒙版的"混合样式"

剪贴蒙版组使用基底图层的"不透明度"属性，也就是说，当设置基底图层的"不透明度"时，可以控制整个剪贴蒙版组的不透明度。如果设置内容图层的"不透明度"属性，将不会影响到剪贴蒙版组中的其他图层，效果如图 6-195 所示。

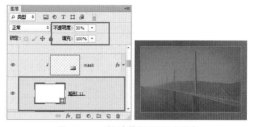

图 6-195　剪贴蒙版的不透明度

剪贴蒙版使用基底图层的"混合模式"属性，当基底图层为"正常"模式时，所有图层将按照各自的混合模式与下面的图层混合。

在设置基底图层的"混合模式"时，整个剪贴蒙版中的图层都会使用该模式与下面的图层混合，如图 6-196 所示。

图 6-196　设置混合模式

素材

如果只设置内容图层的"混合模式"属性，则仅对其自身产生作用，不会影响其他图层，如图 6-197 所示。

图 6-197　只设置内容图层的混合模式

6.13.3　释放剪贴蒙版

将一个图层拖曳到基底图层上，可以将其加入到剪贴蒙版组中。将内容图层移出剪贴蒙版组，则可以释放该图层。选择基底图层正上方的内容图层，执行"图层 > 释放剪贴蒙版"命令或按组合键 Alt+Ctrl+G，可以释放全部剪贴蒙版，如图 6-198 所示。

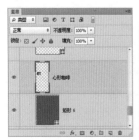

图 6-198　释放剪贴蒙版

将光标置于"图层"面板中需要创建剪贴图层的两个图层的分隔线上，按住 Alt 键，当光标变为如图 6-199 所示的形状时，单击即可创建剪贴蒙版。按住 Alt 键，当光标变为如图 6-200 所示的形状时，单击即可释放剪贴蒙版。

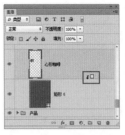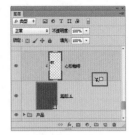

图 6-199　创建剪贴蒙版　　图 6-200　释放剪贴蒙版

6.13.4　实战——绘制视频播放界面

01 打开素材图像"素材 \ 第 6 章 \ 613401.jpg"，如图 6-201 所示。单击工具箱中的"矩形工具"按钮，在画布上绘制白色矩形，如图 6-202 所示。打开素材图像"素材 \ 第 6 章 \613402.jpg"，使用"移动工具"将其拖曳到文件中，如图 6-203 所示。

图 6-201　打开素材图像

图 6-202　创建矩形形状　图 6-203　打开并拖曳素材图像

02 执行"图层 > 创建剪贴蒙版"命令或按组合键 Alt+Ctrl+G，创建剪贴蒙版，图像效果如图 6-204 所示。使用"横排文字工具"在画布上单击并输入文字，如图 6-205 所示。使用"直线工具"在画布上绘制"填充"颜色为 RGB（201，203，208）的直线，效果如图 6-206 所示。

图 6-204　创建剪贴蒙版

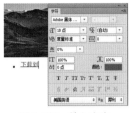

图 6-205　输入文字　　　图 6-206　绘制直线

03 使用"横排文字工具"在画布上单击并输入文字，如图 6-207 所示。单击工具箱中的"椭圆工具"按钮，在画布上绘制黑色的正圆，如图 6-208 所示。

图 6-207　输入文字　　　图 6-208　创建黑色的正圆

04 单击"图层"面板底部的"添加图层样式"按钮，弹出"图层样式"对话框，设置参数如图 6-209 所示，单击"确定"按钮。在"图层"面板中修改图层的"不透明度"为 65%，

图像效果如图 6-210 所示。

图 6-209　"图层样式"对话框

05 单击工具箱中的"自定形状工具"按钮，在画布上绘制"填充"颜色为 RGB（248，76，48）的形状，如图 6-211 所示。继续使用相同方法制作其他页面效果，如图 6-212 所示。

图 6-210　修改不透明度　　　图 6-211　创建形状

图 6-212　制作其他页面效果

第 7 章
文字在设计中的应用——巧用文字

7.1 使用文字

文字是 UI 设计作品的重要元素之一，在 Photoshop 中，除了可以直接使用文字工具输入文字外，还可以结合图层样式和滤镜等制作一些常见的文字效果。本章主要针对文字工具的使用方法和使用技巧进行讲解。

素材

7.1.1 认识文字工具

单击工具箱中的"横排文字工具"按钮或按快捷键 T，即可展开文字工具组，该组中包含 4 种工具，如图 7-1 所示。

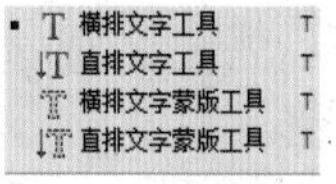

```
T  横排文字工具        T
IT 直排文字工具        T
T  横排文字蒙版工具    T
IT 直排文字蒙版工具    T
```

图 7-1　文字工具组

☆技术看板：文本的不同分类方式☆

文本按排列方式划分，可分为横排文字和直排文字；按创建内容划分，可分为点文本、路径文字和段落文本；按文字类型划分，可分为文字和文字蒙版。

7.1.2 输入横排文字

单击工具箱中的"横排文字工具"按钮，在画布中单击创建文本输入点，如图 7-2 所示。用户输入文字后，效果如图 7-3 所示。输入完成后单击选项栏中的"提交"按钮或单击工具箱中的其他工具按钮，完成文字的输入。

> **提示** ▶▶▶ 当文本处于编辑状态时，只能执行输入和编辑文本的操作。要想执行其他操作，必须提交当前文字。

图 7-2　创建文本输入点　　　图 7-3　输入文字

7.1.3 实战——输入横排文字

01 执行"文件 > 打开"命令，打开素材图像"素材\第 7 章\71301.jpg"，如图 7-4 所示。单击工具箱中的"圆角矩形工具"按钮，在画布中绘制圆角矩形形状，并设置"图层"面板中的"填充"不透明度为 0，效果如图 7-5 所示。

图 7-4　打开图像　　　图 7-5　绘制圆角矩形

02 执行"图层 > 图层样式"命令，弹出"图层样式"对话框，选择"描边""内发光""渐变叠加""外发光"和"投影"等图层样式，设置参数如图 7-6 所示，然后单击"确定"按钮，图像效果如图 7-7 所示。

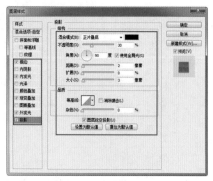

图 7-6　添加图层样式

图 7-7　图像效果

03 单击工具箱中的"矩形工具"按钮，在画布中绘制如图 7-8 所示的矩形，并设置图层的"不透明度"为 13%。打开素材图像"素材\第 7 章\71301.jpg"，将其拖曳到画布中，并调整大小和位置，如图 7-9 所示。

图 7-8　绘制矩形　　　图 7-9　打开并拖曳图像

04 单击工具箱中的"横排文字工具"按钮，打开"字符"面板，设置参数如图 7-10 所示，然后在画布中单击并输入文字。使用"椭圆工具"在画布中绘制圆形状，并设置"图层"面板中的"填充"不透明度为 4%，效果如图 7-11 所示。

图 7-10　设置参数

图 7-11　图像效果

05 执行"图层 > 图层样式"命令，弹出"图层样式"对话框，选择添加"描边""内阴影"和"渐变叠加"等图层样式，设置参数如图 7-12 所示。单击"确定"按钮，图像效果如图 7-13 所示。

图 7-12　添加图层样式

图 7-13　图像效果

06 单击工具箱中的"矩形工具"按钮，在画布中绘制矩形，如图 7-14 所示。按组合键 Ctrl+T，旋转矩形如图 7-15 所示，按 Enter 键确认变换。

图 7-14　绘制矩形　　　图 7-15　旋转矩形

07 复制"矩形 3"图层，得到"矩形 3 副本"图层，执行"编辑 > 变换路径 > 水平翻转"命令，并移动图形的位置，效果如图 7-16 所示。使用相同方法可以制作其他相似内容，如图 7-17 所示。

图 7-16　复制并水平翻转形状

图 7-17　完成效果

7.1.4 输入直排文字

单击工具箱中的"直排文字工具"按钮，在画布中单击创建文本输入点，如图 7-18 所示。输入文字后，单击选项栏中的"提交"按钮，完成文字的输入，文字效果如图 7-19 所示。

图 7-18 创建文本输入点

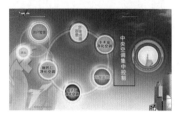

图 7-19 文字效果

7.1.5 输入段落文字

当用户需要输入多行文字内容时，可以创建段落文字。在输入段落文字时，文字会根据文本框的大小自动换行。用户可以自由调整文本框的大小，段落文字将在调整后的文本框中重新排列。

素材

7.1.6 实战——输入段落文字

01 打开素材图像"素材 \ 第 7 章 \ 71601.jpg"，如图 7-20 所示。单击工具箱中的"矩形工具"按钮，在画布中绘制矩形，如图 7-21 所示。

图 7-20 打开图像

图 7-21 绘制矩形

02 单击"图层"面板底部的"添加图层样式"按钮，在弹出的下拉列表中选择"投影"选项，弹出"图层样式"对话框，设置参数如图 7-22 所示。

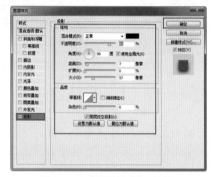

图 7-22 "图层样式"对话框

03 单击"确定"按钮，打开素材图像"素材 \ 第 7 章 \71602.jpg"，使用"移动工具"将图像拖曳到画布中并调整到如图 7-23 所示的位置。

图 7-23 打开图像并拖入文件

04 单击工具箱中的"横排文字工具"按钮，打开"字符"面板设置文字参数，然后输入如图 7-24 所示的文字。使用相同方法输入其他文字内容，效果如图 7-25 所示。

05 单击工具箱中的"横排文字工具"按钮，在画布中单击并拖曳创建文本框，如图 7-26 所示。在文本框中输入文字，完成后单击选项栏中的"提交"按钮，段落文字效果如图 7-27 所示。

图 7-24 输入文字

图 7-25 输入其他文字

图 7-26 创建文本框

图 7-27 段落文字效果

提示▶▶ 按住 Ctrl 键，将光标移至文本框内，拖曳即可移至文本框的位置；将光标移至文本框外，拖曳也可移动文本框的位置。按住 Ctrl 键，将光标移至交叉控制点上，拖曳即可等比例缩放文本框；将光标移至交叉控制点外，拖曳即可旋转文本框，文本框中文本的大小会跟随文本定界框的大小而改变。

7.1.7 点文本与段落文本的相互转换

在 Photoshop 中，点文本和段落文本是可以相互转换的。如果当前文本为点文本，执行"文字 > 转换为段落文本"命令，可将其转换为段落文本；如果当前文本是段落文本，执行"文字 > 转换为点文本"命令，可将其转换为点文本。

☆技术看板：段落文本转换为点文本☆

在将段落文本转换为点文本时，溢出文本框的字符将被删除。因此，为了避免文字丢失，在转换前应调整文本框，显示所有文字。

打开一张素材图像，如图 7-28 所示。单击工具箱中的"横排文字工具"按钮，在画布中单击创建输入点并输入文字，用这种方法创建的文字段落为点文本，如图 7-29 所示。

图 7-28 打开图像

图 7-29 点文本

在"图层"面板上选中该文字图层，如图 7-30 所示。执行"文字 > 转换为段落文本"命令，当前点文本将被转换为段落文本，如图 7-31 所示。

图 7-30 选中文字图层

图 7-31 转换为段落文本

7.2 选择文本

在 Photoshop 中，为了使设计别具一格，往往要对文本进行编辑，而选择文本是进行文本编辑的第一步。

7.2.1 选择全部文本

若要选择全部文本，使用"横排文字工具"单击文字段落，使文字进入编辑状态，按组合键 Ctrl+A 或在"图层"面板中双击该文字图层的缩览图，即可选择全部文本，效果如图 7-32 所示。

图 7-32 选择全部文本

7.2.2 选择部分文本

如果想选择部分文本，使用"横排文字工具"在文本框中单击并拖曳，这样即可选择部分文本，如图 7-33 所示。在文本框中光标所在的位置双击，即可选择当前位置的一句话，如图 7-34 所示。

图 7-33　选择部分文本　　图 7-34　选择当前文本

☆技术看板：如何选择文本☆

在文字进入编辑状态时，双击可以选择一个词组（或单词），三击可以选择一行，四击可以选择一段，五击或按组合键 Ctrl+A 可以选择全部文本。

7.3　使用文字工具的选项栏

单击工具箱中的"横排文字工具"按钮，在选项栏中会出现与文字设置相关的参数，例如颜色、字体、切换文本取向等参数，如图 7-35 所示。

图 7-35　"横排文字工具"的选项栏

7.3.1 切换文本取向

单击"切换文本取向"按钮，可切换文本的输入方向。使用"横排文字工具"在画布中输入横排文字，效果如图 7-36 所示。单击选项栏中的"切换文本取向"按钮，横排文字将转换为直排文字，文本效果如图 7-37 所示。

图 7-36　输入横排文字　　图 7-37　切换文本取向

7.3.2 设置字体系列

字体系列是具有相同整体外观的字体形成的集合，作用是统一文字的外观，使 UI 作品中的文字更具整体性。"设置字体系列"选项用于设置文本的字体，在该选项的下拉列表中可选择安装在计算机中的字体。

在文字工具的选项栏中，"字体"下拉列表中的字体名称默认采用英文显示，非常不便

于用户选择，如图 7-38 所示。用户可以在"首选项"对话框中取消对"文字"选项下的"以英文显示字体名称"复选框的选择，将字体以中文名称显示，如图 7-39 所示。

图 7-38　字体以英文名称显示

图 7-39　设置字体以中文名称显示

7.3.3　设置字体样式

"设置字体样式"选项用来为字符设置样式，其下拉列表中的选项会随着所选字体的不同而变化，一般包括 Regular（常规）、Italic（斜体）、Bold（粗体）和 Bold Italic（粗斜体）等，如图 7-40 所示。图 7-41 所示为同一个字体不同字体样式的文字效果。

图 7-40　字体样式类型

图 7-41　不同字体样式

7.3.4　设置字体大小

设置字体大小的方法有很多，最简单、直接的方法是在选项栏和"字符"面板中调整字体大小，也可以选中文字图层，按组合键 Ctrl+T，拖曳定界框调整字体大小。

☆技术看板：除了常规方法以外还有哪些方法☆

在输入文字的过程中，按住 Ctrl 键不放，将出现一个定界框，拖曳定界框的控制点，可向任意方向改变字体大小；按组合键 Ctrl+Shift，可以等比例改变字体大小。

7.3.5　实战——设置字体的样式及大小

素材

01 执行"文件 > 新建"命令，弹出"新建"对话框，设置参数如图 7-42 所示，单击"确定"按钮。打开素材图像"素材 \ 第 7 章 \ 73501.jpg"，使用"移动工具"将其拖曳到设计文件中，如图 7-43 所示。

图 7-42　"新建"对话框

图 7-43　打开并拖入图像

02 执行"滤镜 > 模糊 > 高斯模糊"命令，弹出"高斯模糊"对话框，设置参数如图 7-44 所示。单击"确定"按钮，图像效果如图 7-45 所示。

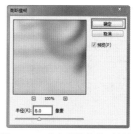

图 7-44　"高斯模糊"对话框　　图 7-45　模糊效果

03 单击工具箱中的"圆角矩形工具"按钮，在画布中绘制一个黑色的圆角矩形，如图7-46所示。设置图层的"不透明度"为40%，如图7-47所示。

图 7-46　创建圆角矩形

图 7-47　设置不透明度

04 双击该形状图层，弹出"图层样式"对话框，单击"颜色叠加"选项，设置参数如图7-48所示。单击"投影"选项，设置参数如图7-49所示。

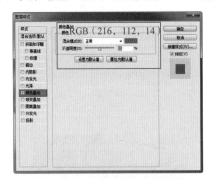

图 7-48　添加"颜色叠加"图层样式

05 单击"确定"按钮，然后单击工具箱中的"横排文字工具"按钮，打开"字符"面板，设置参数，在画布中输入文字，如图7-50所示。双击该文字图层，弹出"图层样式"对话框，单击"光泽"选项，设置参数如图7-51所示。

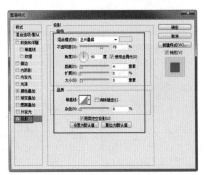

图 7-49　添加"投影"图层样式

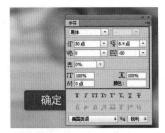

图 7-50　输入文字

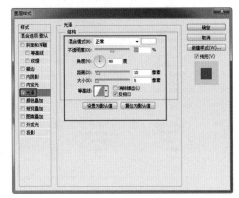

图 7-51　添加"光泽"图层样式

06 单击"确定"按钮，然后单击工具箱中的"直线工具"按钮，在选项栏中设置"填充"颜色为白色，在画布中绘制直线，如图7-52所示。使用相同方法再绘制一条直线，并输入文字，效果如图7-53所示。

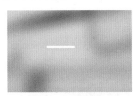

图 7-52　绘制直线

图 7-53　完成其他内容的制作

提示 ▶▶　完成文本的编辑后，除了单击选项栏中的"提交所有当前编辑"按钮以外，在工具箱中选择其他工具或在"图层"面板中单击任何图层，系统都会自动提交当前文字的输入或修改。

07 打开素材图像"素材\第7章\73501.jpg"，使用"移动工具"将图像拖曳到设计文件中，并调整位置与大小如图7-54

所示。然后输入其他文字，效果如图 7-55 所示。

图 7-54　打开图像　　图 7-55　输入其他文字

7.3.6　消除锯齿

消除锯齿后的文字会产生平滑的边缘，使文字的边缘混合到背景中，从而看不出锯齿，如果没有设置消除锯齿，文字的边缘会产生硬边和锯齿。在文字工具的选项栏中有 5 种消除锯齿的方法，如图 7-56 所示。执行"文字 > 消除锯齿"命令，弹出的子菜单如图 7-57 所示。

图 7-56　消除锯齿　图 7-57　执行命令弹出子菜单

- 无：不进行消除锯齿处理。
- 锐利：轻微消除锯齿，文本效果显得锐利。
- 犀利：轻微清除锯齿，文本效果显得稍微锐利。
- 浑厚：大量清除锯齿，文本效果显得更粗重。
- 平滑：大量清除锯齿，文本效果显得更平滑。

7.3.7　文本的对齐方式

在 Photoshop 中处理大量文本时，可以使用文本对齐方式来约束文本内容，从而提高工作效率。在文字工具的选项栏中提供了 3 种文本对齐方式，分别是居中对齐文本、左对齐文本和右对齐文本，图 7-58 所示为不同对齐方式的效果。

左对齐　　　　居中对齐　　　　右对齐

图 7-58　不同对齐方式的效果

7.4　设置字符和段落属性

在编辑文本时，无论是输入点文本还是段落文本，都可以使用"字符"和"段落"面板指定文字的字体、粗细、大小、颜色以及字距调整、基线移动、对齐等属性。

7.4.1　"字符"面板

使用"字符"面板可以修改字符的属性，例如字体、大小、字间距、对齐方式、颜色和行距等。执行"窗口 > 字符"命令，将打开"字符"面板，如图 7-59 所示。

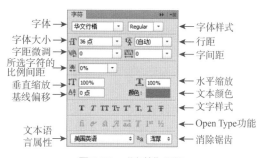

图 7-59　"字符"面板

> **提示**　当用户使用文字工具在图像中单击插入一个文字输入点时，在输入点位置将出现一个闪烁的"I"形光标，光标中的小线条标记表示文字基线的位置。

- 字距微调：设置两个字符之间的字距微调值，取值范围为 -1000 ～ 1000。在该选项的下拉列表中可以选择预设的字距微调值。
- 行距：设置所选字符之间的行距，设置的数值越大，字符行距越大。图 7-60 所示为设置不同行距的段落文本。
- 字间距：设置所选字符之间的间距，设置的数值越大，则字符之间的间距越大，如图 7-61 所示。

图 7-60　设置不同行距

图 7-61　设置不同字间距

- 所选字符的比例间距：按指定的百分比值减少字符周围的空间，但字符本身不会发生变化。该选项用于设置字符间的间距，设置的数值越大，则字间距越大。
- 垂直缩放 / 水平缩放：用于对所选字符进行水平或垂直缩放。
- 基线偏移：可以使字符根据设置的参数上下移动位置。在"字符"面板的"基线偏移"文本框中输入数值，如图 7-62 所示。设置正值使文字向上移动，设置负值使文字向下移动。设置完成后，文字效果如图 7-63 所示。

当前气温：12

图 7-62　设置偏移参数　　图 7-63　文字效果

- 文字样式：用于为文本设置装饰效果，共包括 8 个按钮，分别是仿粗体、仿斜体、全部大写字母、小型大写字母、上标、下标、下画线和删除线。
- 文本颜色：单击颜色块，将弹出"拾色器"对话框，在该对话框中可以设置文字的颜色。

- OpenType 功能：主要用于设置文字的各种特殊效果，共包括 8 个按钮，分别是"标准连字" fi 、"上下文替代字" ợ 、"自由连字" st 、"花饰字" 𝒜 、"替代样式" ad 、"标题替代字" T 、"序数字" 1st 和"分数字" ½ 。
- 文本语言属性：可以对所选字符进行有关字符和拼写规则的语言设置。

☆技术看板：如何复位"字符"面板中的参数☆

单击"字符"面板右上角的三角形按钮，在弹出的面板菜单中选择"复位字符"选项，即可将面板中的字符恢复到初始设置，画布中的文本也将恢复到原始状态。

7.4.2 "段落"面板

段落是指在输入文本时末尾带有回车符的任何范围的文字。对于点文本来说，也许一行即一个单独的段落；但对于段落文本来说，一段可能有多行。段落的格式设置主要通过"段落"面板实现，执行"窗口 > 段落"命令，即可打开"段落"面板，如图 7-64 所示。

图 7-64　"段落"面板

- 对齐方式：设置段落的对齐方式，包括左对齐文本、居中对齐文本、右对齐文本、最后一行左对齐、最后一行居中对齐、最后一行右对齐和全部对齐等选项。
- 左缩进：设置段落文本的左缩进。横排文字从左边缩进，直排文字从顶端缩进。
- 右缩进：设置段落文本的右缩进。横排文字从右边缩进，直排文字从底部缩进。

- 首行缩进：设置首行文字的缩进。在进行段落缩进处理时，只会影响选中的段落区域。

- 段前 / 段后添加空格：用于指定当前段落与上一段落或下一段落之间的距离。

- 避头尾法则设置：不能出现在一行的开头或结尾的字符称为避头尾字符，在"段落"面板的"避头尾法则设置"下拉列表中共有 3 个选项，分别为"无""JIS 宽松"和"JIS 严格"。

- 连字：在将文本强制对齐时，会将某一行末端的单词断开至下一行。勾选该复选框，即可在断开的单词间显示连字标记。

7.4.3　"字符样式"面板和"段落样式"面板

执行"窗口 > 字符样式"命令，打开"字符样式"面板，如图 7-65 所示。"字符样式"面板与"段落样式"面板的操作方法类似，此处以"字符样式"面板为例进行介绍。

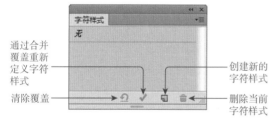

通过合并覆盖重新定义字符样式

清除覆盖

创建新的字符样式

删除当前字符样式

图 7-65　"字符样式"面板

- 创建新的字符样式：单击该按钮，可创建新的字符样式。

- 删除当前字符样式：单击该按钮，可将当前选中的字符样式删除。

- 清除覆盖：如果对使用了某种字符样式的文字进行了更改，可使用该按钮恢复原有样式。

- 通过合并覆盖重新定义字符样式：如果对使用了某种字符样式的文字进行了更改，可使用该按钮更新相应的字符样式。

☆技术看板：使用"字符样式"和"段落样式"的优势☆

当字符或段落使用了"字符样式"或"段落样式"后，如果需要对文字的样式进行更改，只需在"字符样式"面板或"段落样式"面板中更改某个样式，即可将使用该样式的所有文字统一更新，避免了大量的重复操作，节省了工作时间。

7.4.4　实战——设置"字符"和"段落"面板

素材

01 执行"文件 > 新建"命令，弹出"新建"对话框，设置参数如图 7-66 所示，单击"确定"按钮。打开素材图像"素材 \ 第 7 章 \74401.jpg"，使用"移动工具"将其移入设计文件中，如图 7-67 所示。

图 7-66　"新建"对话框

图 7-67　打开并移动图像

02 单击工具箱中的"矩形工具"按钮，在画布中绘制"填充"颜色为 RGB（214，226，172）的矩形，并修改"填充"不透明度为 90%，效果如图 7-68 所示。双击该形状图层，弹出"图层样式"对话框，单击"投影"选项，设置参数如图 7-69 所示。

图 7-68　绘制矩形

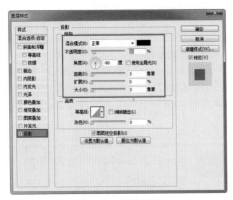

图 7-69　设置参数

03 单击"确定"按钮，然后单击工具箱中的"横排文字工具"按钮，打开"字符"面板，设置参数后在画布中输入文字，如图 7-70 所示。单击工具箱中的"矩形工具"按钮，在画布中绘制矩形，如图 7-71 所示。

图 7-70　输入文字

图 7-71　绘制矩形

04 使用相同方法制作其他内容，效果如图 7-72 所示。单击工具箱中的"横排文字工具"按钮，打开"字符"面板，设置参数后在画布中输入文字，如图 7-73 所示。

图 7-72　制作其他内容

图 7-73　输入文字

05 单击工具箱中的"直线工具"按钮，设置"填充"颜色为 RGB（201，203，208），在画布中绘制如图 7-74 所示的直线。单击工具箱中的"椭圆工具"按钮，在画布中绘制如图 7-75 所示的圆形。

图 7-74　绘制直线

图 7-75　绘制圆形形状

06 继续制作其他内容，效果如图 7-76 所示。单击工具箱中的"椭圆工具"按钮，在选项栏中设置"填充"颜色为 RGB（78，85，99），在画布中绘制圆形，如图 7-77 所示。

图 7-76　制作其他内容

图 7-77　绘制圆形

07 打 开 素 材 图 像 " 素 材 \ 第 7 章 \ 74402.jpg",使用"移动工具"将其拖曳到设计文件中,并调整位置和大小,然后执行"图层 > 创建剪贴蒙版"命令,图像效果如图 7-78 所示。使用相同方法完成相似内容的制作,效果如图 7-79 所示。

图 7-78 剪贴蒙版效果

图 7-79 完成相似内容的制作

7.5 创建路径文字

路径文字是指创建在路径上的文字,这种文字会沿着路径排列,而且在改变路径形状时文字的排列方式也会随之改变。该种文字形式使文字的处理方式变得更加灵活、多变。

> **提示** ▶▶▶ 用于排列文字的路径可以是闭合式的,也可以是开放式的。

7.5.1 创建沿路径排列的文字

在 Photoshop 中,若想创建沿路径排列的文字,首先需要使用"钢笔工具"在图像中绘制一条路径,再使用文字工具将光标放置在路径上,当光标变成 ⤵ 形状时,单击路径设置文

字输入点,输入的文字将沿路径排列,如图 7-80 所示。

输入完成后单击选项栏中的"提交当前所有编辑"按钮,完成文字的输入。在"路径"面板的空白处单击则将路径隐藏,如图 7-81 所示。

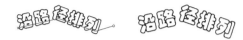

图 7-80 输入文字   图 7-81 隐藏路径

7.5.2 移动与翻转路径文字

在路径文字创建完成后,用户还可以随时对其进行修改和编辑。由于路径文字的排列方式受路径形状的控制,所以移动或编辑路径将会影响文字的排列。

在"图层"面板中选择文字图层,路径将显示在画布中。单击工具箱中的"直接选择工具" ▶ 按钮或"路径选择工具" ▶ 按钮,将光标定位到文本开始位置,当光标变为 ⤵ 形状时,单击并沿着路径拖曳可以移动文字,如图 7-82 所示;单击并向路径的另一侧拖曳文字可以翻转文字,如图 7-83 所示。

图 7-82 移动路径文字   图 7-83 翻转路径文字

7.5.3 编辑文字路径

在创建路径文字后,用户可以通过直接修改路径的形状改变文字的排列方式。使用"直接选择工具"单击路径,可以移动锚点或者调整路径的形状,如图 7-84 所示。在修改路径形状后,文字会沿修改后的路径重新排列,如图 7-85 所示。

图 7-84 调整路径的形状   图 7-85 文字重新排列

7.5.4 实战——编辑文字路径

素材

01 执行"文件 > 新建"命令，弹出"新建"对话框，设置参数如图 7-86 所示，单击"确定"按钮。单击工具箱中的"矩形工具"按钮，在选项栏中设置"填充"颜色为 RGB（149，149，149），在画布中绘制矩形，效果如图 7-87 所示。

图 7-86 "新建"对话框

图 7-87 绘制矩形

02 打开素材图像"素材 \ 第 7 章 \ 75401.jpg"，将其拖曳到设计文件中，然后执行"图层 > 创建剪贴蒙版"命令，并调整图像的大小，如图 7-88 所示。使用"矩形工具"在画布中绘制"填充"颜色为 RGB（99，25，177）的矩形形状，如图 7-89 所示。

图 7-88 打开并拖曳图像

图 7-89 绘制矩形形状

03 使用"矩形工具"在画布中绘制"填充"颜色为 RGB（124，60，197）的矩形，如图 7-90 所示。单击工具箱中的"自定形状工具"按钮，在选项栏中选择"水滴"形状，设置"填充"

颜色为白色，在画布中创建雨滴形状，如图 7-91 所示。

图 7-90 绘制矩形　　图 7-91 创建雨滴形状

04 单击工具箱中的"椭圆工具"按钮，设置"路径操作"为"减去顶层形状"选项，在画布中绘制椭圆，效果如图 7-92 所示。按组合键 Ctrl+T 旋转形状，如图 7-93 所示。

图 7-92 减去形状的效果　　图 7-93 旋转形状

05 单击工具箱中的"钢笔工具"按钮，设置工具模式为"路径"，在图像中绘制一条路径，如图 7-94 所示。单击工具箱中的"横排文字工具"按钮，将光标置于路径开始位置，当光标变为 ⸆ 形状时，单击并输入文字，如图 7-95 所示。

图 7-94 绘制路径

图 7-95 输入路径文字

06 使用"矩形工具"在画布中绘制"填充"颜色为 RGB（76，151，178）的矩形，如图 7-96 所示。使用"横排文字工具"在画布中输入文字，如图 7-97 所示。

图 7-96 绘制矩形　　图 7-97 输入文字

07 使用相同方法完成界面中其他内容的制作，完成效果如图 7-98 所示。最终 UI 效果如图 7-99 所示。

图 7-98　完成其他内容　　图 7-99　UI 效果

7.6　变形文字

在极简设计风格盛行的今天，UI 设计也越来越偏向简洁化，设计环境使设计师越来越注重文字效果。对创建的文字进行变形处理，突出文字效果，能够使界面更加引人注目，给用户留下深刻的印象。

7.6.1　创建变形文字

使用文字工具在画布中输入文字，如图 7-100 所示。执行"文字 > 文字变形"命令，在弹出的"变形文字"对话框中设置参数，然后单击"确定"按钮，即可创建变形文字，如图 7-101 所示。

变形文字　　变形文字

图 7-100　输入文字 　　图 7-101　创建变形文字

7.6.2　变形选项的选择

"变形文字"对话框用于设置变形选项，包括文字的变形样式和变形程度。执行"文字 > 变形文字"命令，将弹出"变形文字"对话框，在该对话框中显示了文字的多个变形选项，如图 7-102 所示。

图 7-102　"变形文字"对话框

- 样式：在该选项的下拉列表中有 15 种变形样式，在文字上应用变形，效果如图 7-103 所示。

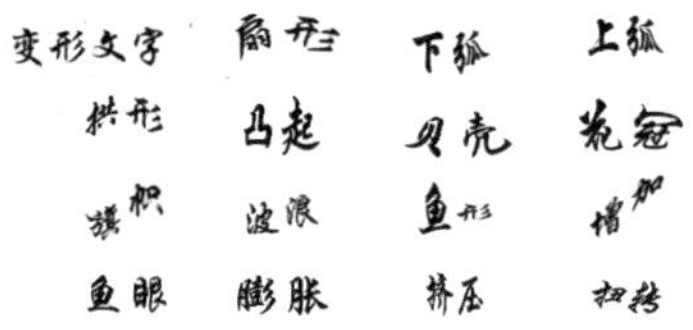

变形文字　扇形　下弧　上弧
拱形　凸起　贝壳　花冠
旗帜　波浪　鱼形　增加
鱼眼　膨胀　挤压　扭转

图 7-103　变形文字

- 水平 / 垂直：选择"水平"单选按钮，文本向水平方向扭曲，如图 7-104 所示；选择"垂直"单选按钮，文本向垂直方向扭曲，如图 7-105 所示。
- 弯曲：设置文本变形的弯曲程度，正值为向上弯曲，负值为向下弯曲。

图 7-104　水平方向 　　图 7-105　垂直方向

- 水平扭曲 / 垂直扭曲：可以对文本应用透视。例如，图 7-106 所示为设置了水平扭曲的文字，图 7-107 所示为设置了垂直扭曲的文字。

图 7-106　水平扭曲　　图 7-107　垂直扭曲

7.6.3　重置变形与取消变形

单击工具箱中的"横排文字工具"按钮或"直排文字工具"按钮，创建文本并设置变形效果，在没有将其栅格化或转换为形状前，用户可以随时重置与取消变形。

1. 重置变形

使用文字工具选中画布中应用了变形的文字内容，单击选项栏中的"创建文字变形"按钮或执行"文字 > 文字变形"命令，打开"变形文字"对话框，修改变形参数或在"样式"

下拉列表中选择另外一种样式，可重置文字变形，如图 7-108 所示。

图 7-108　重置变形

2. 取消变形

在"变形文字"对话框的"样式"下拉列表中选择"无"，单击"确定"按钮，即可取消文字变形，如图 7-109 所示。

图 7-109　取消变形

7.7　编辑文字

在 Photoshop 中，除了使用"字符"面板和"段落"面板编辑文本之外，还可以通过执行一些命令进一步编辑文字，例如将文本转换为形状，通过"拼写检查"以及"查找和替换文本"命令对文本进行检查等操作。

7.7.1　载入文字选区

在 Photoshop 中制作图像时，文本不仅是简单的文字，有时也作为图像被应用各种命令。将文本转换为选区，再进行编辑和处理，便是一种常见的操作。

载入文字选区的方法与载入图层选区的方法相同。选择文字图层，在按住 Ctrl 键的同时单击文字图层缩览图，即可载入当前图层中的文字选区，如图 7-110 所示。

图 7-110　载入文字选区

> **提示** ▶▶▶　在使用"横排文字蒙版工具"和"直排文字蒙版工具"创建选区时，在文本输入状态下同样可以进行变形操作，完成后将得到变形的文字选区。

7.7.2　将文字转换为路径

要将文字转换为路径，首先需要选择文字图层，然后执行"文字 > 创建工作路径"命令，这样可基于文字创建工作路径，原文字属性保持不变。

打开一张图像，使用文字工具在图像上输入文本内容，如图 7-111 所示。选择文字图层，执行"文字 > 创建工作路径"命令，可以基于文字创建工作路径。

在将文字创建为工作路径后，可以应用填充和描边或通过调整锚点对文字进行变形操作，但需要注意这些操作都需要新建图层，如图 7-112 所示。

图 7-111　输入文字　　图 7-112　描边路径

7.7.3　将文字转换为形状

选中文字图层，执行"文字 > 转换为形状"命令，可以将文字图层转换为形状图层，如图 7-113 所示。此命令不可逆，并且由于是在原文字图层上进行操作，执行该命令后文字图层将不存在。

图 7-113　文字图层转换为形状图层

7.7.4　拼写检查

Photoshop 提供了拼写检查功能，使用

"拼写检查"命令可以对当前文本中的英文单词的拼写进行检查，以确保单词的拼写正确。

要检查当前文本中的英文单词的拼写是否有误，可执行"编辑 > 拼写检查"命令，打开"拼写检查"对话框，当检查到错误的单词时，Photoshop 会提供修改建议，文字效果如图 7-114 所示，"拼写检查"对话框如图 7-115 所示。

图 7-114　文字效果　　图 7-115　"拼写检查"对话框

- 不在词典中：Photoshop 会将检查出的错误单词显示在"不在词典中"列表内。
- 建议：在"建议"列表框中提供了错误单词的修改建议。
- 更改为：用户可以在"更改为"文本框中输入用来替换错误单词的正确单词。
- 更改 / 更改全部：修改完成后，单击"更改"按钮进行替换。如果要使用正确的单词替换文本中所有错误的单词，可单击"更改全部"按钮，如图 7-116 所示，更改完成后的文字效果如图 7-117 所示。

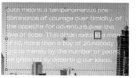

图 7-116　更改错误　　图 7-117　更改完成

- 检查所有图层：检查所有图层中的文本。取消该选项后只检查所选图层中的文本。
- 忽略 / 全部忽略：单击"忽略"按钮，表示忽略当前检查结果；单击"全部忽略"按钮，则忽略所有检查结果。
- 添加：如果被查找到的单词拼写正

确，可单击该按钮，将它添加到 Photoshop 词典中。这样以后再查找到该单词时，Photoshop 会将其确认为正确的拼写形式。

> **提示** ▶▶▶　拼写检查功能只对选中的文本图层起作用，所以在使用之前需要先选中文本图层，然后再使用拼写检查功能。"拼写检查"对话框中的"语言"可以在"字符"面板中进行设置。

7.7.5　查找和替换文本

在 Photoshop 中，如果文本出现了许多相同错误，可以通过"查找和替换文本"命令进行替换，而无须逐个修改。

打开素材图像，如图 7-118 所示。单击工具箱中的"横排文字工具"按钮，在画布中输入文字，效果如图 7-119 所示。

图 7-118　打开图像　　图 7-119　输入文字

在"图层"面板中选中文本图层，执行"编辑 > 查找和替换文本"命令，弹出"查找和替换文本"对话框，输入要更改的文字，如图 7-120 所示。单击"更改全部"按钮后，将弹出提示框，单击"确定"按钮，完成图像中文字的修改，效果如图 7-121 所示。

图 7-120　"查找和替换文本"　　图 7-121　替换文本
　　　　　对话框

> **提示** ▶▶▶　已经栅格化的文字不能进行查找和替换操作。

7.8　"文字"菜单

在"文字"菜单中放置了一些与文本输入和编辑有关的命令，方便用户检索并使用，"文字"菜单如图 7-122 所示。在本章前面的内容中已经对该菜单中的一些命令做过讲解，下面对其他命令进行讲解。

图 7-122　"文字"菜单

7.8.1 OpenType

执行"文字 >OpenType"命令，可以为当前文字图层或选中的文字应用 OpenType 功能。执行该命令的效果与单击"字符"面板下方的 8 个 OpenType 功能按钮的效果相同。

7.8.2 凸出为 3D

在 Photoshop 中针对文字增加了凸出为 3D 功能。执行"文字 > 凸出为 3D"命令，可以将文字生成为 3D 模式。

7.8.3 栅格化文字图层

执行"文字 > 栅格化文字图层"命令，可以将当前文字图层转化为普通的位图图层。文字属于矢量图层，可以随意放大或缩小而不会产生模糊。在将文字图层栅格化为普通图层之后，该图层将不再具有矢量图层的特征，此时的文字图层可以使用所有工具和命令。

7.8.4 字体预览大小

"字体预览大小"命令用来设置字体预览大小。执行"文字 > 字体预览大小"命令，在弹出的菜单中有无、小、中、大、特大和超大 6 个选项供用户选择，如图 7-123 所示。

该命令可影响"文字工具"选项栏和"字符"

面板中"字体系列"选项的字体预览大小。选择"特大"选项时的字体预览效果如图 7-124 所示。

图 7-123　6 个选项　　图 7-124　字体预览效果

7.8.5 语言选项

执行"文字 > 语言选项"命令，将弹出相应的子菜单，如图 7-125 所示。该子菜单中的命令主要用来对文本引擎和文字的行内对齐方式等属性进行相关设置。

图 7-125　"语言选项"的子菜单

7.8.6 更新所有文字图层

执行"文字 > 更新所有文字图层"命令，文件内丢失的字体或字形将全部被更新为可用数据（即使用计算机内已经存在的字体替换丢失字体）。

7.8.7 替换所有缺欠字体

执行"文字 > 替换所有缺欠字体"命令，文件内缺失的字体将全部被更新为其他可用字体。

7.8.8 粘贴 Lorem Ipsum

当文字处于编辑状态时，执行"文字 > 粘贴 Lorem Ipsum"命令，会在当前输入点位置粘贴一段名为"Lorem Ipsum"的文章，这是一篇常用于排版设计领域的拉丁文文章。

执行该命令的主要目的是为了测试文章或文字在不同字形和版式下的显示效果，用户可以将它视为一种文本排版预览功能。

第8章
滤镜的使用——界面中的特效

8.1 认识滤镜

滤镜是一种用于调节聚焦效果和光照效果的特殊镜头，通过分析图像中的像素，用特殊的算法将其转换为特定的形状、颜色和亮度等。

Photoshop 中的滤镜是一种插件模块，通过不同的方式改变像素数据，达到对图像进行抽象和艺术化的特殊处理效果。在 Photoshop 中，滤镜分为特殊滤镜、内置滤镜和外挂滤镜。

- 特殊滤镜：特殊滤镜包括滤镜库中的滤镜、"液化"滤镜和"消失点"滤镜等，其功能强大而且使用频繁，在"滤镜"菜单中的位置也区别于其他滤镜。
- 内置滤镜：内置滤镜分为 9 个滤镜组，它们被广泛应用于纹理制作、图像效果修整、文字效果制作和图像处理等各个方面。
- 外挂滤镜：外挂滤镜并非 Photoshop 自带的滤镜，需要用户单独安装。外挂滤镜的种类繁多，所产生的效果也各不相同。

☆技术看板：快捷键的使用☆

在执行任意滤镜命令后，"滤镜"菜单的第一行会出现刚才使用过的滤镜，单击该命令或按组合键 Ctrl+F，可以快速地再次执行该滤镜命令。如果要对该滤镜的参数进行调整，可以按组合键 Alt+Ctrl+F，弹出该滤镜的对话框，在对话框中重新设置相关参数。

RGB 颜色模式的图像可以使用全部滤镜效果，部分滤镜不能用于 CMYK 颜色模式的图像，索引颜色模式的图像和位图图像不能使用滤镜。如果需要对位图图像以及索引或 CMYK 颜色模式的图像应用一些特殊滤镜，可先将其转换为 RGB 颜色模式再进行处理。

Photoshop 中的滤镜可以应用到选区、图层蒙版、快速蒙版和通道对象上。如果创建了选区，则滤镜只应用于选区内的图像。如果是文字图层，要先将文字图层栅格化为图通图层，然后才可以应用滤镜。

> **提示** ▶▶ 只有"云彩"滤镜可以应用在没有像素的区域，其他滤镜都必须应用在包含像素的区域，否则不能使用。

8.2 滤镜库

执行"滤镜 > 滤镜库"命令，弹出"滤镜库"对话框，如图 8-1 所示。在该对话框中可以为图像增加素描、纹理、扭曲和画笔描边等效果。

- 预览缩放：单击 ⊞ 按钮或 ⊟ 按钮，可以放大或缩小图像在预览区域中的显示比例，从而能够有效地查看图像应用滤镜后的效果。
- 隐藏 / 显示滤镜组：单击此按钮，可以隐藏或显示滤镜组。
- 滤镜参数：可以设置选中滤镜的相关参数。
- 滤镜组：在"滤镜库"对话框中包含 6 组滤镜，单击滤镜组前的 ▶ 按钮可展开该滤镜组，单击滤镜组中的任意一个滤镜即可应用该滤镜。
- 滤镜图层：在"滤镜库"对话框中单击任意一个滤镜后，该滤镜就会出现在对话框右下角的图层列表中。创建一个效果图层后，可以选择另一个图层进行叠加。

> ➢ 显示 / 隐藏滤镜图层：单击 👁 按钮，可显示或隐藏设置的滤镜效果。
> ➢ 新建效果图层：单击 🔳 按钮，可添加滤镜，如图 8-2 所示。
> ➢ 删除效果图层：单击 🗑 按钮，可删除当前选择的效果图层。

图 8-1 "滤镜库"对话框

图 8-2 显示滤镜图层和隐藏
滤镜图层

提示 ▶▶ 在"滤镜库"对话框中按 Alt 键，"取消"按钮将会变为"复位"按钮，单击"复位"按钮即可将设置的参数恢复到默认状态。如果在应用滤镜的过程中想要终止操作，可以按 Esc 键。

8.3 自适应广角

"自适应广角"滤镜主要用来修复枕形失真图像。执行"滤镜 > 自适应广角"命令，弹出"自适应广角"对话框。在该对话框中包含用于定义透视的选项、用于编辑图像的工具以及一个可预览图像工作区和一个细节查看预览区。

8.3.1 "自适应广角"命令

打开图像，执行"滤镜 > 自适应广角"命令，弹出"自适应广角"对话框，如图 8-3 所示。在该对话框中可以设置各项参数，以达到修复图像的效果。

自适应广角工具栏 →

图像预览区 →

图 8-3 "自适应广角"对话框

- 自适应广角工具栏：可以利用"自适应广角"对话框的工具栏中的工具来修复图像。
- 校正：在 Photoshop 中利用校正工具可以对图像进行鱼眼校正和透视校正，使图像调整到合适的状态。

- ➤ 鱼眼：可以在对话框中设置各项参数以实现效果。
- ➤ 透视：可以将图像调整到合适方位。
- ➤ 自动：可以自动调整图像，但是必须配置"镜头型号"和"相机型号"才能使用。
- ➤ 完整球面：长宽比必须是 1:2 才能使用该选项，否则不可用。
- 细节：在该预览区中可以更清楚地预览图像的局部画面。
- 预览：通过该复选框可以将制作的图像效果显示 / 隐藏。
- 显示约束：通过该复选框可以将制作的约束显示 / 隐藏。
- 显示网格：勾选该复选框，预览区域中将显示网格，通过网格能更好地查看和跟踪图像效果。

8.3.2 实战——修复"广角视图"照片

素材

01 打开素材图像"素材 \ 第 8 章 \83201.jpg"，如图 8-4 所示。复制"背景"图层，得到"背景 副本"图层，如图 8-5 所示。

图 8-4 打开图像

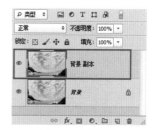

图 8-5 复制图层

02 执行"滤镜 > 自适应广角"命令，打开"自适应广角"对话框，单击"约束工具"按钮，沿着海平面拖曳绘制直线（如图 8-6 所示），单击"确定"按钮，校正效果如图 8-7 所示。

图 8-6 绘制直线

图 8-7 校正效果

03 执行"滤镜 > 镜头校正"命令，弹出"镜头校正"对话框，单击"拉直工具"按钮，沿着海平面拖曳绘制直线（如图 8-8 所示），单击"确定"按钮。使用"裁剪工具"在画布中裁剪图像，图像效果如图 8-9 所示。

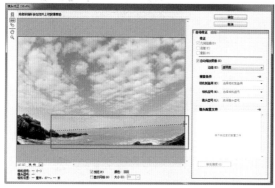

图 8-8 绘制直线

图 8-9 图像效果

8.4 镜头校正

"镜头校正"滤镜用于修复常见的镜头缺陷，例如桶形失真、枕形失真、色差以及晕影等，此滤镜也可以用来旋转图像或者修改由于相机垂直或水平倾斜而导致的图像透视现象。

8.4.1 "镜头校正"命令

执行"滤镜 > 镜头校正"命令，将弹出"镜头校正"对话框，如图 8-10 所示。如果单击"自定"标签，将切换到"自定"选项卡，如图 8-11 所示，用户可在该选项卡中设置参数，完成镜头的校正。

镜头校正工具栏 →

图 8-10 "镜头校正"对话框   图 8-11 "自定"选项卡

- 镜头校正工具栏：在该工具栏中包含了 5 种工具，分别为"移去扭曲工具" 🔲、"拉直工具" 🔳、"移动网格工具" 🔳、"抓手工具" 🖐 和 "缩放工具" 🔍。

  ‣ 移去扭曲工具：使用该工具在预览区域单击并拖曳，即可校正图像的桶形或枕形失真。如果对当前修复效果不满意，可以在"自定"选项卡中设置"几何扭曲"选项。

  ‣ 拉直工具：可以校正倾斜的图像。使用该工具对图像中应该处于水平位置的景物绘制直线，即可校正倾斜的景物，如图 8-12 所示。

  ‣ 移动网格工具：使用该工具可以移动网格，方便对图像的调整。

  ‣ 抓手工具：使用该工具可以移动预览图像。

  ‣ 缩放工具：使用该工具可以放大或缩小预览图像的显示比例。

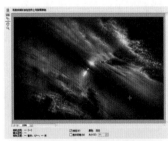

图 8-12 校正图像

- 显示网格：勾选该复选框，可以在预览区域显示网格，同时"大小"和"颜色"选项被激活，如图 8-13所示。"大小"选项可设置网格的大小，"颜色"选项可设置网格的颜色。

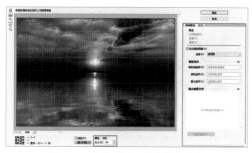

图 8-13 勾选"显示网格"复选框

- 在"自动校正"选项卡中可以根据所选的相机制造商、相机型号和镜头型号等信息来自动校正图像。
- 校正：设置校正扭曲时是否启用自动图像缩放等。
  - ➤ 几何扭曲：勾选该复选框后，自动对图像摄影产生的桶形失真或枕形失真进行校正。
  - ➤ 自动缩放图像：勾选该复选框，在校正图像时会对图像进行智能缩放，以避免图像边缘由于枕形失真、旋转或透视校正而产生空白区域。该选项在默认情况下为已选。
  - ➤ 边缘：用于控制边缘由于枕形失真、旋转或透视校正而产生的空白区域，有"边缘扩展""透明度""黑色"和"白色"4 种方式可以选择，如图 8-14 所示。如果勾选"自动缩放图像"复选框，"边缘"选项将失去作用。
- 搜索条件：用于选择拍摄图像时使用的相机，相关属性包括"相机制造商""相机型号"及"镜头型号"，如图 8-15 所示。

图 8-14 "边缘"选项　　　图 8-15 搜索条件

- 镜头配置文件：根据所选相机制造商以及型号选择对应的镜头，如图 8-16 所示。

图 8-16 镜头配置文件

如果自动校正的图像不理想，可单击"镜头校正"对话框中的"自定"标签，切换到"自定"选项卡中，在此选项卡中手动校正图像，如图 8-17 所示。

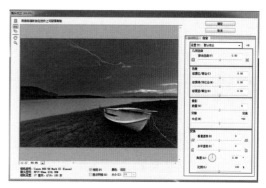

图 8-17 "自定"选项卡

- 设置：在该选项的下拉列表中包含 4 种预设。
  - ➤ 镜头默认值：使用以前制作图像的相机、镜头、焦距、光圈大小和对焦距离等选项进行设置。
  - ➤ 上一校正：使用上一次镜头校正时使用的参数进行设置。
  - ➤ 自定：根据用户的需求进行设置。
  - ➤ 默认校正：镜头校正的默认值。
- 移去扭曲：与"移去扭曲工具"的作用相同，可以手动校正由于拍摄产生的桶形失真和枕形失真。
- 色差：通过其中一个颜色通道调整另

一个颜色通道的大小，进行补偿边缘的操作。

- 变换：通过对具体数值的设置校正倾斜的图像，使图像达到最佳效果。
  - ➢ 垂直透视：用来校正由于相机垂直倾斜而导致的图像透视效果，如图8-18所示。

图 8-18　校正垂直透视

- 水平透视：用来校正由于相机水平倾斜而导致的图像透视效果。
- 角度：可以旋转图像，对由于相机歪斜而产生的图像倾斜加以校正。该选项与"拉直工具"的作用相同。
- 比例：可以向内侧或外侧调整图像的缩放比例，图像的尺寸不会改变。

素材

8.4.2　实战——校正歪斜图像

01 打开素材图像"素材\第8章\84201.jpg"，如图8-19所示。复制"背景"图层，得到"背景 副本"图层，如图8-20所示。

图 8-19　打开图像　　　图 8-20　复制图层

02 执行"滤镜＞镜头校正"命令，弹出"镜头校正"对话框，如图8-21所示。勾选"自动缩放图像"复选框，然后单击"拉直工具"按钮，在图像中沿着钟表单击并拖曳绘制直线，如图8-22所示。

03 使用"拉直工具"在图像中沿着地面瓷砖的走势单击并拖曳绘制直线，如图8-23所示。单击"确定"按钮，校正效果如图8-24所示。

图 8-21　"镜头校正"对话框

图 8-22　绘制直线

图 8-23　绘制直线

图 8-24　校正效果

8.5　液化

"液化"滤镜是修饰图像和创建艺术效果的强大工具，该滤镜能够非常灵活地创建推拉、扭曲、旋转和收缩等变形效果，同时使用该滤镜可以修改图像的任意区域。

8.5.1　"液化"滤镜

执行"滤镜 > 液化"命令，弹出"液化"对话框，如图 8-25 所示。在该对话框中使用液化工具和设置液化参数实现对图像的调整操作。

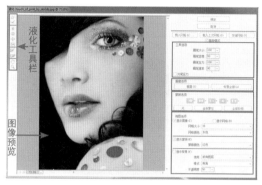

图 8-25　"液化"对话框

- 液化工具栏：在该工具栏中包含了 7 种工具。

  ➢ 向前变形工具：使用该工具在预览区域中涂抹，可以使图像像素产生向前收缩的变形效果。

  ➢ 重建工具：使用该工具在变形区域中单击并拖曳涂抹，可以使变形区域的图像恢复为原始效果。

  ➢ 顺时针旋转扭曲工具：使用该工具在图像中单击并拖曳，可以顺时针旋转扭曲像素；在按住 Alt 键的同时使用该工具单击并拖曳，可以逆时针旋转扭曲像素。

  ➢ 褶皱工具：使用该工具可以使像素向画笔区域的中心位置移动，最终使图像产生向内收缩的效果，如图 8-26 所示。

图 8-26　使用"褶皱工具"

  ➢ 膨胀工具：使用该工具可以使像素向画笔区域中心以外的方向移动，最终使图像产生向外膨胀的效果，如图 8-27 所示。

图 8-27　使用"膨胀工具"

  ➢ 左推工具：使用该工具在图像上垂直向上拖曳时，像素向左移动；垂直向下拖曳时，像素向右移动。

  ➢ 冻结蒙版工具：如果要对一些区域进行处理，又不希望影响其他区域，可以使用该工具在图像上绘制冻结区域，即受保护区域，如图 8-28 所示。

  ➢ 解冻蒙版工具：使用该工具涂抹冻结区域，即可解除冻结，如图 8-29 所示。

图 8-28　冻结区域　　图 8-29　解冻区域

- 图像预览：在该窗口中可以对图像进行操作和预览。
- 工具选项：用于设置当前选择工具的属性，通过设置该工具的选项可以更好地处理图像的被选区域。
- 重建选项：用于设置重建的方式以及撤销所做的调整。
- 蒙版选项：如果图像中包含选区或蒙版，可以通过"液化"对话框中的"蒙版选项"设置蒙版的保留方式。
- 视图选项：该选项用来设置液化视图的显示效果，可以分别针对网格、图像和蒙版等选项进行设置。

8.5.2　实战——使用"液化"滤镜制作简单图标

01 执行"文件 > 新建"命令，弹出"新建" 素材对话框，设置参数如图 8-30 所示。使用"矩形工具"在画布上绘制"填充"颜色为 RGB（255、0、0）的矩形形状，如图 8-31 所示。执行"滤镜 > 液化"命令，此时会弹出警告框，单击"确定"按钮，将弹出"液化"对话框，如图 8-32 所示。

图 8-33　变形效果　　图 8-34　翻转图像并
　　　　　　　　　　　　　　　　移动位置

图 8-30　新建文件

图 8-35　创建圆角矩形

04 打开"图层"面板，调整图层的顺序如图 8-36 所示。选中"矩形 1"图层，单击面板底部的"添加图层样式"按钮，在弹出的下拉列表中选择"颜色叠加"选项，弹出"图层样式"对话框，设置参数如图 8-37 所示。

图 8-31　绘制矩形

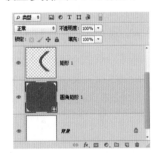

图 8-36　调整图层的顺序

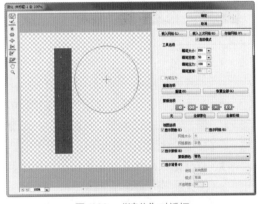

图 8-32　"液化"对话框

02 单击工具栏中的"向前变形工具"按钮，在图像上单击并拖曳，变形效果如图 8-33 所示，然后单击"确定"按钮。复制"矩形 1"图层并水平翻转复制图层，移动图形到如图 8-34 所示的位置。

03 单击工具箱中的"圆角矩形工具"按钮，在选项栏中设置圆角矩形的半径为 50px，然后在画布上绘制填充为 RGB（255，0，0）的圆角矩形，如图 8-35 所示。

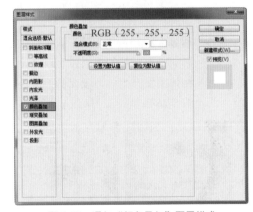

图 8-37　添加"颜色叠加"图层样式

05 单击"确定"按钮，图像效果如图 8-38 所示。选中"矩形"图层，右击，在弹出的快捷菜单中选择"拷贝图层样式"选项。选中"矩形 1 副本"图层，右击，在弹出的快捷菜单中选择"粘贴图层样式"选项，此时"图层"面板如图 8-39 所示，图像效果如图 8-40 所示。

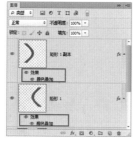

图 8-38　图像效果　　图 8-39　复制图层样式

图 8-40　图像效果

8.6　油画

执行"滤镜 > 油画"命令，弹出"油画"对话框，如图 8-41 所示。在该对话框中调节各项参数，可以为图像添加油画色彩。

图 8-41　"油画"对话框

- 画笔：通过对画笔的样式、清洁度、缩放以及硬毛刷细节等相关属性进行设置，可以得到不同质感的油画效果。
  - ➢ 样式化：可以设置画笔描边的样式。使用"样式 1"和"样式 10"的图像效果如图 8-42 所示。

图 8-42　使用"样式 1"和"样式 10"的图像效果

- ➢ 清洁度：可以设置画面的清洁度，减少画面的杂点。
- ➢ 缩放：可以放大或缩小画面的效果。
- ➢ 硬毛刷细节：可以设置硬毛刷细节的数量。图 8-43 所示为设置不同硬毛刷细节的油画效果。
- 光照：通过设置油画光照的角度和亮度可以为油画效果增加更丰富的光泽感。

图 8-43　设置不同硬毛刷细节的油画效果

- ➢ 角方向：可以设置光源的方向。
- ➢ 闪亮：可以设置反射光的闪亮效果。图 8-44 所示为设置不同闪亮的油画效果。

图 8-44　设置不同闪亮的油画效果

8.7　消失点

"消失点"滤镜可以在包含透视平面的图像中进行透视校正，例如建筑物的侧面或任何矩形对象。使用"消失点"滤镜可以在图像中指定透视平面，然后应用绘画、仿制、复制、粘贴或变换等编辑操作，校正透视效果。

在使用"消失点"滤镜修饰图像时，Photoshop 可以正确确定这些编辑操作的方向，并将复制的图像缩放到透视平面中，使效果更加逼真。

执行"滤镜＞消失点"命令，弹出"消失点"对话框，如图 8-45 所示。在该对话框中包含用于定义透视平面的工具、用于编辑图像的工具以及图像预览区域。

- 消失点工具栏：在该工具栏中包含了 10 种工具。

  ➢ 编辑平面工具 ：用来选择、编辑和移动平面的节点以及调整平面的大小。

图 8-45　"消失点"对话框

  ➢ 创建平面工具 ：用来定义透视平面的 4 个角节点。

  ➢ 选框工具 ：在平面上单击并拖曳即可创建选区。将光标置于选区内，在按住 Alt 键的同时拖曳选区即可复制图像；在按住 Ctrl 键的同时拖曳创建选区，即可使用源图像内容填充该区域。

  ➢ 图章工具 ：选中该工具，在按住 Alt 键的同时在图像中单击可以设置仿制取样点，在其他区域拖曳即可复制图像；在按住 Shift 键的同时单击可将描边扩展到上一次单击处。

  ➢ 变换工具 ：使用该工具可以通过移动定界框的控制点缩放、旋转和移动浮动选区。

  ➢ 测量工具 ：可在平面中测量项目的距离和角度。

打开素材图像，执行"滤镜＞消失点"命令，弹出"消失点"对话框，如图 8-46 所示。使用"创建平面工具"在该对话框中单击并拖曳定义透视平面，如图 8-47 所示。

图 8-46　"消失点"对话框

图 8-47　定义透视平面

单击消失点工具栏中的"图章工具"按钮，按住 Alt 键同时在图像上单击取样地面，如图 8-48 所示。使用刚刚复制的地面在黄色的小路上涂抹，图像效果如图 8-49 所示。

图 8-48　复制地面

图 8-49　涂抹地面

8.8 "风格化"滤镜组

在"风格化"滤镜组中包含 8 种滤镜，使用它们可以为图像置换像素或查找并增加图像的对比度，还可以使图像产生绘图和印象派风格的效果。

8.8.1 查找边缘

"查找边缘"滤镜能自动搜索图像像素对比变化剧烈的边界，将高反差区变亮，低反差区变暗，其他区域则介于两者之间，硬边变为线头，而柔边变粗，形成一个清晰的轮廓。

打开素材图像，如图 8-50 所示。执行"滤镜 > 风格化 > 查找边缘"命令，图像效果如图 8-51 所示。

图 8-50　打开图像

图 8-51　图像效果

8.8.2 等高线

使用"等高线"滤镜可以查找图像中主要亮度区域的转换，在每个颜色通道中勾勒出主要亮度区域的转换，从而使图像获得与等高线线条类似的效果。

打开一张图像，执行"滤镜 > 风格化 > 等高线"命令，弹出"等高线"对话框，设置参数如图 8-52 所示。设置完成后单击"确定"按钮，图像效果如图 8-53 所示。

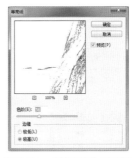

图 8-52　"等高线"对话框　　图 8-53　图像效果

- 色阶：用于设置描绘边缘的基准亮度等级。
- 边缘：用于设置处理图像边缘的位置以及边界的产生方法。如果选择"较低"单选按钮，即可在基准亮度等级以下的轮廓上生成等高线；如果选择"较高"单选按钮，则会在基准亮度等级以上的轮廓上生成等高线。

8.8.3 风

执行"滤镜 > 风格化 > 风"命令，弹出"风"对话框，如图 8-54 所示。在该对话框中可以设置方法和方向等参数。方法包含"风""大风"和"飓风"3 个选项，方向则包含"从右"和"从左"两个选项。图 8-55 所示为使用了"风"滤镜的图像效果。

图 8-54　"风"对话框　　图 8-55　图像效果

提示  该滤镜只在水平方向起作用，如果要产生其他方向的效果，需要先将图像旋转，然后再使用此滤镜。

8.8.4 浮雕效果

执行"滤镜 > 风格化 > 浮雕效果"命令，

弹出"浮雕效果"对话框，如图 8-56 所示。在该对话框中可通过勾画图像选区的轮廓和降低周围的色值来生成凸起或凹陷的浮雕效果。图 8-57 所示为应用了"浮雕效果"滤镜的图像效果。

图 8-58　"扩散"对话框　　图 8-59　图像效果

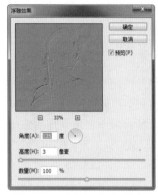

图 8-56　"浮雕效果"对话框

图 8-57　图像效果

- 角度：用于设置照射浮雕的光线角度，光线角度会影响浮雕的凸起位置。
- 高度：用于设置浮雕效果的凸起高度，设置的数值越大，浮雕效果越明显。
- 数量：用于设置"浮雕"滤镜的作用范围，设置的数值越大，浮雕的边界越清晰；设置的数值越小，图像的灰度范围越大。

8.8.5　扩散

"扩散"滤镜可将图像中的相邻像素按规定的方式有机地移动，使其扩散，形成一种看似透过磨砂玻璃观察图像的分离模糊效果。

打开一张图像，执行"滤镜 > 风格化 > 扩散"命令，弹出"扩散"对话框，如图 8-58 所示。设置参数后单击"确定"按钮，图像效果如图 8-59 所示。

- 正常：选择该单选按钮后，图像的所有区域都将进行扩散处理，它与图像的颜色值没有关系。
- 变暗优先：图像将会用较暗的像素替换较亮的像素，只有暗部像素产生扩散。
- 变亮优先：图像将会用较亮的像素替换较暗的像素，只有亮部像素产生扩散。
- 各向异性：选择该单选按钮后，图像会在颜色变化最小的方向上打乱像素。

8.8.6　拼贴

执行"滤镜 > 风格化 > 拼贴"命令，弹出"拼贴"对话框，如图 8-60 所示。设置参数后，系统将根据对话框中的指定值将图像分为块状，使其偏离原来的位置，产生不规则的瓷砖拼贴效果。图 8-61 所示为应用了"拼贴"滤镜的图像效果。

图 8-60　"拼贴"对话框　　图 8-61　图像效果

- 拼贴数：用于设置图像拼贴块的数量。
- 最大位移：用于设置拼贴块的间隙。

8.8.7　曝光过度

打开一张图像，执行"滤镜 > 风格化 > 曝光过度"命令，可以产生图像正片和负片混合的效果，模拟出摄影中因增加光线强度而产生的曝光过度效果。图 8-62 所示为应用了"曝光过度"滤镜的图像效果。

图 8-62　图像效果

8.8.8　凸出

"凸起"滤镜可以将图像分出一系列大小相同且有机重叠放置的立方体或锥体，产生特殊的三维效果。执行"滤镜 > 风格化 > 凸出"命令，弹出"凸出"对话框，如图 8-63 所示。使用"凸出"滤镜的图像效果如图 8-64 所示。

图 8-63　"凸出"对话框

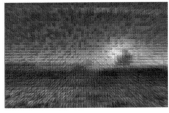

图 8-64　图像效果

- 类型：设置图像的凸起方式。当选择"块"时，创建具有一个方形的正面和 4 个侧面的对象；当选择"金字塔"时，创建具有相交于一点的 4 个三角形侧面的对象。
- 大小：设置立方体或金字塔底面的大小，设置的数值越大，生成的立方体和锥体越大。
- 深度：设置凸出对象的高度。选择"随机"单选按钮，表示为每个块或金字塔设置任意深度；选择"基于色阶"单选按钮，表示使每个对象的深度与其亮度对应，越亮凸出得越多。

- 立方体正面：勾选该复选框后，将失去图像整体轮廓，生成的立方体只显示单一颜色块。
- 蒙版不完整块：勾选该复选框后，将隐藏所有延伸出选区的对象。

8.9　"模糊"滤镜组

在"模糊"滤镜组中包含 14 种滤镜，使用它们可以削弱图像中相邻像素的对比度并柔化图像，使图像产生模糊效果。

8.9.1　场景模糊

打开一张图像，执行"滤镜 > 模糊 > 场景模糊"命令，弹出"场景模糊"界面，如图 8-65 所示。使用该滤镜可以在图像中应用一致模糊或渐变模糊，从而使画面产生一定的景深效果。

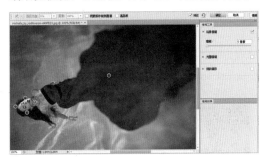

图 8-65　"场景模糊"界面

- 将蒙版存储到通道：勾选该复选框，可以将模糊蒙版存储到"通道"面板中，如图 8-66 所示。

图 8-66　"通道"面板

- 选区出血：如果要对选中的区域应用模糊，该选项可以控制应用到所选区域的模糊值，其取值范围为 0～100%。如果图像中不包含选区，则该选项不可用。

- 聚焦：该选项只有"场景模糊"不可用。
- 图钉：用户可以在画面中的不同区域单击添加图钉，并为每个图钉应用不同的模糊值，从而实现平滑的渐变模糊效果。拖曳图钉可移动其位置，按 Delete 键可删除当前选中的图钉，将光标放置在外围的圆环上，并沿着圆环顺时针或逆时针拖曳可放大或缩小模糊值。
- 模糊工具：用于控制图钉所在区域图像的模糊值，其取值范围为 0 ～ 500px，设置的数值越大，画面的模糊程度越高。

8.9.2 光圈模糊

打开一张图像，执行"滤镜 > 模糊 > 光圈模糊"命令，弹出"光圈模糊"界面，如图 8-67 所示。"光圈模糊"定义了一个椭圆形区域内模糊效果从一个聚焦点向四周递增的规则。

图 8-67 "光圈模糊"界面

- 聚焦：控制图钉中心区域的模糊值，其取值范围为 0 ～ 100%，设置的数值越大，图钉所在区域的模糊程度越高，反之亦然。
- 调整范围边框的形状：将光标置于模糊范围边框上较大的方形控制点 上，向外拖曳可以得到方形的范围边框。
- 旋转范围边框：将光标置于模糊范围边框上较小的方形控制点上，当光标变为 状态时，拖曳可对模糊边框进行

旋转、放大或缩小等操作，如图 8-68 所示。

图 8-68 旋转范围边框

- 起始点：用于定义模糊的起始点。4 个起始点到图钉之间的区域完全聚焦，在起始点到边框之间的范围内，模糊程度逐步递增，边框之外的区域完全被模糊。用户可以拖动 4 个起始点调整模糊开始的区域。在按住 Alt 键的同时单击并拖曳可调整单个点的位置，如图 8-69 所示。

图 8-69 定义模糊的起始点

8.9.3 倾斜偏移

打开一张图像，执行"滤镜 > 模糊 > 倾斜偏移"命令，弹出"倾斜偏移"界面，如图 8-70 所示。使用"倾斜偏移"滤镜可以在图像中创建焦点带，以获得带状的模糊效果。

图 8-70 "倾斜偏移"界面

- 调整模糊起始点：将光标置于实线上，当光标变为 ↔ 状态时，单击并拖曳即可调整模糊起始点的位置。

- 旋转边框：将光标置于实线中间的原点上，当光标变为 █ 状态时，单击并拖曳即可旋转模糊边框的角度，如图 8-71 所示。

图 8-71　旋转边框

- 缩放模糊边框：将光标置于虚线上，当光标变为 ↕ 状态时，单击并拖曳可缩放模糊边框，调整模糊边框的范围。
- 扭曲度：控制模糊扭曲的形状，默认值为 0。当参数为正值时，模糊区域将产生放射状扭曲，如图 8-72 所示；当参数为负值时，模糊区域将产生旋转扭曲，如图 8-73 所示。

图 8-72　放射状扭曲　　　图 8-73　旋转扭曲

8.9.4　其他模糊

在"滤镜 > 模糊"命令下还包含其他模糊滤镜，其他模糊滤镜都比较简单，也很常用。

1. 表面模糊

"表面模糊"滤镜能够在保留硬边缘的同时模糊图像，使用该滤镜可以创建特殊效果并消除杂色。

打开一张图像，执行"滤镜 > 模糊 > 表面模糊"命令，弹出"表面模糊"对话框，如图 8-74

所示。设置参数后单击"确定"按钮，图像效果如图 8-75 所示。

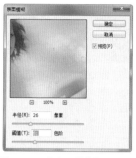

图 8-74　"表面模糊"对话框

图 8-75　图像效果

- 半径：设置模糊取样区域的大小。
- 阈值：控制相邻像素色调值与中心像素值相差多大时才能成为模糊的一部分，色调值差小于阈值的像素被排除在模糊之外。

2. 动感模糊

"动感模糊"滤镜可以沿指定方向、指定强度模糊图像，形成残影效果。打开一张图像，执行"滤镜 > 模糊 > 动感模糊"命令，弹出"动感模糊"对话框，如图 8-76 所示。设置参数后单击"确定"按钮，图像效果如图 8-77 所示。

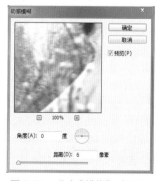

图 8-76　"动感模糊"对话框

图 8-77　图像效果

- 角度：设置模糊方向。通过输入数值进行调整或者通过拖曳指针进行调整。
- 距离：设置像素移动的距离。

3. 方框模糊

"方框模糊"滤镜基于相邻像素的平均颜色模糊图像。打开一张图像，执行"滤镜 > 模糊 > 方框模糊"命令，弹出"方框模糊"对话框，如图 8-78 所示。在该对话框中设置参数，完成后单击"确定"按钮，图像效果如图 8-79 所示。

图 8-78　"方框模糊"对话框

图 8-79　图像效果

4. 高斯模糊

"高斯模糊"滤镜可以为图像添加低频细节，使图像产生一种朦胧效果。打开一张图像，执行"滤镜 > 模糊 > 高斯模糊"命令，弹出"高斯模糊"对话框，设置参数如图 8-80 所示。完成后单击"确定"按钮，图像效果如图 8-81 所示。

图 8-80　"高斯模糊"对话框

图 8-81　图像效果

5. 进一步模糊

执行"滤镜 > 模糊 > 进一步模糊"命令，可以对过于清晰、对比度过于强烈的图像的边缘区域进行光滑处理，使图像产生模糊的效果。

6. 径向模糊

"径向模糊"滤镜可以模拟缩放或旋转相机所产生的模糊效果。打开一张图像，执行"滤镜 > 模糊 > 径向模糊"命令，弹出"径向模糊"对话框，设置参数如图 8-82 所示。完成后单击"确定"按钮，图像效果如图 8-83 所示。

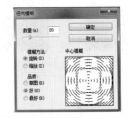

图 8-82　"径向模糊"对话框

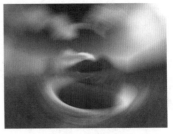

图 8-83　图像效果

- 数量：设置模糊的强度，设置的数值越大，模糊的效果越强烈。
- 模糊方法：如果选择"旋转"单选按钮，则图像会沿着同心圆环线产生旋转的模糊效果；如果选择"缩放"单选按钮，则图像会产生放射状的模糊效果。
- 品质：用来设置应用模糊效果后图像的显示品质。选择"草图"单选按钮，处理速度最快，但图像会产生颗粒状的效果；选择"好"和"最好"单选按钮，都能够产生较为平滑的效果。

7. 镜头模糊

"镜头模糊"滤镜通过图像的 Alpha 通道或图层蒙版的深度值来映射图像中像素的位置，产生带有镜头景深的模糊效果。打开一张图像，执行"滤镜 > 模糊 > 镜头模糊"命令，弹出"镜头模糊"对话框，如图 8-84 所示。

图 8-84　"镜头模糊"对话框

- 更快：选择该单选按钮可提高图像的预览速度。
- 更加准确：选择该单选按钮可以查看图像的最终效果，但是需要较长的预览时间。
- 镜面高光：设置镜面高光的范围。"亮度"选项用来设置高光的亮度；"阈值"选项用来设置亮度的截止点，比该截止点数值大的所有像素都被视为镜面高光。
- 源：在"源"下拉列表中可以选择使用 Alpha 通道或图层蒙版来创建深度映射。若图像中包含 Alpha 通道且选择了该选项，则 Alpha 通道中的黑色

区域将被视为位于图像的前面，白色区域将被视为位于远处的位置。

- 模糊焦距：设置位于焦点内像素的深度。
- 反相：勾选"反相"复选框，可以反转蒙版和通道。
- 光圈：用来设置模糊的显示方式。在"形状"下拉列表中可以设置光圈的形状；"半径"选项用来设置模糊的数量；"叶片弯曲"选项用来设置光圈边缘的平滑度；"旋转"选项用来旋转光圈。
- 数量：通过拖曳"数量"滑块控制在图像中添加或减少杂色。
- 分布：设置杂色的分布方式。
- 单色：勾选该复选框，在不影响颜色的情况下为图像添加杂色。

8. 模糊

"模糊"滤镜与"进一步模糊"滤镜的原理相同，但它们所产生的模糊程度不同，"进一步模糊"滤镜产生的模糊效果是"模糊"滤镜的 3 ～ 4 倍。

9. 平均

"平均"滤镜可以查找图像的平均颜色，以该颜色填充图像，创建平滑的外观。打开一张图像，执行"滤镜 > 模糊 > 平均"命令，图像效果如图 8-85 所示。

图 8-85　图像效果

10. 特殊模糊

执行"滤镜 > 模糊 > 特殊模糊"命令，弹出"特殊模糊"对话框。在该对话框中可以设置半径、阈值、品质和模式等选项，以达到精确模糊图像的效果。在该对话框中设置"模式"为正常，原图与使用了"特殊模糊"滤镜的图像效果如图 8-86 所示。

图 8-86　原图与使用了"特殊模糊"滤镜的图像效果

- 模式：设置产生模糊效果的模式。选择"正常"模式，图像不会添加特殊效果；选择"仅限边缘"模式，以黑色显示图像、以白色描绘图像边缘像素亮度值变化强烈的区域，如图 8-87 所示；选择"叠加边缘"模式，以白色描绘图像边缘像素亮度值变化强烈的区域，如图 8-88 所示。

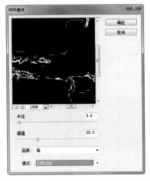

图 8-87　选择"仅限边缘"模式

图 8-88　选择"叠加边缘"模式

- 品质：用来设置图像的品质，其中包括"低""中"和"高"3 个选项，如图 8-89 所示。

11. 形状模糊

执行"滤镜 > 模糊 > 形状模糊"命令，弹出"形状模糊"对话框，如图 8-90 所示。在该对话框中可以使用指定的形状创建特殊的模糊

效果。使用"形状模糊"滤镜的图像效果如图 8-91 所示。

图 8-89　品质

图 8-90　"形状模糊"对话框

图 8-91　图像效果

8.9.5　实战——使用"高斯模糊"滤镜制作界面背景

01 执行"文件 > 新建"命令，弹出"新建"对话框，设置参数如图 8-92 所示，然后单击"确定"按钮。打开素材图像"素材 \ 第 8 章 \ 89501.png"，将其拖曳到文件中，如图 8-93 所示。执行"滤镜 > 模糊 > 高斯模糊"命令，弹出"高斯模糊"对话框，设置参数如图 8-94 所示。

02 单击"确定"按钮，图像效果如图 8-95 所示。单击工具箱中的"椭圆工具"按钮，在画布上连续绘制白色正圆，如图 8-96 所示。

图 8-92　新建文件

图 8-93　打开图像

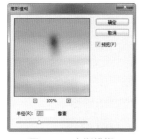

图 8-94　高斯模糊

图 8-95　图像效果

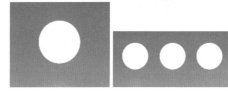

图 8-96　绘制正圆

03 使用"椭圆工具"连续绘制圆形形状，如图 8-97 所示。单击工具箱中的"圆角矩形工具"按钮，设置描边宽度为 1px，在画布上绘制形状，如图 8-98 所示。继续使用"圆角矩形工具"绘制圆角矩形，如图 8-99 所示。

图 8-97　绘制圆形

图 8-98　绘制形状

图 8-99　绘制圆角矩形

04 单击工具箱中的"椭圆工具"按钮，在画布上绘制如图 8-100 所示的白色正圆。单击工具箱中的"矩形工具"按钮，在选项栏中选择"减去顶层形状"选项，在画布上绘制矩形，如图 8-101 所示。单击工具箱中的"横排文字

工具"按钮，在画布上添加文字，如图 8-102 所示。

图 8-100　绘制正圆

图 8-101　减去矩形

图 8-102　添加文字

05 使用相同方法完成相似内容的制作，如图 8-103 所示。打开素材图像"素材 \ 第 8 章 \ 89502.png ～ 89503.png"，将其拖曳到设计文件中，如图 8-104 所示。

图 8-103　完成相似内容

图 8-104　打开图像

06 单击工具箱中的"椭圆工具"按钮，在选项栏中设置描边为 10px，在画布中绘制正圆，如图 8-105 所示。

图 8-105　绘制正圆

07 打开"图层"面板，移动"椭圆 4"图层至"图层 3"图层的下方，执行"图层 > 创建剪贴蒙版"命令，如图 8-106 所示。打开素材图像"素材 \ 第 8 章 \89504.png"，将其拖曳到设计文件中，如图 8-107 所示。

08 打开"图层"面板，单击面板底部的"添

加图层样式"按钮,在弹出的菜单中选择"投影"选项,弹出"图层样式"对话框,设置参数如图 8-108 所示。

按钮,在画布上添加文字,如图 8-113 所示。

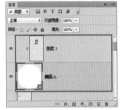

图 8-106　创建剪贴蒙版　　图 8-107　打开图像

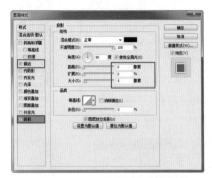

图 8-112　"图层样式"对话框

图 8-108　设置参数

　　09 单击"确定"按钮,按组合键 Ctrl+ T,拖曳调整图像的角度,如图 8-109 所示。使用相同方法完成相似内容的制作,如图 8-110 所示。单击工具箱中的"圆角矩形工具"按钮,在画布上绘制黑色的圆角矩形,并设置图层"不透明度"为 30%,如图 8-111 所示。

图 8-109　调整角度

图 8-110　完成相似内容　　图 8-111　绘制圆角矩形

　　10 打开"图层"面板,双击选中图层,此时会弹出"图层样式"对话框,设置参数如图 8-112 所示。单击工具箱中的"横排文字工具"

图 8-113　添加文字

　　11 单击工具箱中的"圆角矩形工具"按钮,在画布上绘制圆角矩形,如图 8-114 所示。单击工具箱中的"多边形工具"按钮,在选项栏中选择"合并形状"选项,在画布上绘制三角形,如图 8-115 所示。

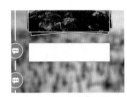

图 8-114　绘制圆角矩形　　图 8-115　绘制三角形

　　12 打开素材图像"素材\第 8 章\89503.png",将其拖曳到设计文件中,如图 8-116 所示。单击工具箱中的"横排文字工具"按钮,在画布中添加文字,如图 8-117 所示。使用相同方法完成相似内容的制作,图像效果如图 8-118 所示。

图 8-116　打开图像

图 8-117 输入文字

图 8-118 图像效果

8.10 "扭曲"滤镜组

在"扭曲"滤镜组中包含 9 种滤镜，使用它们可以创建各种样式的扭曲变形效果，还可以改变图像的分布（例如非正常拉伸、扭曲等），产生模拟水波和镜面反射等自然效果。

8.10.1 波浪

打开一张图像，执行"滤镜 > 扭曲 > 波浪"命令，弹出"波浪"对话框，设置参数如图 8-119 所示。该滤镜可以在图像上创建起伏的波状图案，生成波浪效果，如图 8-120 所示。

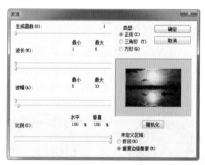
图 8-119 "波浪"对话框

图 8-120 图像效果

- 生成器数：设置产生波纹效果的震源总数。
- 波长：设置相邻两个波峰的水平距

离，分为最小波长和最大波长两部分，最小波长不能超过最大波长。

- 波幅：设置最大和最小波幅。其中最小波幅不能超过最大波幅。
- 比例：控制水平方向和垂直方向上的波动幅度。
- 类型：设置波浪的形态，包括"正弦""三角形"和"方形"。
- 随机化：单击该按钮，即可随机改变前面设置的波浪效果。
- 未定义区域：设置及处理图像中的空白区域。选择"折回"单选按钮，可在空白区域填入溢出内容；选择"重复边缘像素"单选按钮，可在空白区域填入边缘像素颜色。

8.10.2 波纹

使用"波纹"滤镜可以在图像上创建起伏的波状图案，生成波纹效果。执行"滤镜 > 扭曲 > 波纹"命令，在弹出的"波纹"对话框中设置波纹的数量和大小，可以获得不同的滤镜效果。

8.10.3 极坐标

"极坐标"滤镜可以将图像从平面坐标转换为极坐标或从极坐标转换为平面坐标。打开一张图像，执行"滤镜 > 扭曲 > 极坐标"命令，弹出"极坐标"对话框，设置参数如图 8-121 所示。完成后单击"确定"按钮，图像效果如图 8-122 所示。

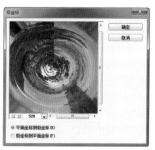
图 8-121 "极坐标"对话框

图 8-122　图像效果

8.10.4　挤压

　　"挤压"滤镜可以将整个图像或选区内的图像向内或向外挤压。打开一张图像，执行"滤镜 > 扭曲 > 挤压"命令，弹出"挤压"对话框，如图 8-123 所示。设置各项参数，单击"确定"按钮后图像效果如图 8-124 所示。

素材

图 8-123　"挤压"对话框

图 8-124　图像效果

8.10.5　切变

　　打开一张图像，执行"滤镜 > 扭曲 > 切变"命令，弹出"切变"对话框，如图 8-125 所示。用户可以在该对话框中的曲线上添加控制点，按照自己设定的曲线来扭曲图像，完成后单击"确定"按钮，图像效果如图 8-126 所示。

- 折回：在空白区域中填入溢出图像之外的内容。
- 重复边缘像素：在图像边界不完整的空白区域填入扭曲边缘的像素颜色。

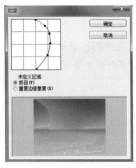

图 8-125　"切变"对话框

图 8-126　图像效果

8.10.6　实战——使用"球面化"滤镜制作立体按钮

　　01 打开如图 8-127 所示的素材图像，使用"椭圆选框工具"创建选区，如图 8-128 所示。

　　02 执行"滤镜 > 扭曲 > 球面化"命令，弹出"球面化"对话框，设置参数如图 8-129 所示。单击"确定"按钮，图像效果如图 8-130 所示。

图 8-127　打开图像　　　图 8-128　创建选区

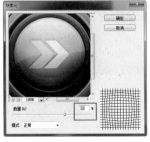 

图 8-129　设置参数　　　图 8-130　图像效果

8.10.7 水波

"水波"滤镜可以模拟水池中的波纹，产生水中涟漪效果。执行"滤镜 > 扭曲 > 水波"命令，弹出"水波"对话框。用户可以在该对话框中设置水波的详细参数，完成后单击"确定"按钮，即可为图像添加水波效果。

8.10.8 旋转扭曲

"旋转扭曲"滤镜可以使图像产生旋转的风轮效果，旋转会围绕图像中心进行，中心旋转的程度比边缘大。

执行"滤镜 > 扭曲 > 旋转扭曲"命令，弹出"旋转扭曲"对话框。用户可以在该对话框中设置旋转扭曲的详细参数，完成后单击"确定"按钮，即可为图像添加旋转扭曲效果。图 8-131 所示为原图，图 8-132 所示为应用了"旋转扭曲"滤镜的图像效果。

图 8-131　原图　　　　图 8-132　图像效果

8.10.9 置换

"置换"滤镜可以根据另一张图像的亮度值使当前图像的像素重新排列并产生位移，用于置换的图像应为 PSD 格式的文件。

打开一张图像，执行"滤镜 > 扭曲 > 置换"命令，弹出"置换"对话框，如图 8-133 所示。设置各项参数，完成后单击"确定"按钮，弹出"选取一个置换图"对话框，选择置换图并单击"打开"按钮，图像效果如图 8-134 所示。

图 8-133　"置换"对话框　　图 8-134　图像效果

- 水平比例 / 垂直比例：用于设置置换图在水平方向或垂直方向上的变形比例。
- 置换图：当置换图与当前图像的大小不同时，选择"伸展以适合"单选按钮，置换图会自动将尺寸调整为当前图像尺寸；选择"拼贴"单选按钮，则以拼贴的方式填补空白区域。

8.11 "锐化"滤镜组

在"锐化"滤镜组中包含 5 种滤镜，通过增加相邻像素间的对比度来聚焦模糊的图像，使图像变得清晰。

8.11.1 USM 锐化

"USM 锐化"滤镜可以查找图像中颜色发生显著变化的区域，将其锐化。打开一张图像，执行"滤镜 > 锐化 >USM 锐化"命令，弹出"USM 锐化"对话框，设置参数如图 8-135 所示。完成后单击"确定"按钮，图像效果如图 8-136 所示。

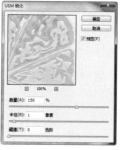 

图 8-135　设置参数　　图 8-136　图像效果

- 数量：设置锐化效果的强度，设置的数值越大，锐化效果越明显。
- 半径：设置锐化的范围。
- 阈值：只有在相邻像素间的差值达到设置范围时才会被锐化，因此设置的数值越大，被锐化的像素就越少。

8.11.2 进一步锐化

"进一步锐化"滤镜可以设置图像的聚焦

选区并提高其清晰度。打开一张图像，执行"滤镜 > 锐化 > 进一步锐化"命令，图像效果如图 8-137 所示。

8.11.3 锐化

"锐化"滤镜通过增加像素间的对比度使图像变得清晰，但锐化效果不是很明显。打开一张图像，执行"滤镜 > 锐化 > 锐化"命令，图像效果如图 8-138 所示。

图 8-137　进一步锐化　　　图 8-138　锐化

提示 ▶▶▶ "进一步锐化"滤镜比"锐化"滤镜的效果更强烈，相当于使用了 2～3 次"锐化"滤镜。

8.11.4 锐化边缘

"锐化边缘"滤镜与"USM 锐化"滤镜一样，都可以查找图像中颜色发生显著变化的区域，并将其锐化。它们的区别是"USM 锐化"滤镜会弹出对话框，用户可以在该对话框中输入数值进行锐化操作；而"锐化边缘"滤镜则是自动对图像进行锐化操作，且只能锐化图像的边缘。

8.11.5 智能锐化

"智能锐化"滤镜具有"USM 锐化"滤镜所没有的锐化控制功能，通过该功能可设置锐化算法或在阴影和高光区域中设置锐化量。打开一张图像，如图 8-139 所示。执行"滤镜 > 锐化 > 智能锐化"命令，弹出"智能锐化"对话框，如图 8-140 所示。

图 8-139　打开图像

图 8-140　"智能锐化"对话框

选择"智能锐化"对话框中的"基本"单选按钮，即可对智能锐化的基本选项进行设置。

- 设置：单击 按钮，即可将当前设置的锐化参数保存为一个预设，此后可在"设置"选项的下拉列表中进行选择，单击 按钮可以删除当前选中的自定义锐化设置。

- 数量：设置锐化数量，设置的数值越大，图像边缘像素之间的对比度越强，图像效果也更加锐利。

- 半径：设置锐化所影响的边缘像素数量，设置的数值越大，受影响的边缘越宽，锐化效果也越明显。使用不同半径值产生的锐化效果如图 8-141 所示。

图 8-141　使用不同半径值产生的锐化效果

- 移去：在该选项的下拉列表中可以选择锐化算法。选择"高斯模糊"选项，使用"USM 锐化"滤镜的方法进行锐化；选择"镜头模糊"选项，检测图像中的边缘和细节，减少锐化光泽；选择"动感模糊"选项，可通过设置"角度"选项减少由于相机随着主体移动而导致的模糊效果。

- 更加准确：勾选该复选框，可以使图像的锐化效果更加精确，同时图像的处理时间也会变长。

若选择"高级"单选按钮,该对话框中会出现 3 个选项卡,分别为"锐化"选项卡、"阴影"选项卡和"高光"选项卡,如图 8-142 所示。其中,"锐化"选项卡中的选项与基本锐化方式下的完全相同,而"阴影"和"高光"选项卡则可以分别设置图像阴影和高光区域的锐化强度。

图 8-142　高级选项

8.12 "视频"滤镜组

"视频"滤镜组中的滤镜用来解决视频图像交换时出现的系统差异问题,使用它们可以处理以隔行扫描方式提取的图像。

8.12.1 NTSC 颜色

"NTSC 颜色"滤镜匹配图像色域适合 NTSC 视频标准色域,使图像可以被电视接收,它的实际色彩范围比 RGB 小。如果一个 RGB 图像能够用于视频或多媒体,可以使用该滤镜将饱和度过高而无法正确显示的色彩转换为 NTSC 系统中可以显示的色彩。

8.12.2 逐行

"逐行"滤镜可以消除图像中的差异交错线,使在视频上捕捉的运动图像变得平滑。执行"滤镜 > 视频 > 逐行"命令,可以打开"逐行"对话框。用户可在该对话框中设置详细参数,完成对图像的调整。

8.13 "像素化"滤镜组

在"像素化"滤镜组中包含 7 种滤镜,使用它们可以将图像分块或平面化,再重新组合,创建出彩块、点状、晶块和马赛克等特殊效果。

8.13.1 彩块化

打开一张图像,执行"滤镜 > 像素化 > 彩块化"命令,可以在保持原有图像轮廓的前提下使纯色或相近颜色的像素结成像素块,如图 8-143 所示。

8.13.2 彩色半调

"彩色半调"滤镜可以使图像变为网点状效果,图像中的高光部分生成的网点较小,阴影部分生成的网点较大。打开一张图像,执行"滤镜 > 像素化 > 彩色半调"命令,弹出"彩色半调"对话框,设置各项参数后单击"确定"按钮,图像效果如图 8-144 所示。

图 8-143　应用"彩块化"滤镜

图 8-144　图像效果

8.13.3 点状化

"点状化"滤镜可以使图像中相近的像素集中到多边形色块中,产生类似结晶的颗粒效果。应用了"点状化"滤镜的图像效果如图 8-145 所示。

图 8-145 应用"点状化"滤镜

8.13.4 晶格化

"晶格化"滤镜可以将图像中的颜色分散为随机分布的网点，产生点状化的绘画效果，并使用背景色作为网点之间的画布区域。应用了"晶格化"滤镜的图像效果如图 8-146 所示。

图 8-146 应用"晶格化"滤镜

8.13.5 实战——使用"马赛克"滤镜制作背景

01 新建一个空白文件，为画布填充黑色。执行"滤镜 > 杂色 > 添加杂色"命令，弹出"添加杂色"对话框，设置参数如图 8-147 所示。

02 单击"确定"按钮，图像效果如图 8-148 所示。执行"滤镜 > 像素化 > 马赛克"命令，弹出"马赛克"对话框，设置参数如图 8-149 所示，单击"确定"按钮。

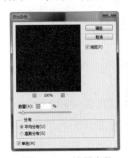 

图 8-147 设置参数　　图 8-148 图像效果

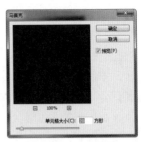

图 8-149 设置参数

03 Photoshop 将具有相似色彩的像素合成规则排列的方块，产生马赛克效果，图像效果如图 8-150 所示。执行"滤镜 > 锐化 > 锐化"命令，然后执行"文件 > 打开"命令，打开一张素材图像，将素材图像拖曳到文件中，图像效果如图 8-151 所示。

图 8-150 图像效果　　图 8-151 图像效果

8.13.6 碎片

"碎片"滤镜可以把图像的像素重复复制 4 次，再将其平均且相互偏移，使图像产生一种没有对准焦距的模糊效果。打开一张素材图像，执行"滤镜 > 像素化 > 碎片"命令，效果如图 8-152 所示。

图 8-152 应用"碎片"滤镜

8.13.7 铜版雕刻

"铜版雕刻"滤镜可以在图像中随机生成各种不规则的直线、曲线和斑点，使图像产生年代久远的金属板效果。

打开一张图像，执行"滤镜 > 像素化 > 铜版雕刻"命令，弹出"铜版雕刻"对话框，在该对话框中可以设置"铜版雕刻"的类型，如图 8-153 所示。设置完成后单击"确定"按钮，图像效果如图 8-154 所示。

图 8-153　雕刻类型　　　图 8-154　图像效果

8.14　"渲染"滤镜组

在"渲染"滤镜组中包含 5 种滤镜，使用它们能够在图像上创建 3D 形状贴图、云彩图案、折射图案和模拟反射光等效果。

8.14.1　分层云彩

执行"滤镜 > 渲染 > 分层云彩"命令，可以将云彩数据和现有的像素混合，其方式与"差值"模式的混合颜色方式相同。

8.14.2　光照效果

执行"滤镜 > 渲染 > 光照效果"命令，进入"光照效果"界面，在工作界面的右侧会出现"属性"面板和"光源"面板，如图 8-155 所示。该滤镜通过光源和光色选择、聚集和定义物体反射特性等在图像上产生光照效果。图 8-156 所示为应用了"光照效果"滤镜的图像效果。

图 8-155　参数设置　　　图 8-156　图像效果

- 颜色：设置灯光的颜色。

- 强度：设置灯光的亮度。
- 聚光：调整灯光的聚光角度。
- 着色：通过选择不同颜色改变光照的强度。
- 曝光度：通过设置数值实现对材质曝光度的调整。
- 光泽：通过设置数值实现对材质光泽的调整。
- 金属质感：通过设置数值调整灯光下材质的金属质感。

在"光源"下拉列表中有以下 3 个选项。

- 点光：选择"点光"选项，可在"属性"面板左侧的图像预览区中布置灯光。单击并拖曳中间的圆圈即可调整光源的位置；单击并拖曳手柄即可调整光照的强度和范围。
- 聚光灯：类似于灯光，在调整其大小时，照亮的范围相应变大或变小。
- 无限光：类似于阳光，通过中心的操纵杆进行全方位摇动，使光照变亮或变暗。

8.14.3　实战——使用"镜头光晕"滤镜和"水波"滤镜制作水波效果

素材

01 新建一个空白文件，为画布填充黑色。执行"滤镜 > 渲染 > 镜头光晕"命令，弹出"镜头光晕"对话框，设置参数如图 8-157 所示。设置完成后单击"确定"按钮，图像效果如图 8-158 所示。

图 8-157　"镜头光晕"对话框

图 8-158　图像效果

02 执行"滤镜>扭曲>水波"命令,弹出"水波"对话框,设置参数如图 8-159 所示,设置完成后单击"确定"按钮。执行"滤镜>滤镜库"命令,弹出"滤镜库"对话框,设置参数如图 8-160 所示,单击"确定"按钮。

图 8-159　"水波"对话框

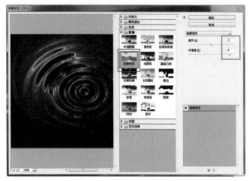

图 8-160　应用"铬黄渐变"滤镜

03 新建图层,设置前景色为 RGB（82,158,231）,按组合键 Alt+Delete 填充前景色,并设置图层混合模式为"叠加","图层"面板如图 8-161 所示。图像效果如图 8-162 所示。

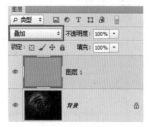

图 8-161　"图层"面板

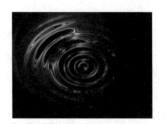

图 8-162　图像效果

8.14.4　纤维

"纤维"滤镜使用前景色和背景色随机产生编织纤维的外观效果。执行"滤镜>渲染>纤维"命令,弹出"纤维"对话框,如图 8-163 所示。用户可以在该对话框中设置详细参数,设置完成后单击"确定"按钮,完成图像的调整。

图 8-163　"纤维"对话框

- 差异:用来设置颜色的变化方式。当数值较小时会产生较长的颜色条纹;当数值较大时会产生较短且颜色分布变化更大的纤维。
- 强度:用来控制纤维的外观。当数值较小时会产生松散的织物效果;当数值较大时会产生较短的绳状纤维。
- 随机化:单击该按钮,可随机生成新的纤维外观。

8.14.5　云彩

"云彩"滤镜使用前景色和背景色之间的随机像素值将图像生成柔和的云彩图案,它是唯一能在透明图层上产生效果的滤镜。执行"滤镜>渲染>云彩"命令,图像效果如图 8-164 所示。

图 8-167　设置"添加杂色"参数

素材

8.14.6 实战——使用"云彩"命令制作纹理效果

01 执行"文件 > 新建"命令，弹出"新建"对话框，设置参数如图 8-165 所示，设置完成后单击"确定"按钮。设置前景色为 RGB（226，194，148），为画布填充前景色，如图 8-166 所示。

图 8-164　图像效果

图 8-165　新建文件

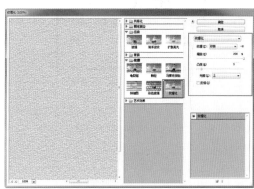

图 8-168　设置"纹理化"参数

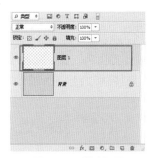

图 8-169　新建图层

03 将前景色和背景色恢复为默认值，执行"滤镜 > 渲染 > 云彩"命令，效果如图 8-170 所示。打开"图层"面板，设置混合模式为"颜色加深"，如图 8-171 所示。执行"图像 > 调整 > 色阶"命令，弹出"色阶"对话框，设置参数如图 8-172 所示。

图 8-166　填充前景色

02 执行"滤镜 > 杂色 > 添加杂色"命令，弹出"添加杂色"对话框，设置参数如图 8-167 所示，设置完成后单击"确定"按钮。执行"滤镜 > 滤镜库"命令，弹出"滤镜库"对话框，在右侧单击"纹理 > 纹理化"选项，并设置参数如图 8-168 所示。然后新建图层，如图 8-169 所示。

图 8-170　应用"云彩"滤镜

图 8-171　更改混合模式

图 8-172　"色阶"对话框

04 设置完成后单击"确定"按钮，图像效果如图 8-173 所示。打开素材图像"素材 \ 第 8 章 \814601.psd"，将其拖曳到文件中，最终效果如图 8-174 所示。

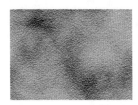

图 8-173　图像效果

图 8-174　最终效果

8.15　"杂色"滤镜组

"杂色"滤镜组中的滤镜用来添加或去除图像中的杂色以及带有随机分布色阶的像素。执行"滤镜 > 杂色"命令，可以展开其子菜单。在"杂色"滤镜组中共有 5 种滤镜。

8.15.1　减少杂色

"减少杂色"滤镜是基于影响整个图像或各个通道的用户设置，在保留图像边缘的同时减少杂色。打开一张图像，执行"滤镜 > 杂色 > 减少杂色"命令，弹出"减少杂色"对话框，如图 8-175 所示。设置参数后单击"确定"按钮，图像效果如图 8-176 所示。

- 设置：单击 按钮，即可将当前设置的参数保存为一个预设；单击 按钮，即可删除当前选择的自定义预设。

图 8-175　"减少杂色"对话框

图 8-176　图像效果

- 强度：用来调整应用于所有图像通道的亮度。
- 保留细节：用来设置图像边缘和图像细节的保留程度。
- 减少杂色：用来去除随机的颜色像素，该值越大，减少的杂色越多。
- 锐化细节：用来对图像进行锐化。
- 移去 JPEG 不自然感：勾选该复选框，可以去除使用低品质 JPEG 存储图像时导致的斑驳图像和光晕。

8.15.2　蒙尘与划痕

"蒙尘与划痕"滤镜通过改变相异的像素来减少杂色，该滤镜主要用来搜索图像中的缺陷，再进行局部模糊，并将其融入周围的像素中。打开一张图像，如图 8-177 所示。执行"滤镜 > 杂色 > 蒙尘与划痕"命令，弹出"蒙尘与划痕"对话框，如图 8-178 所示。用户可以在该对话框中设置详细参数，设置完成后单击"确定"按钮，即可完成为图像减少杂色的操作。

图 8-177　打开图像　　图 8-178　"蒙尘与划痕"

对话框

8.15.3　去斑

"去斑"滤镜用来检测图像边缘发生显著颜色变化的区域，并模糊除边缘外的所有选区，去除图像中的斑点，同时保留细节。打开一张图像，如图 8-179 所示。执行"滤镜 > 杂色 > 去斑"命令，图像效果如图 8-180 所示。

图 8-179　打开图像　　图 8-180　图像效果

8.15.4　添加杂色

"添加杂色"滤镜可将随机像素应用于图像，模拟在高速胶片上拍到的效果。打开一张图像，执行"滤镜 > 杂色 > 添加杂色"命令，弹出"添加杂色"对话框，设置参数后单击"确定"按钮，图像效果如图 8-181 所示。

8.15.5　中间值

"中间值"滤镜利用平均化手段重新计算分布像素，即用斑点和周围像素的中间颜色作为两者之间的像素颜色消除干扰，从而减少图像中的杂色。执行"滤镜 > 杂色 > 中间值"命令，弹出"中间值"对话框，如图 8-182 所示。用户可在该对话框中设置详细参数，设置完成后单击"确定"按钮，即可完成为图像减少杂色的操作。

图 8-181　添加杂色　　图 8-182　"中间值"

对话框

8.15.6　实战——使用"添加杂色"滤镜制作质感图标

素材

01 执行"文件 > 新建"命令，弹出"新建"对话框，设置参数如图 8-183 所示。单击工具箱中的"圆角矩形工具"按钮，在画布中绘制圆角矩形，填充颜色为从 RGB（42，61，78）到 RGB（86，131，154）的径向渐变，如图 8-184 所示。

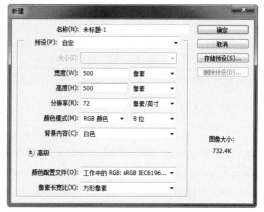

图 8-183　"新建"对话框

图 8-184　绘制圆角矩形

02 单击"图层"面板底部的"添加图层样式"按钮，弹出"图层样式"对话框，添加"斜面和浮雕"以及"投影"图层样式，设置参数如图 8-185 所示，设置完成后单击"确定"按钮。

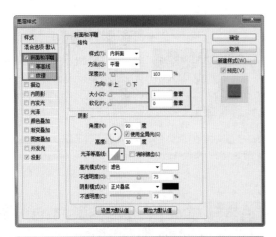

图 8-187　设置"添加杂色"参数

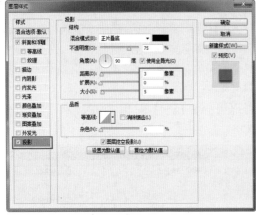

图 8-188　设置"动感模糊"参数

图 8-185　添加"斜面和浮雕"以及"投影"图层样式

05 打开"图层"面板，设置图层混合模式为"颜色加深"，"图层"面板如图 8-189 所示。按组合键 Ctrl+D 取消选区，如图 8-190 所示。单击工具箱中的"椭圆工具"按钮，在画布上绘制白色椭圆，并设置图层"不透明度"为 20%，如图 8-191 所示。

03 新建图层，使用"矩形选框工具"在画布中创建选区并填充白色，如图 8-186 所示。执行"滤镜 > 杂色 > 添加杂色"命令，弹出"添加杂色"对话框，设置参数如图 8-187 所示，设置完成后单击"确定"按钮。

04 执行"滤镜 > 模糊 > 动感模糊"命令，弹出"动感模糊"对话框，设置参数如图 8-188 所示，设置完成后单击"确定"按钮。

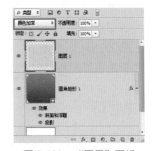

图 8-189　"图层"面板

图 8-186　创建选区并填充颜色

图 8-190　图像效果

图 8-191　创建椭圆形状

06 单击工具箱中的"横排文字工具"按钮，在画布中添加文字，如图 8-192 所示。单击"图层"面板底部的"添加图层样式"按钮，弹出"图层样式"对话框，添加"斜面和浮雕"以及"投影"图层样式，设置参数如图 8-193 所示。

图 8-192　输入文字

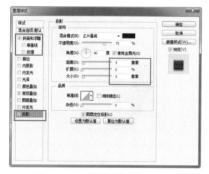

图 8-193　"图层样式"对话框

07 添加"渐变叠加"图层样式，设置参数如图 8-194 所示。单击"确定"按钮，图像效果如图 8-195 所示。

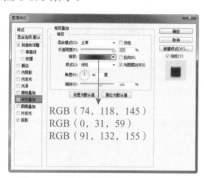

图 8-194　添加"渐变叠加"图层样式

图 8-195　图像效果

8.16　"其他"滤镜组

使用"其他"滤镜组可以自定义滤镜效果，还可以实现修改蒙版、在图像中使选区发生位移和快速调整颜色等操作。执行"滤镜 > 其他"命令，可以弹出其子菜单，在该子菜单中包含了 5 种滤镜。

8.16.1　高反差保留

使用"高反差保留"滤镜可以在有强烈颜色转变的地方按指定的半径保留边缘细节，且不显示图像的其余部分。

打开一张图像，执行"滤镜 > 其他 > 高反差保留"命令，弹出"高反差保留"对话框，如图 8-196 所示。在该对话框中设置参数，完成后单击"确定"按钮，即可为图像应用该滤镜。

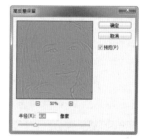

图 8-196　"高反差保留"对话框

通过拖曳滑块或在"半径"文本框中输入数值，可以设置保留范围的大小，设置的数值越大，所保留的源图像像素越多。

8.16.2　位移

"位移"滤镜可以为图像中的选区指定水平或垂直距离，而选区的原位置变成空白区域。打开一张图像，执行"滤镜 > 其他 > 位移"命令，弹出"位移"对话框，如图 8-197 所示。在该对话框中设置参数，完成后单击"确定"按钮，即可为图像应用该滤镜。

图 8-197　"位移"对话框

- 水平：设置水平偏移的距离，正值向右偏移，负值向左偏移。
- 垂直：设置垂直偏移的距离，正值向下偏移，负值向上偏移。
- 未定义区域：设置偏移图像后所产生空缺部分的填充方式。
  - 设置为背景：将以背景色填充空缺部分。
  - 重复边缘像素：可在图像边缘不完整的空缺区域填入扭曲边缘的像素颜色。
  - 折回：可在空缺区域填入溢出图像之外的图像内容。

8.16.3 自定

使用"自定"滤镜可以根据预定义的数学运算更改图像中每个像素的亮度值，此操作与通道的加、减计算类似。打开一张图像，执行"滤镜 > 其他 > 自定"命令，弹出"自定"对话框，如图 8-198 所示。在该对话框中设置参数，完成后单击"确定"按钮，即可为图像应用该滤镜。

图 8-198　"自定"对话框

- 缩放：输入一个数值，用该值去除图像中包含像素的亮度值总和。
- 位移：输入与缩放计算结果相加的值。

8.16.4 最大值

使用"最大值"滤镜可以在指定的半径内用周围像素的最大亮度值替换当前像素的亮度值。"最大值"滤镜有应用阻塞的效果，可以扩展白色区域和阻塞黑色区域。

打开一张图像，执行"滤镜 > 其他 > 最大值"命令，弹出"最大值"对话框，如图 8-199 所示。在该对话框中设置参数，完成后单击"确定"按钮，即可为图像应用该滤镜。

8.16.5 最小值

使用"最小值"滤镜可以在指定的半径内用周围像素的最小亮度值替换当前像素的亮度值。"最小值"滤镜具有扩展效果，可以扩展黑色区域和收缩白色区域。

打开一张图像，执行"滤镜 > 其他 > 最小值"命令，弹出"最小值"对话框，如图 8-200 所示。在该对话框中设置参数，完成后单击"确定"按钮，即可为图像应用该滤镜。

图 8-199　"最大值"对话框

图 8-200　"最小值"对话框

通过拖曳滑块或在"半径"文本框中输入数值调整原图像模糊的程度，设置的数值越大，原图像模糊的程度越大；设置的数值越小，原图像模糊的程度越小。

8.17　Digimarc 滤镜

使用 Digimarc 滤镜可以将数字水印嵌入图像中，存储著作权信息，让图像的版权通过 Digimarc Image 技术生成的数字水印得到保护。

使用"嵌入水印"滤镜可以在图像中加入著作权信息。执行"滤镜 >Digimarc> 嵌入水印"命令，弹出"嵌入水印"对话框，在该对话框中设置相关内容如图 8-201 所示，完成单击"好"按钮。为图像添加水印后，执行"滤镜 >Digimarc> 读取水印"命令，弹出"读取水印"对话框，在该对话框中可以看到"嵌入水印"的信息内容，如图 8-202 所示。

图 8-201　嵌入水印

图 8-202　水印信息

8.18　外挂滤镜

在 Photoshop 中除了可以使用它本身自带的滤镜之外，还允许安装使用其他厂商提供的滤镜，这些从外部装入的滤镜叫作"外挂滤镜"。用户通常可以使用两种方法安装外挂滤镜。

8.18.1　安装外挂滤镜

如果外挂滤镜本身带有安装程序，用户可以双击安装程序文件，根据提示逐步进行安装。如果外挂滤镜本身不带有安装程序，只是一些滤镜文件，需要手动将其复制到 Photoshop 安装目录下的 Plug-ins 文件夹中。

执行"编辑 > 首选项 > 增效工具"命令，

弹出"首选项"对话框，勾选"附加的增效工具文件夹"复选框，然后在打开的对话框中选择安装外挂滤镜的文件夹，这样也可以安装外挂滤镜。

8.18.2　实战——安装外挂滤镜

素材

01 打开 Portraiture 滤镜所在的文件夹，选择"Portraiture.8BF"文件，按组合键 Ctrl+C 复制滤镜文件，如图 8-203 所示。将 Photoshop 安装目录下的 Plug-ins 文件夹打开，按组合键 Ctrl+V 进行粘贴，如图 8-204 所示。

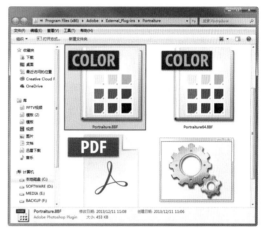

图 8-203　复制滤镜文件

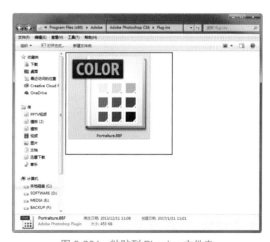

图 8-204　粘贴到 Plug-ins 文件夹

02 关闭 Photoshop 软件，重新打开 Photoshop 软件。打开素材图像"素材 \ 第 8 章 \ 818201.jpg"，如图 8-205 所示。复制"背景"

图层，"图层"面板如图 8-206 所示。

图 8-205　打开图像　　　图 8-206　"图层"面板

03 执行"滤镜 >Imagenomic>Portraiture"命令，弹出"Portraiture"对话框，设置参数如图 8-207 所示。单击"确定"按钮后"图层"面板如图 8-208 所示，图像效果如图 8-209 所示。

图 8-207　　"Portraiture"对话框

图 8-208　"图层"面板　　　图 8-209　图像效果

第9章
Web 和切片输出——输出作品

9.1 创建切片

完成 UI 作品的设计制作后，通常要将设计稿切割，然后作为 UI 文件导出。在 Photoshop 中使用"切片工具"可以很容易地完成切割操作，切割过程被称为制作切片。

通过优化切片可以对切割后的图像进行不同程度的压缩，在网页中应用压缩后的图像可以减少用户浏览网页时图像的下载时间。

9.1.1 切片的类型

Photoshop 中的切片类型根据其创建方法的不同而不同，常见的切片有 3 种，即用户切片、自动切片和基于图层的切片。

- 用户切片：在 Photoshop 中，使用"切片工具"创建的切片称为用户切片。
- 基于图层的切片：通过图层创建的切片称为基于图层的切片。
- 自动切片：在创建新的用户切片或基于图层的切片时会生成附加的自动切片来占据图像的其余区域，自动切片可填充图像中用户切片或基于图层的切片未定义的空间。

用户切片和基于图层的切片由实线定义，自动切片则由虚线定义。基于图层的切片包括图层中的所有像素数据。如果移动图层或编辑图层内容，切片区域将自动调整，切片也会随着像素的大小而变化，如图 9-1 所示。

基于图层的切片
自动切片
用户切片

图 9-1 切片效果

9.1.2 使用"切片工具"创建切片

在了解了切片的类型后，用户还要进一步学习如何创建切片。使用"切片工具"在画布中单击并拖曳可以创建用户切片。单击工具箱中的"切片工具"按钮，其选项栏如图 9-2 所示。

图 9-2 "切片工具"的选项栏

切片样式可分为正常、固定长度比和固定大小 3 种。

选择"正常"选项，使用"切片工具"在画布中单击并拖曳，可以创建任意大小的切片；选择"固定长度比"选项，在"宽度"和"高度"文本框中输入想要创建切片的宽高比，使用"切片工具"在画布中单击并拖曳，即可创建具有固定长宽比的切片；选择"固定大小"选项，在"宽度"和"高度"文本框中输入想要创建切片的宽度和高度值，使用"切片工具"在画布中单击，即可创建指定大小的切片。

9.1.3 基于参考线创建切片

用户除了可以使用"切片工具"在图像上创建切片外，还可以基于参考线创建切片。在 Photoshop 中，使用参考线标出图像中需要处理的图像的位置和大小，单击"切片工具"选项栏上的"基于参考线的切片"按钮，即可基于参考线创建切片。

☆技术看板："基于参考线的切片"的作用☆

通过"基于参考线的切片"功能，系统可根据用户创建的参考线创建切片，这种方法可以方便、快捷地定位到指定参考线的边缘，从而提高工作效率。

9.1.4 基于图层创建切片

在 UI 设计工作中，不同的 UI 元素要单独放置在一个独立的图层中。如果需要为独立图层中的 UI 元素创建切片，执行"图层 > 新建基于图层的切片"命令，即可快速地为该图层中的 UI 元素创建切片。

素材

9.1.5 实战——创建切片

01 打 开 素 材 图 像" 素 材 \ 第 9 章 \ 91501.jpg"，如图 9-3 所示。单击工具箱中的"切片工具"按钮，在图像中单击并拖曳创建矩形框，释放鼠标即可创建一个用户切片，如图 9-4 所示。

图 9-3　打开图像

图 9-4　创建切片

02 执行"视图 > 标尺"命令，在画布的左侧和上方将显示标尺，如图 9-5 所示。在标尺上单击并向下或向右拖曳，即可创建参考线。连续创建参考线，标识出需要创建切片的区域，如图 9-6 所示。

图 9-5　显示标尺

03 在"切片工具"的选项栏上单击"基于参考线的切片"按钮，即可根据参考线创建切片，

如图 9-7 所示。执行"视图 > 清除切片"命令，如图 9-8 所示，即可清除图像中的所有切片。

图 9-6　标识出需要创建切片的区域

图 9-7　基于参考线创建切片　　图 9-8　"清除切片"命令

04 打开"图层"面板，选择"图层 2"图层，执行"图层 > 新建基于图层的切片"命令，如图 9-9 所示。在移动图层内容的位置时，切片区域会自动调整位置，如图 9-10 所示。

图 9-9　基于图层创建切片

图 9-10　移动切片

05 在使用组合键 Ctrl+T 缩放"图层 2"中的内容时，切片也会随之自动调整大小，如图 9-11 所示。使用相同方法为其他图层创建切片，效果如图 9-12 所示。

图 9-11　缩放图层内容

图 9-12　创建切片

9.2　编辑切片

在 Photoshop 中创建切片后可以根据要求对其进行修改。在"切片选择工具"选项栏中共提供了 6 种修改工具，使用这些工具可以对切片进行选择、移动与调整等操作。

9.2.1　选择、移动与调整切片

单击工具箱中的"切片选择工具"按钮，在选项栏中可以设置该工具的相关选项，如图 9-13 所示。

调整切片的堆叠顺序　　　　对齐选项　　　分布选项　　　切片选项

图 9-13　"切片选择工具"的选项栏

- 调整切片的堆叠顺序：单击"置为顶层"按钮，将选中切片调整到所有切片的最上层；单击"前移一层"按钮，将选中切片向上移动一层；单击"后移一层"按钮，将选中切片向下移动一层；单击"置为底层"按钮，将选中切片移动到所有切片的底层。当切片重叠时，可以单击该选项中的按钮改变切片的堆叠顺序，以便能够选择到底层的切片。

- 提升：单击该按钮，可以将当前选中的自动切片或图层切片转换为用户切片。

- 划分：单击该按钮，将弹出"划分切片"对话框，在该对话框中可以对所选切片进行划分设置，如图 9-14 所示。

图 9-14　"划分切片"对话框

- 对齐选项：选择多个切片后，单击该选项中的按钮可以对齐切片。

- 分布选项：选择多个切片后，单击该选项中的按钮可以分布切片，这些按钮的使用方法与分布图层的按钮相同。

- 显示 / 隐藏自动切片：单击该按钮，可以隐藏或显示图像中的自动切片。

- 切片选项：单击该按钮，将弹出"切片选项"对话框，在该对话框中可以为选中切片设置名称、类型以及指定的 URL 地址等选项。

9.2.2　实战——划分切片

素材

01　打开素材图像"素材\第 9 章\92201.jpg"，如图 9-15 所示。单击工具箱中的"切片工具"按钮，在图像中创建多个切片，如图 9-16 所示。

02　使用"切片选择工具"选择图像中的切片，选中的切片将显示橘黄色的边线，如图 9-17 所示。在按住 Shift 键的同时单击需要选择的切片，可同时选中多个切片，如图 9-18 所示。

图 9-15　打开图像

图 9-16　创建切片

图 9-17　选择一个切片

图 9-18　选中多个切片

03 保持"切片选择工具"处于选中状态，拖曳切片边线可以调整切片的大小，如图 9-19 所示。在按住 Shift 键的同时将光标放置在切片边线的任意一角，单击并拖曳可以等比例放大或缩小切片，如图 9-20 所示。

图 9-19　调整切片的大小

图 9-20　放大或缩小切片

提示 ▶▶ 如果想要修改切片的大小，使用"切片选择工具"选择切片后，将光标移动到切片边线的控制点上，当光标变为↔或↕状态时，拖曳即可调整切片的宽度或高度。在按住 Shift 键的同时将光标放到切片边线的任意一角，当光标变为↖状态时，拖曳即可等比例扩大或缩小切片。

04 使用"切片选择工具"在图像上选中切片，单击并拖曳该切片可移动切片的位置，在移动过程中切片的边线会以虚框显示，如图 9-21 所示。松开鼠标可以将切片移动到虚框所在的位置，如图 9-22 所示。

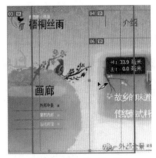

图 9-21　移动切片

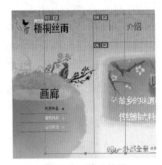

图 9-22　移动位置

05 保持"切片选择工具"处于选中状态，单击选项栏中的"划分"按钮，弹出"划分切片"对话框，在该对话框中勾选"水平划分为"复选框，设置参数如图 9-23 所示。单击"确定"按钮，将切片移动到如图 9-24 所示的位置。

图 9-23　设置参数

图 9-24　移动位置

06 使用"切片工具"在画布中创建切片，如图 9-25 所示。在"切片选择工具"的选项栏上单击"划分"按钮，弹出"划分切片"对话框，设置参数如图 9-26 所示。

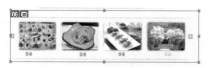

图 9-25　创建切片

图 9-26　设置参数

07 单击"确定"按钮，划分完成后的切片如图 9-27 所示。使用"切片选择工具"调整切片的位置，切片效果如图 9-28 所示。

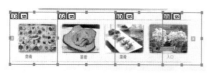

图 9-27　划分切片

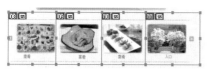

图 9-28　切片效果

9.2.3　组合与删除切片

在创建切片后，为了方便用户管理切片，可以将同类的切片通过"组合切片"命令拼接在一起，还可以通过"删除切片"命令删除切片。

单击工具箱中的"切片选择工具"按钮，选择两个或者更多的切片，效果如图 9-29 所示。右击，在弹出的快捷菜单中选择"组合切片"选项，如图 9-30 所示，即可将所选择的多个切片组合成一个切片，如图 9-31 所示。

图 9-29　选中多个切片

图 9-30　执行命令　　　图 9-31　组合切片

如果不满意当前创建的切片，可以删除该切片。选中要删除的切片，按键盘上的 Delete 键即可将选中的切片删除，如图 9-32 所示。

如果要删除所有用户切片和基于图层的切片，执行"视图 > 清除切片"命令，即可将所有的切片删除，如图 9-33 所示。

图 9-32　删除单个切片　　　图 9-33　清除所有切片

9.2.4　转换为用户切片

基于图层的切片与图层的像素内容相关联，在对切片进行移动、调整大小、划分、组合和对齐等操作时，唯一的方法是编辑相应的

217

图层。如果想使用"切片工具"完成以上操作，则需要先将切片转换为用户切片。

单击工具箱中的"切片选择工具"按钮，选择要转换的切片，如图 9-34 所示。单击选项栏中的"提升"按钮，即可将选中的切片转换为用户切片，效果如图 9-35 所示。

图 9-34　选择切片　　　图 9-35　提升切片

☆技术看板：如何为不同的自动切片设置优化☆

在图像中，所有自动切片都链接在一起，并共享相同的优化设置，如果要为自动切片设置不同的优化设置，必须将其转换为用户切片。

9.2.5　设置切片选项

使用"切片选择工具"双击切片或在选择切片后单击选项栏中的"为当前切片设置选项"按钮，都可以弹出"切片选项"对话框，如图 9-36 所示。在该对话框中可以为选中的切片进行更加详细的设置。

图 9-36　"切片选项"对话框

- 切片类型：可选择要输出的切片类型。选择"图像"选项，将输出包含图像的数据；选择"无图像"选项，可以在切片中输入 HTML 文本，但不能导出为图像，并且无法在浏览器中预览；选择"表"选项，切片导出时将作为嵌套表写入 HTML 文本文件中。图 9-37 所示为选择不同切片类型时对话框显示的参数选项。

图 9-37　参数选项

- 名称：该选项用于设置切片的名称。在默认情况下，系统会自动为该切片分配一个名称，用户可以在该文本框中直接输入切片的名称。

- URL：在该选项的文本框中输入切片链接的 Web 地址，则在浏览器中单击切片图像时可链接到此选项设置的网址和目标框架。该选项只能用于"图像"切片，如图 9-38 所示。

图 9-38　设置 URL 地址

- 目标：该选项用于设置切片链接地址目标框架的名称，用户可以直接在文本框中输入目标框架的名称，如图 9-39 所示。

- 信息文本：用于为切片图像设置文本信息，此选项只能用于"图像"切片，并且只会在导出的 HTML 文件中出现。

- Alt 标记：该选项用于选定切片的 Alt 标记。Alt 文本在图像下载过程中取代图像，并在一些浏览器中作为工具提示出现。

图 9-39 设置目标

- 尺寸：用于设置切片的大小和位置，其中 X 选项和 Y 选项用于设置切片的位置，W 选项和 H 选项用于设置切片的大小。
- 切片背景类型：可以选择一种背景色来填充透明区域（适用于"图像"切片）或整个区域（适用于"无图像"切片）。

9.2.6 实战——为切片添加超链接

01 打开素材图像"素材\第 9 章\92601.jpg"，如图 9-40 所示。单击工具箱中的"切片工具"按钮，在图像中创建一个矩形切片，如图 9-41 所示。

图 9-40 打开图像

图 9-41 创建切片

02 使用"切片选择工具"双击切片，弹出"切片选项"对话框，为切片命名并设置 URL 链接地址，如图 9-42 所示，单击"确定"按钮。使用相同方法完成其余切片的创建以及切片选项的设置，如图 9-43 所示。

图 9-42 设置参数

图 9-43 完成其余切片的创建

提示 ▶▶ 执行"编辑＞首选项＞参考线、网格和切片"命令，弹出"首选项"对话框，在该对话框中可以修改切片的颜色和编号。

03 执行"文件＞存储为 Web 所用格式"命令，弹出"存储为 Web 所用格式"对话框，设置参数如图 9-44 所示。单击"存储"按钮，将文件保存为"92601.html"，如图 9-45 所示。

素材

图 9-44 设置参数

图 9-45 存储图像

04 打开 92601.html 所在的文件夹，可以看到如图 9-46 所示的文件。双击 92601.html，网页在浏览器中的效果如图 9-47 所示。

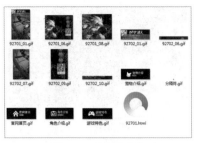

图 9-46　打开文件夹

图 9-47　网页效果

图 9-48　警告图标

图 9-49　替换安全颜色

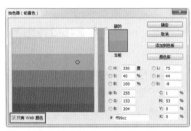

图 9-50　勾选"只有 Web 颜色"复选框

图 9-51　选择"Web 颜色滑块"选项

9.3　优化和输出 Web 图像

有的图像具有很好的显示效果，但因为体积过大不能被使用，这是因为互联网行业对图像大小的要求很严格。为了避免这种情况的发生，用户在输出图像前要对图像进行优化处理。优化的目的是，在尽可能保持较好显示效果的前提下减小文件的体积。

9.3.1　Web 安全颜色

颜色是 UI 设计的重要信息，然而在计算机屏幕上看到的颜色却不一定都能够在其他系统的 Web 浏览器中以同样的效果显示。为了使 Web 图形的颜色能够在所有的显示器上以同样的效果显示，在设计制作 UI 作品时可以使用 Web 安全色进行设计制作。

在"颜色"面板或"拾色器"对话框中调整颜色时，如果出现了警告图标，如图 9-48 所示，可单击该图标，将当前颜色替换为与其最接近的 Web 安全颜色，如图 9-49 所示。

在设置颜色时，可以勾选"只有 Web 颜色"复选框，如图 9-50 所示。当然，也可以在"颜色"面板的面板菜单中选择"Web 颜色滑块"选项，如图 9-51 所示，此时用户将在 Web 安全颜色模式下工作。

9.3.2　优化 Web 图像

在创建切片后，需要对图像进行优化处理，以减小文件的大小和加快文件下载的速度。在 Web 上发布图像时，体积较小的文件可以使 Web 服务器更加高效地存储和传输图像，同时用户也能够更加快速地下载图像。

打开素材图像，执行"文件 > 存储为 Web 所用格式"命令，弹出"存储为 Web 所用格式"对话框，如图 9-52 所示。使用该对话框中的优化功能可以对图像进行优化和输出操作。

图 9-52　"存储为 Web 所用格式"对话框

- 显示选项：在"原稿"选项卡下，窗口中显示没有优化的图像，如图 9-53 所示；在"优化"选项卡下，窗口中只显示应用了当前优化设置的图像；在"双联"选项卡下，并排显示图像的两个版本，即优化前和优化后的图像；在"四联"选项卡下，并排显示图像的 4 个版本，效果如图 9-54 所示。

图 9-53　原稿

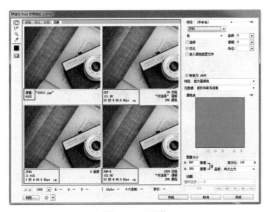

图 9-54　四联

☆技术看板：优化为 GIF 和 PNG-8 格式☆

　　GIF 格式是用于压缩具有单色调颜色和清晰细节的图像标准格式，它是一种无损的压缩格式。PNG-8 格式与 GIF 格式一样，也可以有效地压缩纯色区域，同时保留清晰的细节。这两种格式都支持 8 位颜色，因此它们可以显示多达 256 种颜色。

- 切片选择工具：单击该按钮，可以在图像中的切片上单击选中该切片，再对切片图像进行优化设置。
- 缩放工具：单击该按钮，在图像中单击可以放大图像的显示比例，在按住 Alt 键的同时单击图像则缩小图像的显示比例；也可以在缩放文本框中输入显示效果的百分比，以达到放大或缩小图像显示比例的目的。
- 抓手工具：单击该按钮，在图像中单击并拖曳可以移动图像的显示区域，如图 9-55 所示。
- 吸管工具：单击该按钮，在图像中单击即可取样颜色。
- 吸管颜色：单击该按钮，将弹出"拾色器（吸管颜色）"对话框，在该对话框中可以设置吸管的颜色，如图 9-56 所示。

　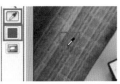

图 9-55　抓手工具　　图 9-56　吸取颜色

- 切换切片可见性：单击该按钮，可以显示或隐藏切片的边线。
- 状态栏：显示光标当前所在位置的图像相关信息，包括 RGB 颜色值和十六进制颜色值。
- 预览：单击该按钮，可在系统默认的 Web 浏览器中预览优化后的图像。
- "优化"按钮：单击该按钮，将弹出优化菜单，其中包含"存储设置""链接切片"和"编辑输出设置"等命令。
- "颜色表"按钮：单击该按钮，将弹出颜色表菜单，其中包含"新建颜色""删除颜色"以及"按色相排序"等命令。

- 颜色表：在将图像优化为 GIF、PNG-8 和 WBMP 格式时，可在"颜色表"中对图像的颜色进行优化设置。
- 图像大小：在该选项区域中，可以通过设置相关参数将图像的大小调整为指定的像素尺寸或原稿大小的百分比。

素材

9.3.3 实战——优化 Web 图像

01 打开素材图像"素材\第9章\93301.png"，如图 9-57 所示。单击工具箱中的"切片工具"按钮，在画布中创建如图 9-58 所示的切片。

图 9-57　打开图像　　图 9-58　创建切片

02 执行"文件 > 存储为 Web 所用格式"命令，弹出"存储为 Web 所用格式"对话框。单击工具箱中的"切片选择工具"按钮，选择一个切片，观察右侧可见图像的格式为 GIF，左下角显示文件的大小为 70.72K，如图 9-59 所示。

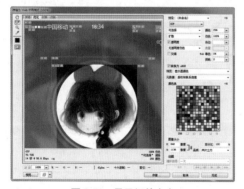

图 9-59　显示切片大小

03 优化图像的格式为 JPEG，观察左下角可见文件的大小为 7.51K，如图 9-60 所示。与 GIF 格式相比，JPEG 文件的体积更小。

☆技术看板：优化为 JPEG 格式☆

　　JPEG 格式是用于压缩连续色调图像的标准格式。在将图像优化为 JPEG 格式时采用的是有损压缩，它会选择性地扔掉部分数据，从而达到减小文件体积的目的。

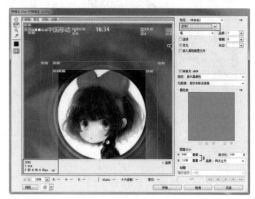

图 9-60　显示切片大小

04 切换到"双联"选项卡，分别为图像选择不同的优化格式，可以同时比较两种图像格式，如图 9-61 所示。切换到"四联"选项卡，可以同时比较 4 种图像优化的结果，如图 9-62 所示。

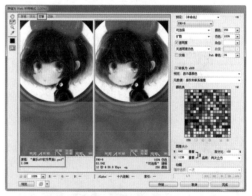

图 9-61　比较优化格式

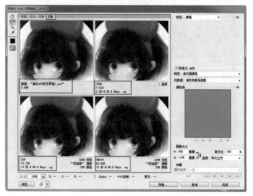

图 9-62　比较优化结果

9.3.4　输出 Web 图像

优化 Web 图像后，在"存储为 Web 所用格式"对话框的"优化"菜单中选择"编辑输出设置"选项，如图 9-63 所示，弹出"输出设置"对话框，如图 9-64 所示。

图 9-63　编辑输出设置

图 9-64　"输出设置"对话框

如果要使用预设的输出选项，可以在"设置"下拉列表中选择一个选项。如果要自定义输出选项，可以在"设置"下面的下拉列表中选择"HTML""切片""背景"或"存储文件"选项，如图 9-65 所示。例如选择"切片"选项，在"输出设置"对话框中会显示详细的相关选项，如图 9-66 所示。

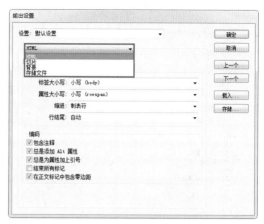

图 9-65　自定义输出选项

图 9-66　显示详细的相关选项

9.3.5　实战——输出 Web 图像

01 接 9.3.3 节案例继续制作。在"存储为 Web 所用格式"对话框的"优化"菜单中选择"编辑输出设置"选项，如图 9-67 所示，弹出"输出设置"对话框，如图 9-68 所示。

图 9-67　编辑输出设置

图 9-68　"输出设置"对话框

图 9-69　设置参数

02 在"输出设置"对话框中设置参数，如图 9-69 所示。完成后单击"确定"按钮，优化图像格式为 PNG-8，观察左下角可见文件的大小为 63.04K，如图 9-70 所示。

03 使用相同方法优化其他切片图像，然后单击"存储"按钮，将图像保存为 HTML 和图像文件，如图 9-71 所示。

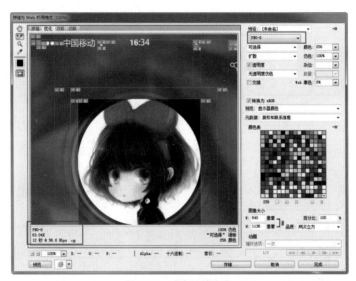

图 9-70　观察切片大小

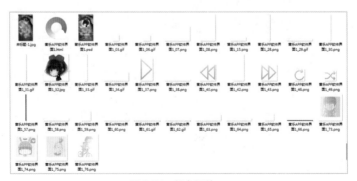

图 9-71　保存切片

第 10 章
综合案例

10.1　逼真话筒图标设计

图像和文字都可以传达信息，但两者相比，图像更能引起浏览者的兴趣和注意。一套设计美观、合理的图标要比枯燥的文字信息更能让用户接受，传达效果也更直接、有效。

10.1.1　案例分析

本案例设计制作一款拟物风格的话筒图标。图标非常逼真和形象，话筒的每个细节都被精心地刻画了出来。金属网的制作是本案例最大的难点，用户需要先铺出一大块圆点图案，然后对其进行不规则变形，以实现话筒的立体效果。案例效果如图 10-1 所示。

图 10-1　话筒图标效果

10.1.2　色彩分析

这款图标采用了经典的无彩色配色方案。整个画面没有任何鲜艳的颜色，最大限度地突显了话筒的金属质感。本案例的配色方案如表10-1 所示。

表 10-1　案例的配色方案

RGB （0，0，0）	RGB （175，175，175）	RGB （241，241，241）

10.1.3　制作步骤

01 执行"文件 > 新建"命令，弹出"新建"对话框，设置各项参数如图 10-2 所示，单击"确定"按钮。单击工具箱中的"椭圆工具"按钮，在画布上绘制椭圆形状，如图 10-3 所示。

图 10-2　新建文件

图 10-3　创建椭圆形状

02 双击形状图层，打开"图层样式"对话框，然后单击"描边"选项，设置参数如图 10-4 所示；单击"内阴影"选项，设置参数如图 10-5 所示。

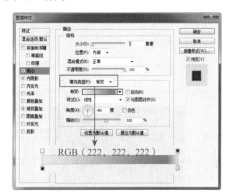

图 10-4　添加"描边"样式

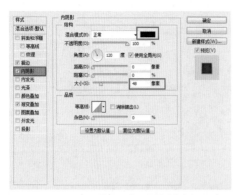

图 10-5　添加 "内阴影" 样式

> **提示 ▶▶** 使用 "描边" 图层样式可以为图像的边缘添加颜色、渐变或图案轮廓进行描边。

03 单击 "渐变叠加" 选项，设置参数如图 10-6 所示。单击 "确定" 按钮，图像效果如图 10-7 所示。

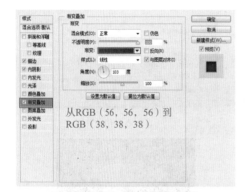

图 10-6　添加 "渐变叠加" 样式

图 10-7　图像效果

04 使用 "钢笔工具" 绘制出底座的厚度，如图 10-8 所示。双击该形状图层，打开 "图层样式" 对话框，单击 "渐变叠加" 选项，设置参数如图 10-9 所示，完成后单击 "确定" 按钮。

图 10-8　绘制出底座的厚度

图 10-9　添加 "渐变叠加" 样式

05 设置图层 "不透明度" 为 36%，图像效果如图 10-10 所示。使用相同方法制作白色的椭圆，如图 10-11 所示。

图 10-10　图像效果　　图 10-11　制作白色的椭圆

06 在底座的下方新建图层，使用 "椭圆选框工具" 创建一个羽化值为 5px 的选区并填充黑色，然后修改图层 "不透明度" 为 52%，效果如图 10-12 所示。取消选区后，将相关图层编组并重命名为 "底座"，如图 10-13 所示。

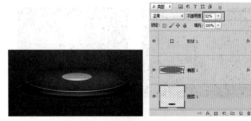

图 10-12　创建选区并填充黑色

图 10-13　编组图层

07 使用 "矩形工具" 在底座上创建一个矩形形状，如图 10-14 所示。双击该形状图层，打开 "图层样式" 对话框，单击 "光泽" 选项，设置参数如图 10-15 所示。

图 10-14　创建矩形形状

图 10-18　制作支架的其他部分

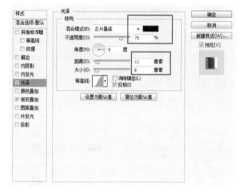

图 10-15　添加"光泽"样式

08 在该对话框中单击"渐变叠加"选项，设置参数如图 10-16 所示。设置完成后单击"确定"按钮，图像效果如图 10-17 所示。

图 10-19　编组图层　　图 10-20　创建圆角矩形

提示 ▶▶ 该圆角矩形的填充颜色为 RGB（128，128，128）。

10 双击该形状图层，打开"图层样式"对话框，单击"斜面和浮雕"选项，设置参数如图 10-21 所示。单击"内阴影"选项，设置参数如图 10-22 所示。

RGB（0，0，0）RGB（135，135，135）
RGB（77，77，77）

RGB（255，255，255）RGB（135，135，135）
RGB（164，164，164）

图 10-16　添加"渐变叠加"样式

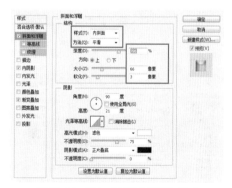

图 10-21　添加"斜面和浮雕"样式

图 10-17　图像效果

09 使用相同方法制作支架的其他部分，如图 10-18 所示。将相关图层编组并重命名为"支架"，如图 10-19 所示。使用"圆角矩形工具"创建一个"半径"为 200px 的圆角矩形，如图 10-20 所示。

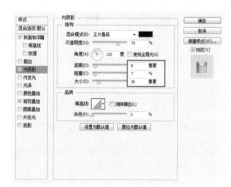

图 10-22　添加"内阴影"样式

11 在该对话框中单击"渐变叠加"选项，设置参数如图 10-23 所示。设置完成后单击"确定"按钮，图像效果如图 10-24 所示。

钮，图像效果如图 10-29 所示，"图层"面板如图 10-30 所示。

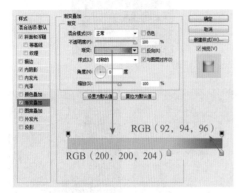

图 10-23　添加"渐变叠加"样式

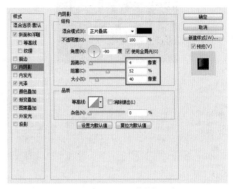

图 10-26　添加"内阴影"样式

图 10-24　图像效果

12 在"图层"面板中复制该形状图层，完成后双击形状图层，打开"图层样式"对话框，单击"斜面和浮雕"选项，设置参数如图 10-25 所示。单击"内阴影"选项，设置参数如图 10-26 所示。

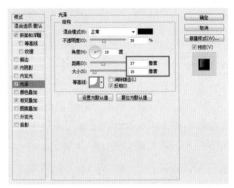

图 10-27　添加"光泽"样式

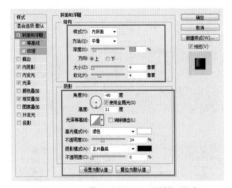

图 10-25　添加"斜面和浮雕"样式

13 单击"光泽"选项，设置参数如图 10-27 所示。单击"渐变叠加"选项，修改参数如图 10-28 所示。设置完成后单击"确定"按钮。

14 使用"矩形选框工具"创建矩形选区，然后执行"选择 > 反向"命令将选区反向，再单击"图层"面板底部的"添加图层蒙版"按

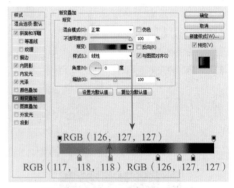

图 10-28　添加"渐变叠加"样式

图 10-29　图像效果

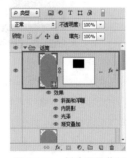

图 10-30　创建图层蒙版

15 使用"椭圆工具"在画布中绘制一个椭圆形状，按组合键 Ctrl+T，并将其向上移动，如图 10-31 所示。多次按组合键 Ctrl+Shift+Alt+T，复制出一整排椭圆，如图 10-32 所示。使用相同方法平铺圆点，图像效果如图 10-33 所示。

图 10-31　创建椭圆形状　　图 10-32　多次复制形状

16 将所有圆点图层合并，执行"编辑 > 变换路径 > 变形"命令，在选项栏中选择"凸起"模式，效果如图 10-34 所示。再次执行"编辑 > 变换路径 > 变形"命令，拖曳顶点调整圆点的扭曲形状，如图 10-35 所示。多次执行"变形"命令，最终效果如图 10-36 所示。

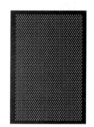 

图 10-33　图像效果　　图 10-34　变形路径

图 10-35　再次变形　　图 10-36　图像效果

17 将圆点移动到话筒上，复制下方图层的蒙版，按组合键 Ctrl+I 反相蒙版，图像效果如图 10-37 所示，"图层"面板如图 10-38 所示。

提示 ▶▶▶ 用户在按住 Alt 键的同时将图层蒙版直接拖曳到另一个图层上，即可完成蒙版的复制。

18 双击该形状图层，打开"图层样式"对话框，单击"内阴影"选项，修改参数如图

10-39 所示。单击"颜色叠加"选项，设置参数如图 10-40 所示。

 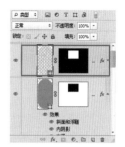

图 10-37　图像效果　　图 10-38　"图层"面板

图 10-39　添加"内阴影"样式

图 10-40　添加"颜色叠加"样式

19 在该对话框中单击"渐变叠加"选项，修改参数如图 10-41 所示。然后单击"图案叠加"选项，设置参数如图 10-42 所示。

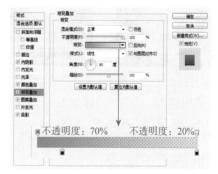

图 10-41　添加"渐变叠加"样式

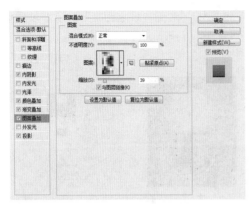

图 10-42　添加"图案叠加"样式

> **提示** ▶▶ 通过"图案叠加"图层样式可以使用自定义或系统自带的图案覆盖图层中的图像。

20 在该对话框中单击"投影"选项，设置参数如图 10-43 所示。设置完成后单击"确定"按钮，图像效果如图 10-44 所示。

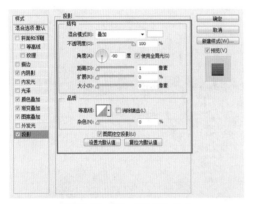

图 10-43　添加"投影"样式

21 继续使用相同的方法制作话筒的镶边位置，效果如图 10-45 所示。将相关图层编组，如图 10-46 所示。整理话筒部分的相关图层并编组为"话筒"，如图 10-47 所示。

图 10-44　图像效果　　图 10-45　镶边部分

22 制作镶边左侧的螺丝钉，效果如图 10-48 所示。复制"椭圆 5"图层，多次使用矩形挖空形状，制作螺丝钉的凹槽，图像效果如图 10-49 所示。

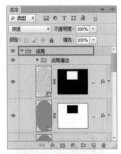

图 10-46　编组图层　　　图 10-47　整理图层

图 10-48　制作螺丝钉

图 10-49　图像效果

23 双击该形状图层，打开"图层样式"对话框，单击"内阴影"选项，设置参数如图 10-50 所示。单击"渐变叠加"选项，修改参数如图 10-51 所示。

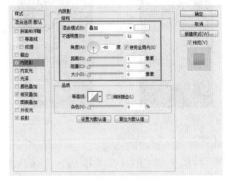

图 10-50　添加"内阴影"样式

24 单击"投影"选项，设置参数如图 10-52 所示。设置完成后单击"确定"按钮，得到螺丝钉顶盖上的凹槽，图像效果如图 10-53 所示。

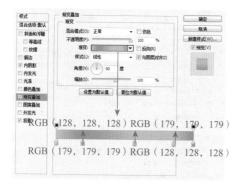

图 10-51　添加"渐变叠加"样式

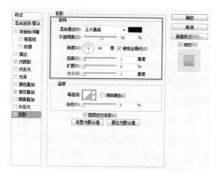

图 10-52　添加"投影"样式

图 10-53　图像效果

25 将相关图层编组并重命名为"螺丝钉"，如图 10-54 所示。复制"螺丝钉"图层组，移动到话筒的右侧，图像效果如图 10-55 所示。

图 10-54　编组图层　　　图 10-55　图像效果

26 隐藏"背景"图层，执行"图像 > 裁切"命令，裁剪文件边缘的透明像素，如图 10-56 所示。执行"文件 > 存储为 Web 所用格式"命令，在弹出的"存储为 Web 所用格式"对话框中设置各项参数，如图 10-57 所示。

图 10-56　裁切图像

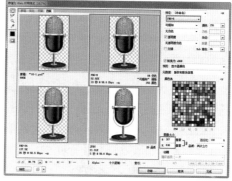

图 10-57　优化图像

提示 ▶▶▶　因为要输出 PNG-8 格式的图像，所以将"背景"图层隐藏。在"存储为 Web 所用格式"对话框中选择 PNG-8 格式，即可输出透明图像。

27 单击"存储"按钮，弹出"将优化结果存储为"对话框，设置参数如图 10-58 所示。单击"保存"按钮，存储的图标效果如图 10-59 所示。

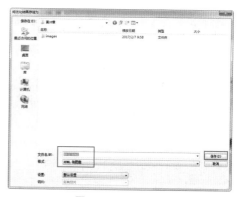

图 10-58　设置参数

图 10-59　图标效果

10.2 简洁游戏按钮设计

游戏 UI 中的按钮，色彩通常比较艳丽，以方便玩家快速找到并访问。其形状通常比较规则，避免设计得太过复杂，否则不利于玩家识别。同时按钮上的文字通常较大，以便于在丰富的游戏界面中被玩家一眼看到。

10.2.1 案例分析

本案例设计制作一款简洁的游戏 UI 按钮，该按钮使用圆角矩形作为轮廓，以体现游戏的趣味性和娱乐性，同时采用多种光影元素增加按钮的质感，按钮效果如图 10-60 所示。

图 10-60　按钮效果

10.2.2 色彩分析

按钮采用了简洁、明了的单色配色方案，以绿色为主体，搭配白色的文字和一些高光效果，配色方案不仅在观赏性上突出了按钮的简单、利落的风格，而且增强了文字的可辨识度，使按钮整洁而不失美观。本案例的配色方案如表 10-2 所示。

表 10-2　案例的配色方案

RGB（105，163，33）	RGB（144，184，3）	RGB（116，116，116）

素材

10.2.3 制作步骤

01 执行"文件 > 新建"命令，新建一个空白文件，设置参数如图 10-61 所示。单击工具箱中的"圆角矩形工具"按钮，在画布中绘制圆角矩形形状，并填充从 RGB（105，163，33）到 RGB（144，184，3）的线性渐变颜色，如图 10-62 所示。

> 提示 ▶▶ 在使用"圆角矩形工具"绘制形状时，要注意在选项栏中设置合适的半径值。

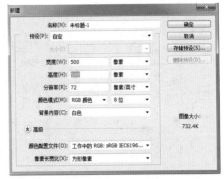
图 10-61　新建文件

图 10-62　绘制圆角矩形形状

02 双击该形状图层，打开"图层样式"对话框，单击"斜面和浮雕"选项，设置参数如图 10-63 所示，设置完成后单击"确定"按钮，图像效果如图 10-64 所示。

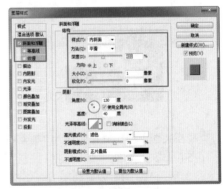
图 10-63　添加"斜面和浮雕"样式

图 10-64　图像效果

03 在按住 Ctrl 键的同时单击圆角矩形的缩览图，得到圆角矩形的选区，如图 10-65 所示。单击工具箱中的"矩形选框工具"按钮，在选项栏中选择"从选区减去"按钮，在画布中减去如图 10-66 所示的选区。

04 新建图层，填充从 RGB（116，116，116）到 RGB（113，168，26）的线性渐变颜

色，如图 10-67 所示。设置图层"不透明度"为 20%，图像效果如图 10-68 所示。

图 10-65 调出选区　　图 10-66 减去选区

图 10-67 填充渐变颜色　　图 10-68 图像效果

05 使用相同方法得到"图层 2"的选区，然后使用方向键向下移动选区，并填充从白色到透明的线性渐变颜色，设置图层"不透明度"为 40%，如图 10-69 所示。按组合键 Ctrl+D 取消选区，图像效果如图 10-70 所示。

图 10-69 得到选区并　　图 10-70 线性渐变效果
　　　　　填充渐变颜色

06 将"图层 2"拖曳至"图层"面板中的"创建新图层"按钮上，得到"图层 2 副本"图层，如图 10-71 所示。按组合键 Ctrl+T 调出定界框，右击，在弹出的快捷菜单中选择"旋转 180 度"选项，如图 10-72 所示。

图 10-71 复制图层　　图 10-72 选择"旋转
　　　　　　　　　　　　　　　180 度"选项

07 在"图层"面板上设置"不透明度"为 20%，如图 10-73 所示，按 Enter 键确认变换，并使用方向键移动到如图 10-74 所示的位置。

图 10-73 设置不透明度　　图 10-74 移动位置

08 单击工具箱中的"椭圆选框工具"按钮，在画布中创建椭圆选区，并为选区填充从白色到不透明的线性渐变，取消选区后得到如图 10-75 所示的效果，调整其大小并设置其图层"不透明度"为 10%，然后使用相同方法在圆角矩形上绘制高光，如图 10-76 所示。

图 10-75 图形效果　　图 10-76 绘制高光

09 打开"字符"面板，设置字符参数，如图 10-77 所示。单击工具箱中的"横排文字工具"按钮，在画布中单击输入文字，图像效果如图 10-78 所示。

图 10-77 设置字符参数　　图 10-78 文字效果

10 隐藏"背景"图层，执行"图像＞裁切"命令，裁剪图像边缘的透明像素，如图 10-79 所示。执行"文件＞存储为 Web 所用格式"命令，在弹出的"存储为 Web 所用格式"对话框中设置各项参数如图 10-80 所示。

图 10-79 裁剪图像

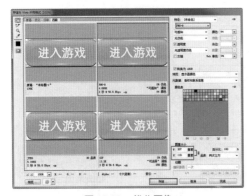

图 10-80　优化图像

11 单击"存储"按钮，弹出"将优化结果存储为"对话框，设置参数如图 10-81 所示。单击"保存"按钮，将其存储为透明图像，然后使用相同的方法制作其他颜色的按钮，如图 10-82 所示。

图 10-81　设置参数

素材

图 10-82　图标效果

10.3　Android 系统音乐 App UI 设计

随着 Android 系统的使用率逐步增加，其系统界面也逐渐形成了一套统一的设计规则，即在保证界面易用性的同时又不缺乏创新。接

下来通过设计一款音乐 App 的界面帮助读者了解 Android 系统中的设计规范。

10.3.1　案例分析

本案例设计制作一款 Android 系统的音乐 App 界面，界面由状态栏、导航栏、内容区域和标签栏组合而成，在设计制作过程中要注意把握界面中不规则元素的尺寸和排列方法，确保界面的可读性和易用性，如图 10-83 所示。

图 10-83　音乐 App 界面效果

10.3.2　色彩分析

这款 App 界面采用了既神秘又甜蜜的邻近补色配色方案。界面以蓝紫色为主色，粉红色为辅色，白色为文字颜色，使用户在众多的图像中能够快速地熟悉界面内容的分布。白色的文字不仅提高了可辨识度，还使界面整体的色彩协调统一。本案例的配色方案如表 10-3 所示。

表 10-3　案例的配色方案

RGB（73，61，210）	RGB（255，255，255）	RGB（237，103，202）

10.3.3　制作步骤

01 执行"文件 > 新建"命令，弹出"新建"对话框，设置各项参数如图 10-84 所示。使用"矩形工具"在画布中创建矩形，如图 10-85 所示。

图 10-84　新建文件　　　图 10-85　创建矩形

提示 ▶▶ 设置前景色为 RGB（73，61，210），使用"矩形工具"在画布中单击并拖曳创建矩形形状。

02 双击该形状图层，打开"图层样式"对话框，单击"投影"选项，设置参数如图 10-86 所示，然后单击"确定"按钮。使用"矩形工具"在画布中创建黑色矩形，并设置图层"不透明度"为 50%，如图 10-87 所示。

图 10-86 添加"投影"样式　　　图 10-87 创建
矩形

03 单击工具箱中的"钢笔工具"按钮，在画布中绘制白色形状，并设置图层"不透明度"为 30%，如图 10-88 所示。使用相同方法完成其他内容的制作，如图 10-89 所示。

图 10-88 创建形状　　　图 10-89 完成其他内容

提示 ▶▶ 使用"直接选择工具"选择路径，只有在将所有锚点都选中后才可以移动路径。使用"直接选择工具"在路径的锚点上单击，即可移动路径。

04 单击工具箱中的"钢笔工具"按钮，在画布中绘制白色形状，并设置图层"不透明度"为 30%，如图 10-90 所示。使用相同方法完成其他内容的制作，如图 10-91 所示。

图 10-90 创建白色形状　　　图 10-91 完成其他内容

05 打开"字符"面板，设置字符参数如图 10-92 所示。单击工具箱中的"横排文字工具"

按钮，在画布中单击并输入文字，如图 10-93 所示。

图 10-92 设置字符参数　　　图 10-93 输入文字

06 将相关图层编组，并重命名为"状态栏"，然后单击工具箱中的"钢笔工具"按钮，在画布上连续单击创建形状，如图 10-94 所示。打开"字符"面板，设置字符参数如图 10-95 所示。

图 10-94 创建形状　　　图 10-95 设置字符参数

提示 ▶▶ 选中所有图层，按组合键 Ctrl+G 或执行"图层 > 图层编组"命令，编组图层。单击"图层"面板底部的"创建新组"按钮，然后选中所有要编为一组的图层，再将它们拖至组中，也可将其编组。

07 单击工具箱中的"横排文字工具"按钮，在画布中单击并输入文字，如图 10-96 所示。单击工具箱中的"椭圆工具"按钮，在画布中单击并拖曳创建圆形状，如图 10-97 所示。

图 10-96 输入文字　　　图 10-97 创建圆形状

08 单击工具箱中的"椭圆工具"按钮，在按住 Alt 键的同时拖曳绘制，绘制效果如图 10-98 所示。单击工具箱中的"钢笔工具"按钮，绘制如图 10-99 所示的形状。

图 10-98　绘制椭圆形状　　图 10-99　绘制手柄

09 使用相同方法完成如图 10-100 所示内容的制作。执行"视图 > 显示标尺"命令，然后使用"移动工具"从标尺处拖曳参考线，如图 10-101 所示。

图 10-100　完成相似内容　　图 10-101　创建参考线

10 打开素材图像"素材\第10章\103301.jpg"，将其拖曳到设计文件中，如图 10-102 所示。使用"矩形工具"在图像上中绘制矩形，并设置其图层"不透明度"为 20%，如图 10-103 所示。

图 10-102　拖曳图像到文件中

图 10-103　创建矩形并设置不透明度

11 使用"横排文字工具"在画布中输入文

字，如图 10-104 所示。单击工具箱中的"椭圆工具"按钮，在画布中创建 3 个圆形状，如图 10-105 所示。

图 10-104　输入文字　　图 10-105　创建圆形状

12 使用相同方法完成其他模块的制作，效果如图 10-106 所示。单击工具箱中的"椭圆工具"按钮，设置填充颜色为 RGB（237，103，202），在画布中创建圆形状，如图 10-107 所示。

图 10-106　图像效果　　图 10-107　创建圆形状

13 双击该形状图层，打开"图层样式"对话框，单击"投影"选项，设置参数如图 10-108 所示，然后单击"确定"按钮。单击工具箱中的"横排文字工具"按钮，在画布中单击并输入符号，如图 10-109 所示。

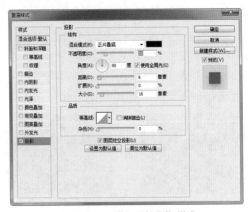

图 10-108　添加"投影"样式

图 10-109 输入符号

14 使用"矩形工具"在画布中创建如图 10-110 所示的矩形形状。单击工具箱中的"椭圆工具"按钮,设置填充颜色为"无"、描边颜色为白色,在画布中创建圆环形状,如图 10-111 所示。

 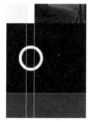

图 10-110 创建矩形形状　　图 10-111 创建圆环形状

15 使用相同方法完成其他内容的制作并将相关图层编组,"图层"面板如图 10-112 所示。图像效果如图 10-113 所示。

图 10-112 完成相似内容　　图 10-113 图像效果

16 隐藏"图层 7"图层以外的所有图层,按组合键 Ctrl+A 全选后执行"编辑 > 合并拷贝"命令,如图 10-114 所示。执行"文件 > 新建"命令,弹出"新建"对话框,设置参数如图 10-115 所示。

> **提示** ▶▶ 在执行"合并拷贝"命令之后,新建文件的大小与复制内容的图像大小保持一致。

图 10-114 执行"合并拷贝"命令

图 10-115 新建文件

17 单击"确定"按钮,新建文件。按组合键 Ctrl+V 粘贴图像,如图 10-116 所示。执行"文件 > 存储为 Web 所用格式"命令,在弹出的"存储为 Web 所用格式"对话框中设置各项参数如图 10-117 所示。

图 10-116 粘贴图像

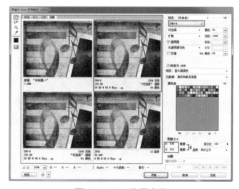

图 10-117 设置参数

18 单击"存储"按钮,在弹出的"将优化结果存储为"对话框中设置各项参数,然后单击"保存"按钮,如图 10-118 所示。使用相同方法输出界面中的其他元素,如图 10-119 所示。

图 10-118　存储图像

图 10-119　输出其他元素

10.4　iOS 系统闹钟 App UI 设计

iOS 是由苹果公司为移动设备所开发的操作系统，随着科技和时代的发展，iOS 系统的 UI 设计越来越简约，操作也越来越便捷，为用户提供了更加极致的用户体验。

10.4.1　案例分析

本案例设计制作一款 iOS 系统的闹钟 App 界面。该 App 界面由标题文字、钟表、时间滚动条以及操作按钮组成。标题文字位于界面的顶部，总领界面全局；实时钟表为 App 界面增加趣味性；时间滚动条设计得简约、精致，用户可通过文字大小和底衬区分其作用。该 App 界面的整体图像效果如图 10-120 所示。

图 10-120　闹钟 App 界面效果

10.4.2　色彩分析

该 App 界面采用了清明透亮的类似色配色方案。App 界面以青色为主色，以湖蓝色为辅色，搭配白色的文字和按钮，使得整个界面风格协调统一，中性色的文字既有清晰、明了的显示效果，又不会过分抢夺界面主题的神采。本案例的配色方案如表 10-4 所示。

表 10-4　案例的配色方案

RGB（50，172，195）	RGB（27，123，141）	RGB（255，255，255）

10.4.3　制作步骤

01 执行"文件 > 新建"命令，在弹出的"新建"对话框中设置各项参数，如图 10-121 所示。单击工具箱中的"矩形工具"按钮，在画布中绘制填充颜色为 RGB（50，172，195）的矩形，如图 10-122 所示。

图 10-121　新建文件　　　图 10-122　创建矩形

02 执行"文件 > 打开"命令，打开素材图像"素材 \ 第 10 章 \104301.png"，并将其拖曳到设计文件中，如图 10-123 所示。打开"字符"面板，设置各项参数如图 10-124 所示。

图 10-123　打开图像　　　图 10-124　设置参数

03 单击工具箱中的"横排文字工具"按钮，

在画布中单击并输入文字，如图 10-125 所示。在"图层"面板中双击文字图层，打开"图层样式"对话框，单击"投影"选项，设置参数如图 10-126 所示，设置完成后单击"确定"按钮。

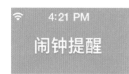

图 10-125　输入文字

图 10-126　添加"投影"样式

04 单击工具箱中的"椭圆工具"按钮，在画布上绘制填充颜色为 RGB（27，123，141）的圆形状，如图 10-127 所示。使用相同方法完成相似内容的制作，图像效果如图 10-128 所示。

图 10-127　创建正圆　　图 10-128　图像效果

05 单击工具箱中的"圆角矩形工具"按钮，在画布中绘制黑色的圆角矩形，如图 10-129 所示。使用相同方法完成相似内容的制作，图像效果如图 10-130 所示。再将相关的图层编组并重命名为"刻度"。

图 10-129　创建圆角矩形　　图 10-130　图像效果

06 使用"圆角矩形工具"绘制圆角矩形，填充颜色为 RGB（54，186，85），如图 10-131 所示。使用相同方法完成相似内容的制作，图像效果如图 10-132 所示。然后将相关图层编组并重命名为"时钟"。

图 10-131　创建圆角矩形　　图 10-132　图像效果

07 单击工具箱中的"圆角矩形工具"按钮，在画布中绘制填充颜色为 RGB（27，123，141）的圆角矩形，如图 10-133 所示。打开"字符"面板，设置各项参数，如图 10-134 所示。

图 10-133　创建圆角矩形　　图 10-134　设置参数

08 单击工具箱中的"横排文字工具"按钮，在画布中单击并输入文字内容，效果如图 10-135 所示。然后设置图层"不透明度"为 30%，如图 10-136 所示。

图 10-135　文字效果　　图 10-136　设置不透明度

09 使用相同方法完成如图 10-137 所示文字的制作。在"图层"面板中设置"不透明度"为 60%，文字效果如图 10-138 所示。

  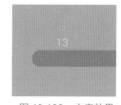

图 10-137　完成相似文字　　图 10-138　文字效果

10 使用相同方法完成如图 10-139 所示文字内容的制作。使用"圆角矩形工具"绘制圆角矩形，设置填充颜色为"无"、描边颜色为白色，如图 10-140 所示。

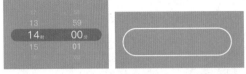

图 10-139 完成相似内容　图 10-140 创建圆角矩形

11 打开"字符"面板，设置各项参数如图 10-141 所示。单击工具箱中的"横排文字工具"按钮，在画布中单击并输入文字，如图 10-142 所示。图像效果如图 10-143 所示。

图 10-141 设置参数

图 10-142 输入文字　　图 10-143 图像效果

12 隐藏"时钟"组以外的所有图层，按组合键 Ctrl+A 全选后执行"编辑 > 合并拷贝"命令，如图 10-144 所示。执行"文件 > 新建"命令，弹出"新建"对话框，设置参数如图 10-145 所示。

图 10-144 合并拷贝　　图 10-145 新建文件

13 单击"确定"按钮，新建文件。按组合键 Ctrl+V 粘贴图像，如图 10-146 所示。执行"文件 > 存储为 Web 所用格式"命令，在弹出的"存储为 Web 所用格式"对话框中设置各项参数如图 10-147 所示。

图 10-146 粘贴图像

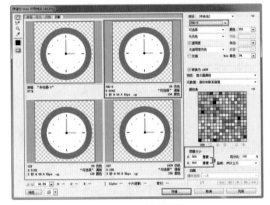

图 10-147 优化图像

14 单击"存储"按钮，弹出"将优化结果存储为"对话框，设置文件名后单击"保存"按钮存储图像，如图 10-148 所示。使用相同方法将界面中的其他元素输出，输出效果如图 10-149 所示。

图 10-148 存储图像

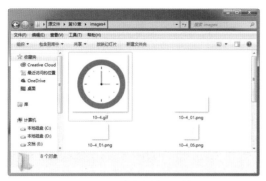

图 10-149　输出其他元素效果

10.5　PC 端天气软件 UI 设计

软件 UI 设计更加注重实用性和功能性，如果界面出乎寻常、不符合用户的使用习惯，将导致用户产生厌恶情绪，致使 UI 设计失败。因此在制作软件界面时不仅要新颖别致，还需要遵循 UI 设计规范。

10.5.1　案例分析

本案例将设计制作 PC 端的天气软件界面。该软件界面中的元素较少，降低了界面的操作难度，用户在制作过程中需要注意一些细节，例如云朵、装饰线条和定位图标等元素的大小比例，设计完成的界面效果如图 10-150 所示。

图 10-150　天气软件界面效果

10.5.2　色彩分析

这款软件界面采用了萧瑟凋零的补色配色方案。该软件界面以土黄色和灰蓝色为主色，搭配绿色和白色的辅色，使整个界面看起来广阔又温暖。具有代表性的主色可以真实地反映实时天气情况，同时大片的主色中出现少许的鲜亮辅色，可以适当地为界面增添一些清凉感。本案例的配色方案如表 10-5 所示。

表 10-5　案例的配色方案

RGB （142，120，43）	RGB （39，51，71）	RGB （126，215，82）

10.5.3　制作步骤

素材

01 执行"文件 > 打开"命令，打开素材图像"素材 \ 第 10 章 \105301.jpg"，如图 10-151 所示。执行"滤镜 > 模糊 > 高斯模糊"命令，在弹出的"高斯模糊"对话框中设置各项参数如图 10-152 所示。

图 10-151　打开图像

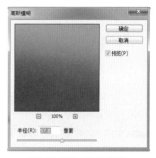

图 10-152　高斯模糊

02 单击"确定"按钮，图像效果如图 10-153 所示。单击工具箱中的"圆角矩形工具"按钮，在画布中绘制白色的圆角矩形，并设置图层的"填充"不透明度为 30%，如图 10-154 所示。

图 10-153　图像效果

图 10-154　创建圆角矩形

03 按组合键 Ctrl+J 复制图层，"图层"面板如图 10-155 所示。按组合键 Ctrl+T 调出定界框，调整形状的大小如图 10-156 所示。

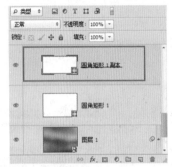

图 10-155　复制圆角矩形

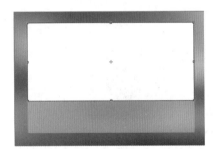

图 10-156　缩放形状

04 打开素材图像 "105301.jpg"，将其拖曳到设计文件中，并调整大小如图 10-157 所示。单击工具箱中的 "圆角矩形工具" 按钮，绘制填充为 RGB（126，215，82）的圆角矩形，如图 10-158 所示。

图 10-157　打开图像

图 10-158　创建圆角矩形

05 打开 "图层" 面板，同时选中 "图层 1 拷贝" 图层和 "圆角矩形 2" 图层，如图 10-159 所示。右击，在弹出的快捷菜单中选择 "创建剪贴蒙版" 选项，此时 "图层" 面板如图 10-160 所示，图像效果如图 10-161 所示。

06 单击工具箱中的 "矩形工具" 按钮，在画布中绘制白色的矩形，然后使用 "直接选择工具" 调整锚点，图形效果如图 10-162 所示。复制并水平翻转图形，效果如图 10-163 所示。

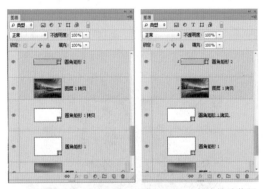

图 10-159　选中图层　　图 10-160　创建剪贴蒙版

图 10-161　图像效果

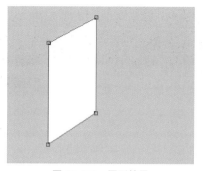

图 10-162 图形效果

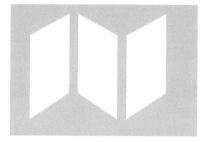

图 10-163 复制并水平翻转

07 单击工具箱中的"横排文字工具"按钮，在打开的"字符"面板中设置参数如图 10-164 所示，在画布中单击并输入文字，文字效果如图 10-165 所示。

图 10-164 设置参数

重新定位

图 10-165 文字效果

08 单击工具箱中的"自定形状工具"按钮，选择"雨滴"形状，如图 10-166 所示。使用"自定形状工具"在画布中绘制雨滴形状，按组合键 Ctrl+T，旋转图像如图 10-167 所示。

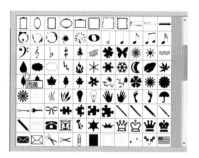

图 10-166 选择形状

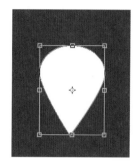

图 10-167 旋转形状

09 单击工具箱中的"椭圆工具"按钮，在选项栏中选择"减去顶层形状"选项，在画布中绘制圆形，如图 10-168 所示。使用"矩形工具"在画布中绘制矩形，如图 10-169 所示。

图 10-168 减去圆形　　图 10-169 创建矩形

10 复制并旋转矩形形状，移动到如图 10-170 所示的位置。使用"横排文字工具"在画布中输入文字，效果如图 10-171 所示。

图 10-170 复制形状　　图 10-171 文字效果

11 在按住 Shift 键的同时使用"椭圆工具"在画布中绘制圆形，如图 10-172 所示。使用相同方法完成相似内容的制作，图像效果如图 10-173 所示。

图 10-172　创建正圆

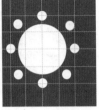

图 10-173　图像效果

12 打开"字符"面板，设置参数如图 10-174 所示。单击工具箱中的"横排文字工具"按钮，在画布中单击并输入文字，如图 10-175 所示。

图 10-174　设置参数

图 10-175　输入文字

13 使用相同方法完成相似内容的制作，效果如图 10-176 所示。使用"矩形工具"在画布中单击并拖曳创建 3 个矩形形状，如图 10-177 所示。

图 10-176　图像效果

图 10-177　创建矩形形状

提示 ▶▶▶ 矩形的填充颜色分别为 RGB（215, 172, 58），RGB（99, 152, 216），RGB（89, 212, 216）。

14 打开"字符"面板，设置参数如图 10-178 所示。单击工具箱中的"横排文字工具"按钮，在画布中单击并输入文字，图像效果如图 10-179 所示。

图 10-178　设置参数　　图 10-179　图像效果

15 使用"椭圆工具"在画布中绘制描边为白色的圆形，如图 10-180 所示。在选项栏中选择"合并形状"选项，然后使用"椭圆工具"在画布中绘制两个椭圆，如图 10-181 所示。

图 10-180　创建圆形状　　图 10-181　添加形状

提示 ▶▶▶ 用户使用选项栏中的"排除重叠形状"选项也可以做出相似形状。

16 使用相同方法绘制白色矩形形状，效果如图 10-182 所示。使用"矩形工具"绘制黑色的矩形，然后双击该形状图层，打开"图层样式"对话框，单击"投影"选项，为图形添加投影效果，如图 10-183 所示。

图 10-182　绘制形状

图 10-183　图像效果

17 在"图层"面板中设置图层的"填充"不透明度为 0，然后使用相同方法完成相似内容的制作，如图 10-184 所示。使用"圆角矩形工具"在画布中绘制填充为黑色的圆角矩形，并设置图层的"填充"不透明度为 15%，图像效果如图 10-185 所示。

图 10-184　界面效果

图 10-185　图像效果

18 单击工具箱中的"横排文字工具"按钮，在画布中单击并输入文字，如图 10-186 所示。使用相同方法完成如图 10-187 所示的内容的制作。

图 10-186　输入文字

图 10-187　完成相似内容

19 隐藏"图层 1"图层以外的所有图层，按组合键 Ctrl+A 全选后，执行"编辑 > 合并拷贝"命令，如图 10-188 所示。执行"文件 > 新建"命令，弹出"新建"对话框，设置参数如图 10-189 所示。

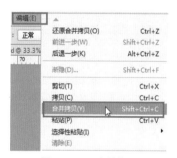

图 10-188　合并拷贝

图 10-189　新建文件

20 单击"确定"按钮，新建文件。按组合键 Ctrl+V 粘贴图像，如图 10-190 所示。执行"文件 > 存储为 Web 所用格式"命令，在弹出的"存储为 Web 所用格式"对话框中设置各项参数如图 10-191 所示。

图 10-190　粘贴图像

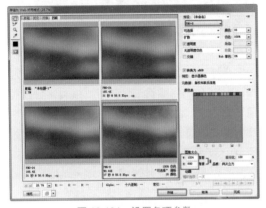

图 10-191　设置各项参数

21 单击"存储"按钮，弹出"将优化结果存储为"对话框，设置文件名后单击"保存"

按钮，如图 10-192 所示。使用相同方法将界面中的其他元素输出，输出元素效果如图 10-193 所示。

图 10-192　存储图像

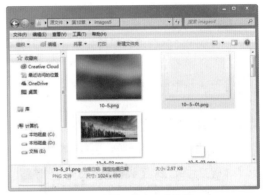

图 10-193　输出元素效果